园林植物生态功能研究与应用

圣倩倩　祝遵凌　著

东南大学出版社·南京

前　言

园林植物是美的，是自然美的化身，这是我们爱上她并与之相伴终生的缘由。

你看，她那五彩斑斓的花朵、四季变换的叶色、神奇斗艳的果实、千奇百怪的躯干；你看，繁华的城市里，她们或独立傲视，或三五成群；你看，在寂静的山村、田野、山丘、江海湖泊，飞速前行的高铁两旁，都能见到她们卓越的风姿……园林给人类带来了无限美的视觉享受。

园林植物最美的地方，更莫过于她的心灵。她用我们看不见的方式，为人类带来生存的基础和优质的环境。她顶着烈日，让你在她宽广的绿荫下嬉戏；她如列兵直线延伸，为你指引着前进的方向；她们相拥在一起，为你隔断噪音的污染；她变戏法般成了空气净化器，或者索性默默无声地吸收着浑浊的空气；她那华丽的叶片挡住了灰尘，为你带来了洁净的林下空间，即便叶片上积累了厚厚一层，也无怨言，每当大雨过后，更加精神抖擞地迎接新一轮的灰尘；她用强大的根系，汲取着营养，把二氧化碳（CO_2）变成了新鲜的氧气（O_2）。

园林植物是深邃的，我们想要发现她的真谛，揭示她内在美的本质。近20年来，我们从园林植物保持水土、降噪、吸附重金属、净化污染空气等方面开展了探索性的研究工作，得到一些有趣的结论，那就是她的内在美与外在美是如此统一！

近10年来，我和我的研究生小伙伴们做着没有前人涉足的研究，每一个研究结论都让我们兴奋不已。我们怀着发现新大陆一样的心情，去探索每一个试验过程，没有考虑更多的论文结论，而是发现园林植物的内在，整天心潮澎湃。2010年5月去苏州参加IFLA国际会议，我应邀为大会做特约报告，宣讲我们关于园林植物降噪的研究成果，得到与会专家和同行的一致赞许时，我和小伙伴们的骄傲与自豪以及对未来研究充满坚定信心的笑容，恍然如昨。

近几年来，参与研究的研究生们大多都在新时代施展着才华，部分研究生因毕业后未从事研究工作，可能已经忘却发现植物美的过程了。但他们的笑声、眼泪和烦恼，时常在我眼前浮现。忘不了开始研究植物降噪时，在缺少人手、缺少设备、资金不足的起步阶段，我们克服困难，一点一滴地置着"家产"，边学边做，把一个原本内向的杜丹同学，硬是锻炼成开朗的姑娘了，现在她也成为大学教师，同样做着授业解惑的工作。忘不了研究植物对重金属富集能力的崔丽杰同学，多次往返宁杭、宁淮高速公路。在道路野草丛中采样的时候，你一定区分不出她与当地人。她严谨、安静，是研究者的典范。毕业后她没有从事研究工作一直是我的一个遗憾，但相信她的特质一定会为现在的工作增色。忘不了韩笑同学背着测试箱子，小伙子一般穿行在林间。她自制的试验用噪声源在苗圃地里引来了围观；她摆弄着她心爱的设备，完全忘记了头顶上的烈日；她整理数据和成文的效率令人叹服。忘不了读研期间团队的"管家"李宁，在他口里从没有"不"字，我至今都不知道，他在接受自己还没有把握完成的任务时的心理感受。但研究生三年中，他答应下来的事情没有一件"放鸽子"，其中有很多是与降噪林课题研究无关的"杂事"。毕业前他自评说，就是这些研究与杂事，使他的综合能力快速提升。当然，现在看来，他当时的话是发自肺腑的，这是让我感到欣慰的。忘不了王丽萍同学从百余种植物中筛选出研究材料的艰辛。试验阶段适逢南京高温季节，并受到试验设施、场地等条件的限制，她与张慧会、徐晶园等小伙伴们展开了令人惊叹的试验规模，采集到了有价值的科学数据。也忘不了王丽萍同学在毕业之际，还在为研究依托的横向课题夜以继日整理结题报告的日子，以及毕业后继续关心和支持课题开展的热心与奉献。忘不了圣倩倩博士生选择具有挑战性的研究课题，从自制设备、研究方法的摸索与创新到大批量植物的采购、管理与养护，再到几次试验的中断，硝酸侵蚀袜被，补充试验的艰难与坚持，她总还是微笑着、信心十足地、坚定地快速行走着，闪亮的双眸坚定自信地凝视着远方……

　　也许我们留不住激情燃烧的岁月，更留不住青春的身影，但团队中每个成员乐观向上的精神状态与坚定信念，会一直感染和激励着我们去探索园林植物未知的世界。

　　我们，一路辛苦，一路歌。

　　去年，适逢圣倩倩博士赴美国德州农工大学做访问学者，她研读了我们团队以往的关于园林植物生态功能的研究成果，提议把大家的成果做个阶段性小结，就有了这本书。当然，这些成果只是园林植物生态功能研究的一部分，并未囊括所有。期待这本书成为我们继续探索园林植物的美好的起点。

　　即将成稿之时，需要感谢的人很多，让我们感动的事情也很多。虽然书稿的封面上印刷了我和圣倩倩博士的名字，但这一成果不仅仅是本书署名作者辛勤劳动和智慧的结晶，也是整个团队成员集体付出、共同努力的结果。需要感谢2001年前后，与芦建国教授、胡海波教授在邳州的连霍高速公路旁一起度过的，白天顶着高温，夜晚住宿没有空调的一个月的快乐时光；要感谢除本书署名作者以外的，为本研究做出贡献的我的历届研究生们；要感谢利用暑假为书稿收集资料、校对书稿的研究生唐燕、宋敏、赵儒楠，也要感谢本书的美编宋昱萱博士生。此处不能一一列举要感谢的每一位人，相信被遗漏者能够谅解。因为，在我们看来，感恩之心常在，只要心心相印，何须挂在口头？

　　园林植物，

　　也许我们永远不能了解她内在的全部，

　　但我们会用一生，

　　带着敬仰，

　　探索着自然的美好。

　　寥寥数语，以代前言，是激励，更是鞭策；对我们而言，探索永远在路上；写不尽的文字，用不完的语言，是为前言，实为赘！

祝遵凌

2018 年 12 月于南京林业大学

目　　录

第 1 章

园林植物功能研究进展

1.1　园林植物功能概述

按《现代汉语词典》的解释,任何事物或方法所发挥的有利作用统称为功能。植物的视觉美给人以愉悦,植物的生态作用为人类的生存与生活营造良好的环境,植物的文化给人以启迪等均属植物发挥的有利作用,应归属植物的功能范畴。

园林绿地、城市森林、园林树木等均属植物景观应用范畴,按照以上对功能的理解,相关研究资料较多。车生泉等将城市绿地功能归纳为七类:组织城市空间、生态(改善、生物多样性保护)、游憩休闲、文化(历史)、教育、社会、城市防护和减灾;张浩等又将城市绿地生态功能细划为改善局部小气候,影响城市热岛的分布格局,降低气生菌含量,净化气态污染物等四类;孙冰等认为城市森林的功能包括在建筑、美学、游憩方面的作用,创造和改善野生动物的栖息环境,缓和温室效应,改善城市小气候,节约能源以及平衡城市生态系统的二氧化碳,净化城市废水;卓丽环等将园林树木的功能归纳为保护环境、改善环境、美化环境和生产功能等。

功能产生效益,效益是功能商业运作的结果。因此,对效益的论述同时也是对功能的论述。王木林认为城市森林的主要效益包括生态效益(包括调节气候,阻隔、消化污染物,保持水土)、经济效益和社会效益;朱坦等在对绿化带效益进行评价时将其主要效益分为环境效益(包括净化大气、改善微气候、减少噪声、防风固沙、保护野生生物)、社会效益(包括文化、娱乐、体育、景观、美学价值,城市合理布局,教育、卫生)、经济效益(包括投资、运行保养、净收入)。

综合众多学者的研究结果,即可将植物景观的功能概括为五大方面,即生态功能、建造功能、美学功能、经济功能和社会功能。

1.1.1　园林植物的生态功能

园林植物生态功能,是指植物景观保护自然环境(自然生态系统)免受破坏(向不良方向发展)的功能,包括防护、改善、治理功能等。以生态功能为主导的生态园林,是继承和发展传统园林的经验,遵循生态学原理而建设的多层次、多结构、多功能、多学科的植物群落,它建立了人、动物、植物相联系的新秩序,达到生态美、科学美、文化美和艺术美。园林植物生态功能主要包括平衡碳氧、吸热增湿、吸污滞尘、杀菌降噪、涵养水源、维持生物多样性等。植物通过光合作用可以吸收二氧化碳(CO_2)、释放氧气(O_2),以改善城市低空范围碳氧不平衡的状况,并提升局部地区空气质量。植物叶片通过蒸腾作用吸热从而降低空气温度。研究表明,绿化能使局部温度下降 3—5 ℃,湿度提升 3%—12%,这对缓解城市"热岛效应"具有重要意义。植物不仅对空气中的污染物有很强的抗性,还可通过气孔吸收大气污染物,再经降解作用或由根系排出体外,去除或减少污染物危害,从而起到净化空气的作用。

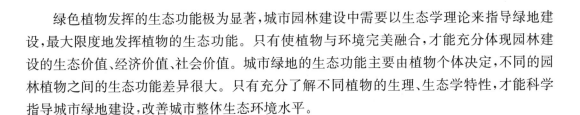

　　绿色植物发挥的生态功能极为显著,城市园林建设中需要以生态学理论来指导绿地建设,最大限度地发挥植物的生态功能。只有使植物与环境完美融合,才能充分体现园林建设的生态价值、经济价值、社会价值。城市绿地的生态功能主要由植物个体决定,不同的园林植物之间的生态功能差异很大。只有充分了解不同植物的生理、生态学特性,才能科学指导城市绿地建设,改善城市整体生态环境水平。

1.1.2　园林植物的建造功能

　　园林植物的建造功能是指园林植物如同建筑物的地面、天花板或围墙一样,具有限制空间、障景、控制建筑空间的私密性的作用,使建筑形成空间序列和视线序列,满足人们的审美追求。不同种类的地被植物或矮灌木,虽然不具有实体的现实障碍,却暗示了空间的边界和空间范围的不同。植物的叶丛创造建筑空间围合感,叶丛越浓密、体积越大,围合感越强烈。而落叶植物的封闭程度则随季节的变化而不同。

　　多种植物综合使用,可以塑造出不同类型的空间。低矮的灌木和地被植物可以构成开敞空间;高灌木与地被植物搭配则可形成半开敞空间;而具有浓密树冠的遮阴树可构成一种顶部覆盖、四周开敞的空间,它的枝叶犹如建筑的天花板,影响着垂直面上的尺度;地被植物既可以暗示空间边缘,又可以衬托主要景物,还可以将建筑上其他相互独立的因素联系为一个整体。季节和枝叶密度都是可变因素,其构成的空间也具有了可变性,从而使建筑空间更加丰富。

1.1.3　园林植物的美学功能

　　园林植物的美学功能指植物景观可营造良好视觉、增加环境的可观赏性的功能,包括园林植物的个体美化功能、群体美化功能、衬托美化功能等。个体美化功能指园林植物个体孤植于一定时空背景下(构成孤植景观)所具有的美化功能,如形体、枝、叶、花、果等所表现出的视觉观赏价值;群体美化功能指在一定时空背景下单种或多种植物经自然或人工造景配置而成的植物景观所具有的美化功能,如片林、树丛、树篱、草坪、稀树草坪、藤架等所表现出的视觉观赏价值;衬托美化功能指在一定时空背景下植物与建筑、水域、假山、道路等自然或人工景观经自然或人工配置形成的园林景观所产生的视觉观赏价值,如利用植物联系景物、组织空间、遮挡视线等,参与形成优良的整体视觉效果。这里,强调在一定时空背景下是因为在不同时间(如不同季节)、不同环境背景下植物有无观赏价值,以及观赏价值的高低是有显著差异的。

　　园林植物的树叶、花朵、果实和枝丫等各个部分可表现其色彩情感。虽然树叶的主要色彩是绿色,但不同种类的植物树叶也会有深浅的变化,或者是有黄、蓝或褐色的成分。即使是同一种植物,也会随季节时令的变化而呈现出不同的色调来。而且同所有物质一样,园林植物也有肌理的表情,这使之具有粗犷、厚重、轻柔或细腻之分。对不同植物进行配色时,最好使用一系列色相变化的园林植物。绿化带栽植的花木,要有秩序地改变颜色、质地、形状和花期,使之在构图上具有丰富的视觉层次。选择园林植物和进行配置时,不仅要考虑构筑物、景观等的阴影部位,也要考虑到所配置的植物的阴影对建筑中的构筑物、绿化的影响。随着一天当中日光的变化和季节的更迭,秋天的落叶和冬天的积雪会使树木的枝丫呈现出不同的阴影,从而产生千变万化的装饰效果。

中国灿烂的文化赋予了植物抽象的、极富于思想感情的美,即意境美。人们在欣赏植物的同时,也融会了自己的思想情趣与理想哲理,将植物的形象之美人格化,并赋予一定的品质与内容,如松之坚实挺拔,梅之清标雅韵,竹之刚正不阿,兰之幽谷品逸,菊之傲骨凌霜、操节清逸,荷之出淤泥而不染、一身正气。此外,还有红豆相思,紫薇和睦,萱草忘忧,石榴多子,松柏常青,牡丹富贵,桃花幸福,翠柳惜别等等。了解和掌握了植物的文化内涵,在建造城市生态园林时即可有意地安排和组合,以充分体现其文化价值。

1.1.4 园林植物的经济功能

园林植物的经济效益是多方面的,具有复杂性和复合性,一般将经济功能分为直接经济功能和间接经济功能两类。所谓直接经济功能主要表现在园林植物绿化正在日渐发展成一个全新的产业体系,主要从目前的第三产业向着开发园林植物本身的资源转化,即结合观赏性来种植一些有经济价值的植物,如香料植物、油料植物、药用植物、花卉植物等,也可以利用它们制作一些盆景、盆花,或是用来培养金鱼、笼养鸣禽等,既可出售又可丰富人们的生活。但园林植物的经济功能不仅仅是"园林生产化",更多的是"园林结合生产",其间接经济功能带来的效益远远大于直接经济功能,如通过各种形式的植物合理配置形成复合生态系统,在满足人们对于经济产品需求的同时,又可以保持水土、净化水质、防止塌方、提供动物栖息场地等,维持城市绿地生态系统内的生物多样性。合理的园林植物配置构建而成的绿地还能创造出良好的投资环境,吸引大量资本和高素质人口,还能带动地区房地产价格的提升,或是促进新的旅游场地的开发。可见植物创造的价值远远超出其本身的价值,结合多种效益综合计算,其经济价值是巨大的。

目前,随着城乡建设一体化的发展,园林建设一体化也将成为必然的趋势,小城镇和乡村的绿化建设将成为下一个发展的方向。为了逐步缩小城乡差距,共同享受绿化建设带来的好处,应当以生态效益和社会效益为主要目的,在遵循经济性原则、节约成本、方便管理的基础上,充分利用植物的经济功能,以最少的投入获得最大的生态效益、社会效益和环境效益,创造经济且长效的园林景观,带动当地经济的发展,为改善城市环境、提高城镇居民生活环境质量服务,使园林绿化走可持续发展的经济节约型道路。

1.1.5 园林植物的社会功能

园林植物的社会功能指植物景观有益于人类文化生活、身心健康(陶冶情操)等。其中,文化功能包括纪念、教育、学习、科学研究、文化传承、社会礼仪、国际交流功能等。身心健康(陶冶情操)功能包括游憩(休闲、观光)、保健、治疗功能等。

植物是绿色的使节,是和平友好的象征,植物本身体现的和平友好的主题在中外园林植物文化交流中是一致的。园林艺术发展至今,中西方园林有过多次的交流和融合。其中，以园林植物本体为主的交流，更注重的是栽培技术和实用价值的交流，如引种驯化。而在精神交流方面，注重的则是文化和意境的交流。近年来，"一带一路"沿线国家的物质和文化交流丰富了这些国家的经济植物种类，促进了人类健康，提高了各国的物质生活水平，带动了各国经济发展和繁荣，增进了各国人民的友谊。通过中外植物的交流，各国人文精神有了深入交流与融合，提升了各国的精神文化水平。而在礼仪上，古时《诗经》中的芳香植物便具有实用功能，与祭祀礼仪、祖先崇拜密切相关。在傣族的婚姻家庭礼仪中，槟榔果象征着家庭、村寨人际关系的和睦吉祥。石榴往往含有祈求子孙繁盛、多子多福的意味。现代，人们赋予花草各种寓意，在许多场合都可将它们当作礼品赠送，来表达自己的美好祝愿。

另外，植物作为唯一具有生命的造园要素，它既是园林地域特色的表现，也是城市历史和文化特色的载体。人们通常结合地域特色，提炼出文化元素，再通过合理的植物配置来突出园林的主题，烘托相应的社会环境氛围，使得人们产生各种主观感情与客观环境之间的景观意识，引起共鸣和联想。这在延续传统文化精华的同时也满足了时代变迁过程中社会发展的需求，在诗意中传承，在传承中发展。如杭州西湖"平湖秋月"的桂花、北京香山公园的黄栌、杭州白堤的"一株桃花一株柳"等，既延续了城市地域文脉，又深化了植物景观意境，同时还具有教育性。

在城市生态园林景观建设中，必须注重把生态文化的内涵贯穿始终。以自然生态条件和地带性植物为基础，将民俗风情、传统文化、宗教、历史、文物等融合在园林绿化中，使城市生态园林景观具有浓厚的地域性和文化特征，产生可识别性和特色性。在传统文化和传统园林艺术中，根据园林植物丰富的寓意和象征意义，可以通过合理的组合创造意境，增加生态园林景观的品位和情调，实现功能、形式和意义的统一。

1.2 园林植物生态功能研究方法

国内外科学工作者们已在植物降温、增湿、吸收有毒气体、抗污滞尘、杀菌和降低环境噪声等方面取得了一批令人瞩目的研究成果。近几年里，相关研究又有了新的发展，科学工作者们从研究植物个体和群体的生态功能、植物生态效应的生理机制等发展到定量研究这种作用和绿地定额的关系。尤其在研究植物对城市污染的净化能力方面，基本弄清了植物叶片污染物的积累途径，以及部分有毒物质降解或转移的生化机制。

1.2.1 园林植物抑菌活性研究方法

植物抑菌活性的测定方法随着研究的深入不断改进，具体有两种方法：菌丝生长速率法和稀释培养基测数法。

（1）菌丝生长速率法

菌丝生长速率法又称抑菌圈法或琼脂平板法，是指将不同浓度的药液与熔化的培养基混合,制成带毒培养基平面,在平面上接种病原菌,以病菌生长速度的快慢来判断药剂毒力大小的方法。生长速度以一定的时间内菌落直径的大小来表示。

菌丝生长速率法试验包括三个步骤。①制备带毒培养基平面。准确吸取一定量的植物提取物加到已熔化的培养基中,混合均匀,倒入已灭菌的培养皿内,冷却后即成带毒的培养基平面。②接种病原菌。用无菌打孔器将已活化的菌制成直径为 6 mm 的菌饼,用无菌镊子将菌饼接入平板中央,每培养皿放置 1 个菌饼,置于 25—28 ℃的电热恒温培养箱黑暗培养。③计算结果。采用十字交叉法测定菌落直径,按以下公式计算抑制率:

$$抑制率 = \frac{对照菌落直径 - 处理菌落直径}{对照菌落直径} \times 100\%$$

(2) 稀释培养基测数法

稀释培养基测数法是根据微生物在高度稀释条件下,固体培养基上所形成的单个菌落是由一个单细胞繁殖而成这一培养特征设计的技术方法,即一个菌落代表一个单细胞。

稀释培养基测数法试验步骤如下。①用稀释培养基测数法(最大或然数计数法,most probable number,MPN)测定每毫升原培养液所含活菌数,根据 MPN 所得结果将原培养液稀释成约 100 CFU/mL。②吸取一定量菌悬液于含提取物的固体培养基的平板中,用涂菌棒涂布均匀,静置一段时间,将培养基平板倒置(防止皿盖冷凝水下滴)于 28 ℃生化培养箱中培养若干小时。③数菌落数,对照组菌落数记为 C_0,涂布提取物平板菌落数记为 C,按下式计算萌发率和抑制率:

$$萌发率 = \frac{孢子萌发数}{检查孢子总数} = \frac{C}{C_0} \times 100\%$$

$$抑制率 = \frac{对照萌发率 - 处理萌发率}{对照萌发率} \times 100\% = \frac{C_0 - C}{C_0} \times 100\%$$

以上每种方法在试验中都需要重复三次。

1.2.2　园林植物净化空气研究方法

人工熏气法是研究园林植物净化空气能力时最常用的一种试验方法,即在人工控制的环境下使植物接触气体污染物,以研究植物对污染物的吸收能力、抗性和敏感性。试验中需要考虑和控制的条件是污染物的浓度和接触时间、接触方式(连续或间歇),植物种类、年龄、发育时期、生长状态,熏气时的环境条件(光照、温度、湿度、肥水供应、风速和换气次数等)以及熏气前后的生长条件。

人工熏气法一般分静式熏气、动式熏气和开顶式熏气 3 种。

圣倩倩、王丽萍、祝遵凌等采用简易静式熏气系统研究了园林植物净化空气的功能。熏气系统为密闭式塑料薄膜气容室,可根据植物大小设置不同气容室体积,气源为中国测试研究院生产的国家级标准二氧化硫(SO$_2$)、二氧化氮(NO$_2$)气体。将气体从钢瓶经减压稳流装置进入熏气系统,入口用风扇搅匀。每一个熏气室为一个处理浓度,每一处理浓度中放置 3 株相同树种,共设置 3 个重复,同一树种苗龄、高度、基径和生长状况基本相同,且每次在熏气前 3 d 将盆栽苗木移入熏气罩内以适应罩内环境。熏气时间根据实际试验需要调整,熏气完后采集叶片测定有关指标。(具体试验方法见本书第 2、4 章)

相对静式熏气法,动式熏气室的室内空气不断流通和更换,气体污染物有控制地加入气流中,从而能保持恒定的污染物浓度和温度、湿度等条件。鲁敏等采用动式熏气箱在常温、常压下对北方部分绿化树种吸收净化主要大气污染物[二氧化硫(SO_2)、氯气(Cl_2)和氟化氢(HF)]的能力做了相关研究。参试树种采用露地树木部分密封法。试验时,动式熏气箱内气体每分钟交换 3 次。进行 3 次重复试验。试验气体的浓度根据其对植物毒性的不同而异。植物在熏气箱中的暴露时间也根据试验要求来确定。熏气试验后对供试植物进行采样,再分析测定。

近年来又广泛采用了开顶式熏气室。勾晓华等采用开顶式熏气装置,研究不同浓度 HF 熏气对植物的质膜透性和膜脂过氧化作用的影响,熏气罩内按试验需要设置不同的浓度,每次熏气前对各熏气罩先进行 0.5—1 h 的预处理,待气体浓度稳定均匀后再放入供试植物,连续熏气 4 d,每天处理 3 h,并在熏气结束后 20 h 内取样测定各项生理指标。这种装置适用于研究低浓度长期暴露所引起的慢性伤害。

也有学者将人工熏气法和激光测霾仪测量浓度的方法结合起来,对不同植物种类以及配置吸收净化 $PM_{2.5}$ 的能力进行了试验研究。分别将不同数量的所研究的植物放进简易的内可拆装密闭透明熏气箱中,箱上有一个可开关的孔,从孔通入带有较多 $PM_{2.5}$ 的香烟的烟气,静置 5—10 min 后用激光测霾仪测得 $PM_{2.5}$ 的初始值。共设置 4 个熏气箱,用激光测霾仪分别测烟气刚通入时、通入 1 h 后、通入 2 h 后、通入 3 h 后等不同时间箱中的 $PM_{2.5}$ 浓度数据,然后计算其平均值。每个箱子在试验前均做漏烟情况试验,测定其每小时可能泄漏 $PM_{2.5}$ 烟尘的量,或者 $PM_{2.5}$ 可能在箱内沉降的量,两者之和为每个箱子在空白状况下的 $PM_{2.5}$ 自动逸散量,即相当于对照处理。各处理植物在不同时间段对 $PM_{2.5}$ 的吸收量用下列公式计算:

$$V_a = V_1 - V_2 - V_3$$

式中:V_1 为最初的 $PM_{2.5}$ 浓度值;V_2 为所测的各处理植物在不同时间的 $PM_{2.5}$ 浓度值;V_3 为对应箱子的 $PM_{2.5}$ 的自动逸散量;V_a 即为各处理植物实际对 $PM_{2.5}$ 的吸收量。

1.2.3　园林植物滞尘能力研究方法

植物滞尘能力最初被定义为单位叶面积在单位时间内滞留的粉尘量,但研究发现有些乔木叶片单位面积滞尘量虽然不高,但是它的树冠饱满,枝叶繁茂,总叶面积大,因此全树滞尘效果显著,所以通常单位叶面积的滞尘量不等于植物的总滞尘量。植物的滞尘能力是由单位面积滞尘量和总叶面积共同决定的,所以园林植物滞尘能力的测定方法,主要包括植物单位叶面积滞尘量的测定和植物单位体积滞尘量的测定,综合考虑更加科学合理。通常分为以下步骤:

（1）样品采集及处理

一般认为，15 mm 的降雨量可以冲掉植物叶片的降尘，然后重新滞尘。所以一般选择在雨后一星期进行采样，采样时间根据试验要求而定，但要避开雨季。为便于不同采样点之间植物滞尘作用的比较，不同采样地点选择同规格、同品种的植物进行采样，每种植物分别从供试植株的上、中、下以及四周随机采集生长状态良好且具有代表性的叶片，每种植物选择 3 株样株，重复 3 次。采摘后立即小心封存于干净塑封袋中做好标记，迅速带回实验室，放置于 4 ℃冰箱内保存，再进行滞尘量的测定。一般试验中每一植株采集的叶片数量与叶片面积大小有关，其中单叶较大者为 15—20 片，其他为 30 片。

（2）单位叶面积滞尘量测定

即对一定时间内植物叶片单位面积滞尘量进行测定，需测出滞尘量和叶面积，再计算滞尘量与叶面积之比得出单位叶面积滞尘量。

① 叶片滞尘量测定：大多采用差重法，包括水洗过滤法和叶表面擦拭法。两者的差别在于对叶片上滞尘的除去过程。水洗过滤法是将采集的叶片用蒸馏水浸泡若干小时，再用毛刷刷下叶片表面附着的灰尘。在充分浸洗叶片灰尘后用镊子将叶片小心夹出，浸洗液用已称量（W_1）的滤纸过滤，滤后将滤纸置于一定温度（通常为 60 ℃）烘箱中烘若干小时后用精确度为 0.000 1 g 的天平称量（W_2），两次质量之差（W_2-W_1）g 即为采集样品上所附着的降尘颗粒物质量。叶表面擦拭法指先称量叶片的质量（W_1），后直接用海绵、棉签等擦拭叶片表面的灰尘，再测一次叶片质量（W_2），两次质量之差（W_2-W_1）即为叶片滞尘量。水洗过滤法一般比叶表面称重法要精确。因为棉签擦拭植物叶片的过程中，棉签或植物叶片的干湿程度会对测定结果产生影响，而水洗过滤法受试验器材干扰较小，测定结果间的相对误差较小。

② 叶面积的测定：叶面积的测定通常有 CAD 软件测叶面积法、叶面积仪法、方格网法、纸称重法等。其中 CAD 软件测叶面积法得出的结果误差最小，叶面积仪测定方法其次，而方格网法和纸称重法由于误差相对较大，在试验中不常用。CAD 软件测叶面积法是指将叶片通过扫描仪扫描后导入 CAD 作图软件中描边计算叶面积（A），叶面积仪法是用叶面积仪直接测叶面积（A）。

植物单位叶面积的滞尘量计算公式为：

$$植物单位叶面积滞尘量(g \cdot m^{-2}) = \frac{W_2 - W_1}{A}$$

（3）植物单位体积的滞尘量：

植物单位体积的滞尘量计算公式为：

$$植物单位体积的滞尘量 = 单位叶面积的滞尘量 \times 叶面积指数(LAI)$$

单位叶面积的滞尘量由上述步骤可得，而其中的叶面积指数（LAI）则是指每单位树冠体积上的叶片面积。植物 LAI 的测定使用冠层分析仪进行，用 CAD 软件对植物的轮廓进行定位，最后将所有的数据导入 FV2200 软件中进行数据分析，计算出植物的 LAI。

1.2.4 园林植物水土保持研究方法

土壤水蚀发生、发展的动力来源是天然降雨的雨滴击溅和由降雨转化而成的地表径流冲刷。径流是衡量植物保持水土、涵养水源效益的一个重要指标。目前,植物水土保持能力的研究通常在天然降雨和人工模拟降雨两种条件下进行。

天然降雨条件下的研究通常在样地调查和野外、室内试验分析的基础上来充分了解不同植物的水土保持功能。在全面调查研究区域确定研究物种后,布设径流微小区,并设置裸坡作为对照地。于植物生长旺季,在研究区内的代表性植物区域内选取样本;而旱季植物多枯萎时,则有利于凋落物的采集和测量。每次降雨后进行土壤样品和小区水样的采集,用定位观测的方法测量径流量和泥沙量。一般在观测径流的同时将量水池中的水搅拌均匀后取样。

人工模拟降雨条件下的研究则先依据试验区气候特点以及近年来的降雨变化规律来模拟降雨强度。一般在试验前先对试验小区的土体含水率以及土壤密度进行测量。试验过程中再按试验方案观测坡面地表径流过程、植物茎叶截流过程和表层土壤受侵蚀过程,并记录对照的裸坡和种植植物的边坡的产流时间和单位时间地表径流量。

尽管降雨来源不同,但植物样品指标以及土壤和水样指标的测定方法以及相关数据分析方法都是相同的。

(1) 植物样品指标测定

用游标卡尺测量根系长度,排水法测根体积,称量根系生物量,计算根系的比根长、根组织密度。

(2) 土壤和水样指标测定

一般根据国家标准方法分析测定土样:土壤含水量用烘干法;土壤有机质含量用重铬酸钾容量法;土壤容重、孔隙度、含水量、渗透性与土壤抗侵蚀能力密切相关,测定采用环刀法。根据国家标准方法对小区水样指标进行测定:径流量用称量法测定,土壤侵蚀量用烘干法测定,水样总磷(P)采用钼酸铵分光光度法测定,总氮(N)采用碱性过硫酸钾分光光度法测定。

(3) 数据分析

对不同植物水土保持力、土壤性质和小区水样指标进行单因素方差分析和LSD多重比较,并根据试验数据绘制试验区坡面地表径流和泥沙形成的过程曲线;依据试验前后相应土层含水率变化情况,计算降雨试验过程中入渗量、植物茎叶截流量和径流系数。

1.2.5 园林植物降噪功能研究方法

针对园林植物降噪功能的研究方法繁多,但总的来说常分为对林带降噪功能的研究和单种植物降噪功能的研究。

对林带降噪功能的研究较为常见,试验过程采用统一的噪声源对研究对象的降噪效果进行测定,通常分为以下步骤。

（1）样地设置

在实地勘测的基础上,于道路两侧选择具有代表性的几块样地。对林带树木结构进行调查,包括高度、枝下高和间距等;采用树冠投影法测定各林带郁闭度;采用能见度(即一个物体变得模糊不清的林带距离)作为树林密度的表征;利用植物冠层分析仪进行叶面积指数测定。此外,在研究区域选择裸露地 1 处作为空白对照样地。

（2）监测方法

噪声频谱分析仪在每个样地内按垂直于道路的方向根据试验要求设置不同宽度梯度的监测点。由于风力、温度、相对空气湿度等环境因素会影响噪声的传播,因此常选择风速小于 2 m·s^{-1} 且无降雨的天气进行监测,监测高度一般为 1.2 m,定点连续监测,测量时间和测量间隔时间根据试验需要进行调整,且各监测应该同时开展。测量方法参照《声环境质量标准》(GB 3096—2008)和《声屏障声学设计和测量规范》(HJ/T 90—2004),以连续等效 A 声级来表示测量结果。

（3）数据处理

采用 SPSS 软件的方差分析,分析不同林带类型、不同宽度梯度之间噪声值的差异性,并利用相关系数分析绿化带结构指标和绿化衰减系数之间的相关性。

但植物群落是由单株植物组成的,所以研究单株植物降噪是研究群体植物降噪的基础,意义重大。但针对单种植物的降噪能力的研究还很少。

刘佳妮在研究单种植物叶片特征和降噪能力时采用如下办法:选取长度大于 20 m 的植物带进行单种植物降噪效果的测量。首先对植物带的主要形态特征进行测量记录,包括林带长度、高度、宽度,叶片面积、叶片的长度和宽度、质地,声源和传声器高度(为了尽量减小植物带高度对降噪效果产生的影响,声源和传声器基本放置在植物带中部枝叶最密集处)。再将植物测量数据分别填入植物形态特征记录表。统一声源分贝,测试时将声源和传声器置于植物带中心处,与植物垂直放置,传声器 A 置于植物带前,B 置于植物带后,与声源的距离保持为 5 m,每种植物测 5 组数据以计算平均值。同时在植物材料附近的空旷地上选择地表材料相同或相近的场地作为空白对照组进行测量,确定声音随距离的衰减。最后通过 A 声级比较法和频谱分析法比较各种植物的降噪效果,并用统计分析法探讨植物的叶片特征和降噪效果之间的关系。

此外,巴成宝展望了一种单种植物降噪能力与植物结构特征关系的研究方法。在降噪试验前把单个树种的各项结构指标进行统计和测量,试验时将传声器的高度放在最大冠幅处,高度随样树不同而不同,声源与传声器的距离可恒定为 1 m。统一声源分贝,比较白噪声通过树木前后传声器 A、传声器 B 两点不同频段噪声分贝的变化,寻找变化差值最明显的频段,并比较不同植物 A 声级的绿化降噪率。结合 SPSS 等相关软件分析,推测影响单株植物降噪效果的结构因子的相关系数及主要因子。试验声源和被测物体 1 m 内最好没有障碍物,以减少反射影响;同时声源响度至少要比背景噪声大 10 dB,背景噪声才可忽略不计。

1.2.6　绿量研究方法

国内外对于绿量的内涵认识还没有统一,因此其测定方法也不同。目前国内关于绿量的研究的观点主要分为体积说和叶面积说。体积说以周坚华为代表,采用三维绿量,即植物生长的茎、叶所占据的空间体积。叶面积说则认为叶面积是绿量,陈自新等以叶面积总量来衡量绿量。其中认为体积即绿量的学者占大多数,也有不少学者认同叶面积就是绿量的观点。

（1）叶面积绿量的测定方法

叶面积指数（LAI）的测定方法主要包括易测因子法、光学测量法、遥感反演法。

① 易测因子法:利用植物的各种生长因子（如胸径、冠幅、株高、冠高和边材面积等）与叶面积的变异关系来测量 LAI 和生物量。然而,因为变异关系式具有树群特定性以及依赖树尺寸、冠层结构、树群密度、季节、气候等,因此此法具有一定的局限。

② 光学测量法:通过仪器或软件自动完成,包括基于辐射测量的方法和基于图像测量的方法。

A. 基于辐射测量的方法:利用辐射传感器得到太阳辐射透过率、冠层空隙率、冠层空隙大小或冠层空隙大小分布等参数来计算叶面积指数。

B. 基于图像测量的方法:先利用摄影获取冠层半球数字图像,再对图像进行处理分析,计算太阳辐射透过系数、冠层空隙、间隙率等参数,最后推算有效叶面积指数。

③ 遥感反演法:遥感反演法为大范围研究 LAI 提供了有效的途径,包括统计模型法和光学模型反演法。

A. 统计模型法:主要是将遥感图像数据如归一化植被指数 NDVI、比植被指数 RVI 和垂直植被指数 PVI 与实测 LAI 建立模型,再根据影像反演 LAI。

B. 光学模型反演法:它基于植被的双向反射率分布函数,是一种建立在辐射传输模型基础上的模型,它把 LAI 作为输入变量,采用迭代的方法来推算。

遥感方法因不需要大量的野外调查,目前使用较多,特别是在大区域研究 LAI 时。

（2）三维绿量的测定方法

三维绿量的测定方法有很多种,从测量模式上分为立体摄影测量法、立体量推算立体量法、数字摄影测量法、平面量模拟立体量法、绿量快速估算法以及模拟方程法。

① 立体摄影测量法:该方法是通过立体摄影测量得到相邻两航片的立体像对,根据左右视差获取植物高度,再在航片上测量计算植被绿地的面积,并对植被种类进行判定,最后根据经验公式计算绿量值。该方法包含人工立体测量的过程,同时由于城市绿化植物的高差较小,用此法测量相对误差较大。

② 立体量推算立体量法:该方法首先利用高分辨率影像确定样地坐标,然后运用 GPS 地理信息系统对样地进行准确定位,再结合分层抽样原理,选择植物、林级和郁闭度都不相同的一定数量的样地进行实地测量,根据显示结果计算其三维绿量,然后根据航片影像显示结果推算大面积森林三维绿量。这种方法快速、精度高、简单易行。

③ 数字摄影测量法：该方法先是扫描彩红外航片得到数字影像，利用软件对影像进行分类，得到城市绿地的覆盖范围；再利用数字摄影测量软件处理该立体相对影像，经过定向过程匹配生成数字表面模型，如果地势平坦还可快速获得该地区的数字地面高程模型；最后根据研究区域同一位置表面高程与地面高程值的差值计算绿量，其计算公式为：

$$Y = \sum rS(F - H)$$

式中：S 为像元的面积，F 为表面高程值，H 为地面高程值，r 为系数。这种方法不需要专门的仪器，在地面比较平坦的城市适用。

④ 平面量模拟立体量法：该方法需要先在研究区域筛选建模树种，然后实测建模树种的样本数据，利用植物冠径与冠高之间的统计学关系，建立各树种的回归方程；利用这些方程再结合航片上量得的冠径即可求得冠高，再为各树种选配合适的立体几何图形，建立绿量计算方程；最后结合树种组成结构，计算森林三维绿量。该方法不需大量实测数据，省时省力；通过航片即可获取冠径、冠高，方便地建立绿量数据库。该方法还解决了立体摄影测量法中测量误差较大的问题，比常规的立体摄影测量法等计算精度提高了 1 倍以上，在遥感技术和 3S 技术快速发展的前提下应用越来越广泛。

⑤ 绿量快速估算法：该方法建立在平面量模拟立体量法的基础上，它是在分树种"径-高"方程的基础上，按树种比例加权和系统误差调整，得到模糊"径-高"方程，再利用遥感影像对乔、灌、草进行分类，同时提取树冠边界周长与面积比等信息，最后通过计算得到边界-面积比与冠-径相关方程，从而得到绿量值。该方法不再需要在航片上对单元格内的树种进行判读，但精度较低。

⑥ 模拟方程法：该方法首先要确定城市森林主要组成树种；然后根据不同植物个体的叶面积与胸径、冠高或冠幅的相关关系，建立不同植株个体绿量的回归模型；最后根据城市森林植物的组成结构、植株大小，应用回归模型计算城市森林三维绿量。

1.2.7 植物多样性研究方法

采用抽样调查的方法，再结合重要值、多样性高低 Shannon 指数、物种丰富度 Margalef 指数、物种多样性 Simpson 指数和均匀度指数 Pielou 等指标，可统计分析不同类型植被的植物物种多样性。

（1）调查方法

由于城市范围较大，其植物多样性调查一般采用抽样调查的方法。目前常用且具有代表性的调查方法有以下两类：

① 样线与样地相结合：以市区为中心，向郊区方向设置样线，并以所设样线为参照在适当位置选择并设置样地。样地面积根据试验要求调整，分别记录各取样地点的物种名称。这个方法主要用来研究植物多样性等分布特征。

② 典型取样法选取：在全面实地勘察的基础上，在城市范围内选取某一特定类型的城市绿地，对特定类型的城市绿地内的植物多样性进行调查，根据绿地面积以及植物物种丰

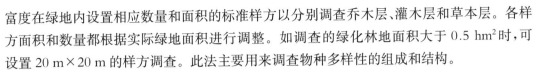

富度在绿地内设置相应数量和面积的标准样方以分别调查乔木层、灌木层和草本层。各样方面积和数量都根据实际绿地面积进行调整。如调查的绿化林地面积大于 0.5 hm² 时，可设置 20 m×20 m 的样方调查。此法主要用来调查物种多样性的组成和结构。

在样地调查的基础上，城市植物多样性调查还常常结合样地外区域的个别走访和随机抽样等方法，以增强调查的全面性。

（2）调查内容

就具体调查内容而言，往往统计不同地理位置相同单位面积内的植物种类及数量以便进行对比。此外，视具体情况有时也统计乔木及大灌木的高度、冠幅、胸径等指标，对小灌木和地被、草本植物等主要统计面积及盖度、密度、频度等指标。同时，记录每个样地的环境因子，包括海拔、坡度、坡向、坡位、土壤类型、人为干扰类型及程度等。

（3）数据处理方法

在植物物种多样性方面，数据处理较为单纯。一般先汇总调查成果，统计植物品种数、个体数总和、出现范围和次数、总体所占比例等，然后在此基础上进一步统计分析物种多度、频度、密度以及分布结构等。通常将数据列表与指数计算相结合，以反映植物物种多样性。群落的多样性一般由物种丰富度、个体分配均匀度两者综合决定。我国目前常采用 Margalef 指数、Simpson 指数、Shannon 指数和 Pielou 指数衡量植物群落物种多样性特征。其中，Margalef 指数用来表示丰富度，Simpson 指数综合反映群落物种丰富度和个体分配均匀度，Shannon 指数用来测度群落多样性的高低，Pielou 指数衡量植物群落物种分布均匀程度。样地内群落的多样性指数按对应样方内各样方的多样性指数平均值计。

1.2.8　植物固碳能力研究方法

研究方法主要有异速生长方程法、叶面积指数法、箱式法和模型估算法等，一般通过计算固碳量反映林木的固碳能力。

（1）异速生长方程法

在设立典型样地的基础上，采用异速生长理论评估生物量，通过测量植物胸径和树高来构建异速生长方程，即伐倒少许树木，确定生物量与胸径或树高的回归关系，然后利用回归关系和所有树木的实测胸径和树高推算生物量，进而推算植被的碳储量和固碳潜力。但不同植株的异速生长方程具有差异性，所以此法适用于估算具有明显单一主干的植物的生物量，而对于估算分枝生长类型植株的生物量则存在一定难度。

（2）叶面积指数法

叶面积指数是指植物的叶面积总和与植株所覆盖的土地面积总和之比。通过对道路绿化情况进行调查、统计和分析，得出叶面积指数，进而换算出总叶面积。并测量出植株覆盖的土地面积，再根据总叶面积与固碳释氧能力的关系计算出街路绿化植物总固碳量和总释氧量。该方法测算城市绿化植物的固碳量，操作简单、计算便捷，但是该方法基于对一定区域内树种的总叶面积的估算，因而精确度不高。

（3）箱式法

箱式法是利用光合仪对森林生态系统各个功能团所产生的 CO_2 通量进行间接估算，从而得出整个森林生态系统的固碳量、释氧量。光合仪可以较为准确地测定树冠叶片的净光合速率。测定时间根据试验要求进行调整。再按下式求出净光合作用速率（A）：

$$A = \frac{F(C_r - C_s)}{100S - C_s \times E}$$

式中：F 为流速，C_r 为参照 CO_2 浓度，C_s 为样品 CO_2 浓度，S 为叶室面积（$6\ cm^2$），E 为蒸腾速率。利用此式可以计算出日固碳量和日释氧量。

箱式法通过对一个森林生态系统中的各个组成部分（如根系、叶片等）的 CO_2 通量进行间接估算，得到整个森林生态系统的总通量。

（4）模型估算法

测算森林固碳量、释氧量中的模型估算法通常利用整合 GIS、GPS 等数据后建立的具有较高准确度的模型来估算森林生态系统碳储量，该方法是基于数学模型而进行的计算，既节省人力、成本较低，又简单便捷、准确度较高。若想分析一定区域内的森林生态系统碳的时间、空间分布及变化情况，可以将地面调查情况与遥感相关技术相结合，得出各植被状态参数的空间分类和时间序列，并结合当地情况进行分析计算，便能够估算大面积森林生态系统的碳蓄积以及土地利用变化对碳蓄积的影响。

1.3　园林植物生态功能研究与应用成果

多年来，围绕园林植物的吸污滞尘、降温增湿、杀菌降噪、固碳释氧、监测环境、净化空气、修复土壤、净化水源等生态功能的研究取得了一些成果，部分在实践中得到了应用。

1.3.1　吸污滞尘

工业生产、汽车尾气以及化石燃料燃烧产生的大量的 SO_2、Cl_2、氟化物、臭氧（O_3）、氮氢化物等，已成为影响城市环境质量的重要因素。园林植物在其生命活动的过程中，主要通过呼吸作用来吸收许多有毒气体，再将有毒气体转变为无毒的物质，从而在一定程度上起到净化环境的作用。不同的园林植物种类在降污能力上也表现出很大的差异性。万寿菊可吸收 SO_2、Cl_2、HF 等有害气体；美人蕉能吸收 SO_2、HCl 及 CO_2 等有害气体，净化空气；石竹可吸收 SO_2 和 Cl_2；一串红具有较强的抗污染能力，对硫（S）、氯（Cl）的吸收能力均较强；鸡冠花也是抗污染植物，现代科学试验证实鸡冠花抗 SO_2、HCl 等有毒气体的能力很强。可见园林植物的净化功能作为综合治理措施中的一项有效的生物措施，在减少污染和改善局部地区污染状况方面发挥着积极作用，应受到足够的重视。

园林植物枝叶通过降低风速而起到减尘作用,通过其枝叶对粉尘进行截留和吸附从而实现滞尘效应。研究表明,不同树种的滞尘能力有显著差异,针叶树种比阔叶树种叶片吸附颗粒物的能力强,常绿灌木吸附颗粒物能力优于落叶灌木,灌木树种吸附颗粒物能力优于乔木树种,针叶树中松类吸附颗粒物能力好于柏类,且不同植物以不同方式组成的植物群落的滞尘能力的差异也十分明显。冯建军等研究表明植物种类多的乔灌草结构对总悬浮微粒(TSP)的净化效果比乔灌、乔草、绿篱加树木等两层结构好。

近年来,园林植物的吸污滞尘能力已经得到了广泛认可。在城市绿化建设过程中,应结合雾霾天气等时下环境问题对园林植物进行有针对性的研究,将绿地的景观美化与空气污染的治理相结合,探讨造景新模式,合理配置不同类型的乔木、灌木、草本植物等,将环保理念与景观设计相融合,在高起点上建设城市绿地景观,改善和优化城市人居环境。

1.3.2　降温增湿

降温增湿一般是指植物通过蒸腾作用吸热后把体内的水分以水蒸气的形式散发到环境中,以达到降低局部环境温度和提高局部湿度的作用。降温增湿也是很重要的生态功能之一,尤其是在干燥闷热的夏季,植物可通过自身的蒸腾作用改善局部小气候,提高居民的舒适度。

随着城市的发展,城市面积不断扩大,人口进一步集中,城市的"热岛效应"也逐渐严重。而园林植物可以吸收太阳辐射用于自身的蒸腾作用,从而起到降温增湿的作用。蒋美珍等对杭州市公园、工厂绿地、林荫道等不同类型绿地降温增湿的效果进行了观测对比,结果发现公园的增湿效果最显著。其主要原因是植物蒸腾过程中蒸发了大量水分,增加了空气的湿度;同时树冠的覆盖能减弱光照,降低气温,使蒸发失去的水分大部分保持在林下,提高了林下的相对湿度。日本的研究人员在 20 世纪 80 年代进行的试验表明,绿色植物在覆盖建筑外墙时可降低环境温度,这说明植物叶面蒸腾作用能改善湿度和降低气温。研究人员在 1993 年测出几种园林植物单位叶面积蒸腾速率,发现不同树种单位叶面积蒸腾速率不同,蒸腾量不同,潜热消耗量不同,对气温的改善能力也不同。随着技术的发展,人们利用光合测定仪对不同植物的光合效率进行测定,计算不同植物的蒸腾耗热量,再据此计算城市绿地的整体降温效果。杨士弘等采用了底面积为 $10 \ m^2$、高为 $100 \ m$ 的空气柱体来计算每平方米叶面积蒸腾使柱体空气的增湿量,计算结果与试验测定值接近。李辉、赵卫智以北京地区常用的 5 种草坪地被植物为研究对象,利用光合作用测定系统测定了它们春、夏、秋三季节的光合和蒸腾速率,又以此为基础计算了单位面积草坪的固碳量、释氧量和吸热量、温度降低值,并量化评价了它们的生态效益。

植物的降温增湿效应与高温同步,它能够有效缓解城市高温,尤其是城市"热岛效应"给城市居民带来的不适。如今,园林植物在改善城市人居环境中起着越来越不可替代的作用。因此,如何合理规划布局城市绿地,提高城市园林绿地覆盖率以实现降温增湿效应的最大化将成为今后研究的重点之一。这不仅对改善城市小气候有重大意义,更能有效缓解快速推进的城市化进程和全球气候变暖所带来的环境压力。

1.3.3 杀菌降噪

园林植物对细菌具有抑制和杀灭作用,不同种类的植物在杀菌能力方面有显著差异。在城市环境条件下,园林植物通过其枝叶的吸滞、过滤作用来减少粉尘(为细菌的载体),从而减少城市空气中的细菌含量。许多绿色植物释放的芳香化合物有杀死大气中病毒、细菌的作用,从而可保护人体健康。紫藤、金银花、美人蕉、菊花、石竹、鸡冠花、仙人掌、凤仙花、水仙、虎耳草等有一定的抗菌作用。专家试验发现含有挥发芳香油杀菌素的植物种类达340多种,有的能引起细菌溶解,有的可阻断或抑制病原菌的代谢和繁殖,并有改善人体心肌缺血、解除血管平滑肌痉挛的作用,还可以稳定情绪,使人安静、解除焦虑、促进人体睡眠。吸入绿色植物释放的植物杀菌素、负氧离子可使人体增强抵御潜伏细菌的能力,清除致病隐患,并获得大气中有益身心的气体。

目前植物杀菌作用在园林绿地配置领域的应用仍寥寥无几。由于不同植物种类、不同植物群落类型杀菌效果存在显著差异,如何利用植物的这一特性进行功能化景观设计、科学地建设人类的生活与生存环境成为进一步研究的方向。

园林植物的减噪效应往往受到噪声源和一定空间距离的限制,所以其更多地表现为局部效应。园林植物具有的对声波的反射和吸收能力的大小与植被的种类、稠密度有关,不同的植物配置之间也具有不同的降噪效果。从绿化植物对噪声削减作用机理的研究成果来看,植物的枝条、叶片和树干等器官对声波的反射、折射和衍射等效果是造成噪声衰减的重要原因,越是枝叶浓密的植物其作用效果越明显,密集的立体绿化带或枝叶繁茂的绿化植物对噪声的削减作用大于稀疏的或结构单一的绿化带。大多数研究者都认为乔木、灌木、草本植物相结合的复合型结构的绿化对噪声的削减作用最为明显。

植物绿化对城市噪声的消减存在一定的效果,也是现有的防治交通噪声污染手段中最绿色、最环保、最经济的一种方式,可以发挥无与伦比的生态效应。在营造绿地的时候,应当注意不同植物物种减噪效果的差异以及其协同效应,以科学设计绿化带,营造紧密、植被覆盖率高的绿地,同时应保证绿化带具有一定的宽度,使其达到最佳的减噪效果。

1.3.4 固碳释氧

固碳释氧是指植物利用自身的光合作用,固定空气中的 CO_2,释放对人体有益的 O_2 的过程。光合作用是植物吸收光能合成有机物质并存储能量的生理过程,它是人类及动物赖以生存和繁殖的物质基础,也是树木重要生理机能之一,受到诸多因素的影响。

目前大部分市区的 CO_2 含量已超过自然界大气中 CO_2 正常含量的指标。园林树木通过光合作用固碳释氧,在城市中就地缓解或消除局部缺氧,改善局部地区空气质量,部分缓解城市的"温室效应"。关于此生态功能,国内外学者也做过相关的研究。1997 年北京市园林科学研究所开展了"北京城市园林绿化生态效益的研究"的课题研究,其研究人员对北京最为常用并有代表性的 37 种园林植物的个体绿量建立了回归模型,并利用光合作用测定仪测定计算了北京常见的 65 种园林植物全年吸收 CO_2、释放 O_2 的量。自 20 世纪 50 年代发明了红外线光合作用测定系统以来,气体交换技术已经成为研究植物光合生理特性及预测与评估生产力的重要手段,也为量化评估园林植物的固碳释氧能力提供了技术支持。有很多学者利用这种技术,在测定树种叶片光合速率的基础上,计算树种吸收 CO_2、释放 O_2 的量,比较不同树种的差异。如有的学者采用 LI-6400 型红外光合作用测定仪,分别在生长初期、盛期、末期测定鹅掌楸和女贞的净光合速率日变化,并分别取平均值计算两个树种的固碳量及释氧量。美国从 20 世纪 90 年代初开始利用上述方法对城市绿地碳贮量及每年碳固定量进行评估,并于 1991—1994 年针对芝加哥的城市绿地进行了全面、系统的调查研究,按照不同区、不同用地类型量化评估了城市绿地固定 CO_2、降温节能的作用,并建立了评估城市绿地生态效益的模型。

对植物固碳释氧能力的研究,能够有效地对城市生态用地进行测算,指导城市绿地合理进行植物配置及生态规划,提升城市绿地固碳释氧能力,以便高效地应对气候变化、缓解温室效应,建设一个符合生态要求、结构合理、功能完善的低碳城市。

1.3.5 监测环境、净化空气

植物对大气污染的反应要比人类敏感得多。在受到环境污染的情况下,污染物质对植物的毒害也会以各种形式表现出来,植物的这种反应就是环境污染的信号。人们可以根据植物所发出的信号来鉴别分析环境污染程度。美人蕉的叶面对空气污染的反应很敏感,在净化空气的同时,还可作环境监测器。有些花卉对有害气体十分敏感,可作为某种毒气的指示植物,如唐菖蒲(*Gladiolus gandavensis*)、萱草(*Hemerocallis fulva*)、郁金香(*Tulipa gesneriana*)对 HF 敏感,桃对 HCl 敏感,秋海棠(*Begonia grandis*)对氮氧化物敏感,丁香(*Syzygium aromaticum*)对臭氧(O_3)敏感。

利用花卉和其他植物监测环境污染在国内外已有很多成功的经验。目前已利用唐菖蒲、郁金香、葡萄(*Vitis vinifera*)、杏(*Armeniaca vulgaris*)等监测氟(F)污染,用矮牵牛(*Petunia hybrida*)、烟草(*Nicotiana tabacum*)、斑豆(Pinto)、早熟禾(*Poa annua*)等监测光化学烟雾,用复叶槭(*Acer negundo*)、荞麦(*Fagopyrum esculentum*)、玉米(*Zea mays*)等监测 Cl_2,用甜菜(*Beta vulgaris*)、番茄(*Solanum lycopersicum*)等监测 HCl,用棉花(*Gossypium* spp.)等监测乙烯(C_2H_4),用紫花苜蓿(*Medicago sativa*)、菜豆(*Phaseolus vulgaris*)、棉花等监测 SO_2 等,都取得了一定效果。

空气中的有害气体通过气体交换,随同空气进入植物体,植物体通过一系列的生理、生化反应,将有毒物质积累、降解、排出,从而达到净化大气的目的。不同树种对 SO_2 的吸收量不同,差异很大:落叶乔木吸收 SO_2 的能力可达阔叶灌木的 3 倍,是针叶乔木的 9 倍;而针叶树由于四季常绿,可常年发挥吸收 SO_2 的作用。在北方 28 种常用树种中,树种间对硫的吸收量相差 3 倍以上,其中加拿大杨(*Populus* × *canadensis*)的吸硫量最大,达 86.95 mg·m^{-2};白皮松(*Pinus bungeana*)的吸硫量较小,为 13.2 mg·m^{-2};银杏(*Ginkgo biloba*)基本不吸收硫。园林植物对 SO_2 净化的能力与其生理活动的强度密切相关,一般白天大于晚间,夏季大于秋季,秋季又大于冬季。植物对氯化物的吸收量在不同树种间也有很大的差异,有的甚至相差 40 倍,如紫椴的吸氯量可达 197.21 mg·m⁻²,而麻栎只有 4.44 mg·m⁻²。不同树种对氟的吸收也有明显的差异,一般阔叶树的吸氟量比针叶树要高,如枣树的吸氟量是油松的 25 倍。如果某地 SO₂ 的相对超标率为 255%,树种的郁密度达 0.6,覆盖率达到 35.04%,空气质量可达到国家一级标准。

　　大气污染已经成为亟待解决的环境问题,它不仅威胁着人类的生命安全,对动植物也有很大的负面影响。在城市中种植大量能够净化空气的植物,不仅可以提高环境的生态效益,还能达到净化环境的功效,是防治污染的有效措施。利用植物对污染进行监测的结果应与理化监测结果较好地结合起来,取长补短,既对污染物的性质和浓度进行监测,又对污染物引起的生态学效应做出恰当的评价。而建立标准化的监测方法,寻找分布广、对污染反应灵敏的指示植物,掌握污染因子间相互作用对植物应激反应的影响等,则是进一步努力的方向。

1.3.6　修复土壤、净化水源

　　吸收、积累污染物并将其储存在植物体内是园林植物修复土壤的方式之一。超积累植物是指对某种重金属元素的吸收量超过一般植物吸收量的 100 倍以上的植物。目前研究发现的超积累植物已达 400 余种,其中多数为十字花科植物,以镍(Ni)超积累型最多,约 290 种。有的超积累植物可同时积累多种重金属元素,如铜(Cu)的超积累植物约有 24 种,钴(Co)的超积累植物约有 26 种,而其中的 9 种植物对 Cu 和 Co 都有超积累能力。植物降解是园林植物修复土壤方式之一,植物通过直接或间接地吸收、同化或降解有机污染物如多环芳烃,从而修复和净化环境。在用植草方法研究被 DDT 及其主要降解产物污染的土壤的修复技术时,发现在污染浓度为 0.215 mg·kg⁻¹ 的土壤中,种植 10 种草 3 个月后 DDT 及其主要降解产物的总含量降低 19.6%—73.0%。不同种类的草对土壤中污染物有不同的去除能力,其中以丹麦产的多年生黑麦草(Lolium perenne)和美国生产的高羊茅(Festuca arundinacea)对土壤中污染物去除能力最强。同时也证明用种植草的方法修复受 DDT 及其主要降解产物污染的土壤是一项可行的技术。

　　富营养化和重金属含量过高是水体污染的主要形式。在研究水生植物水体修复技术时发现,凤眼莲不仅对富营养化水体的净化能力极强,而且对金属离子的富集作用也很显著。宽叶香蒲也是很好的净化水体的植物,它不仅对废水的悬浮物、总氮、总磷等污染物具有较好的净化效果,对铅(Pb)、锌(Zn)、铜(Cr)的去除率也分别达到 93.98%、97.02%、96.87%、96.39%,且净化后废水中的重金属含量已达到工业排放标准并接近农灌标准,污染物去除率也随着净化时间的延长而增加。以沉水植物为基础的生态系统比以浮水植物为基础的生态系统的自净能力更强、环境容量更大、水质更优良。

　　植物修复是一种新兴的绿色环保生物修复技术,将园林植物作为特色经济植物用于土壤以及水体重金属富集及修复具有重要的实用和经济意义。而不同园林植物有其本身的生物学差异,在今后,用于修复土壤和净化水体的植物的选择应更多考虑植物的合理配置,同时兼顾待选植物的适应能力、去污能力以及后期管理的便捷性,以构建高效的植物净化修复体系,这也是改善城市环境质量的重要保障。

1.4　展望

　　园林植物具有重要的生态功能,在城市生态环境建设中发挥着重要的作用。园林绿化工作中,在兼顾美学的基础上,绿地建设不仅要重视增加绿地的面积,还要重视加强绿地的生态作用。这样可使具有不同生态特性的植物各得其所,各尽所能,并充分利用阳光、空气、水分、土地空间,组建和谐有序的群落,构建科学的城市人工植物群落。城市绿化的目标是最稳定的生态效益、最佳的社会效益以及最大的经济效益的统一,而大量使用生态效益好的园林绿化植物是园林建设的新要求。在城市用地日趋紧张的情况下,研究园林植物生态功能与应用,具有重大的理论和现实意义。

参考文献

[1] 车生泉,王洪轮.城市绿地研究综述[J].上海交通大学学报(农业科学版),2001,19(3):229-234.

[2] 张浩,王祥荣.城市绿地的三维生态特征及其生态功能[J].中国环境科学,2001,21(2):101-104.

[3] 孙冰,粟娟,谢左章.城市林业的研究现状与前景[J].南京林业大学学报,1997,21(2):33-38.

[4] 卓丽环,陈龙清.园林树木学[M].北京:中国农业出版社,2004:26-41.

[5] 王木林.城市林业的研究与发展[J].林业科学,1995,31(5):460-466.

[6] 朱坦,吴武汉,赵棣佳,等.天津外环线绿化带综合效益评价及调控对策的研究[J].中国环境科学,1994,14(3):170-179.

[7] 陈自新,苏雪痕,刘少宗,等.北京城市园林绿化生态效益的研究(6)[J].中国园林,1998(6):53-56.

[8] 李宏梅.园林植物对城市生态环境的作用[J].环境与生活,2014,8:110-111.

[9] 汪有良.园林灌木对城市环境中镉和铅吸收积累作用研究[J].北方园艺,2010,10:103-106.

[10] 王仁卿,藤原一绘,尤海梅.森林植被恢复的理论和实践:用乡土树种重建当地森林——宫胁森林重建法介绍[J].植物生态学报,2002,26(Z1):133-139.

[11] 南京林业大学.园林植物栽培学[M].北京:中国林业出版社,1991:13-21.

[12] 戚继忠,由士江,王洪俊,等.园林植物清除细菌能力的研究[J].城市环境与城市生态,2000,13(4):36-38.

[13] 王敬明.林木与大气污染概论[M].北京:中国环境科学出版社,1989:14.

[14] 孟兆祯.园林建设顾误录[J].中国园林,2001(6):28-29.

[15] 陈炳超,刘革宁,陈利芳.提高城市森林生态效益的有效途径[J].广西林业科学,1999,28(1):24-28.

[16] 冯建军,沈家芬,苏开军.广州市道路绿化模式环境效益分析[J].城市环境与城市生态,2001,14(2):4-6.

[17] 蒋美珍.城市绿化的降温增湿天菌效应[J].环境保护,1979,4:16-18.

[18] 杨士弘.城市绿化树木的降温增湿效应研究[J].地理研究,1994,12(4):74-79.

［19］ 李辉,赵卫智.北京5种草坪地被植物生态效益的研究［J］.中国园林,1998,14(4)：36-38.

［20］ Jauregui E. Influence of a large urban park on temperature and convective precipitation in a tropical city ［J］. Energy and build, 1990,15(3/4)：457-463.

［21］ Howard L. The climate of London：deduced from meteorological observations made in the metropolis and at various places around it, Volume 3 ［M］. London：Nabu Press, 2010：1833-1843.

［22］ 王利东,石媛,刘斌,等.北京园林绿化树种降温增湿功能研究［J］.安徽农学通报,2015,5：101-110.

［23］ 李辉,赵卫智,古润泽,等.居住区不同类型绿地释氧固碳及降温增湿作用［J］.环境科学,1999,11：41-44.

［24］ 陈自新,苏雪痕,刘少宗,等.北京城市园林绿化生态效益的研究［J］.中国园林,1998,14(1)：57-60.

［25］ 陈自新,苏雪痕,刘少宗,等.北京城市园林绿化生态效益的研究(2)［J］.中国园林,1998,14(2)：51-54.

［26］ Nowak D J. Atmospheric carbon reduction by urban trees［J］. Journal of Environmental Management, 1993,37(3)：207-217.

［27］ 鲁敏.北方吸污绿化树种选择［J］.中国园林,2002(3)：91-93.

［28］ 勾晓华,王勋陵,陈发虎.氟化氢熏气对植物的伤害研究［J］.兰州大学学报,1999(2)：145-149.

［29］ 郑素兰,王兵丽,陈凡,等.10种园林植物的抑菌作用和滞尘能力研究［J］.闽南师范大学学报(自然科学版),2015,28(4)：77-81.

［30］ 陈颖佳,刘中兵.城市道路绿化植物滞尘能力研究进展［J］.绿色科技,2017(15)：24-26.

［31］ 谢丽琼,邓星晗.绿量的研究进展［J］.林业调查规划,2013,38(5)：35-39.

［32］ 夏燕.中外园林植物交流研究［D］.咸阳：西北农林科技大学,2011.

［33］ 徐宁伟,杨凡,史琰,等.传承地域文脉,倡导绿色生活——兰溪植物园景观规划的实践与思考［J］.中国园林,2015,31(9)：85-89.

［34］ 冷冰,温远光.城市植物多样性的调研方法［J］.亚热带植物科学,2008,37(4)：69-71,75.

［35］ 汪殿蓓,暨淑仪,陈飞鹏.植物群落物种多样性研究综述［J］.生态学杂志,2001(4)：55-60.

［36］ 巴成宝,梁冰,李湛东.城市绿化植物减噪研究进展［J］.世界林业研究,2012,25(5)：40-46.

［37］ 刘佳妮.园林植物降噪功能研究［D］.杭州：浙江大学,2007.

［38］ 周坚华.城市绿量测算模式及信息系统［J］.地理学报,2001,56(1)：14-22.

［39］ 陈孟晨,陈义,姜刘志,等.红树林生态系统固碳功能和潜力研究进展［J］.山东林业科技,2018,48(2)：127-131.

［40］ 蔡祺.城市森林固碳能力初探［J］.内蒙古林业调查设计,2016,39(2)：137-140.

［41］ 李华坦,赵玉娇,李国荣,等.寒旱环境黄土区植物护坡原位模拟降雨试验研究［J］.水土保持研究,2014,21(6)：304-311.

［42］ 王甜甜,付登高,等.滇池流域山地富磷区常见植物的水土保持功能比较［J］.水土保持学报,2014,28(3)：67-71.

第 2 章

园林植物抗 NO_2 能力研究

2.1 材料与方法

2.1.1 试验装置设计

为满足本试验需要,圣倩倩、祝遵凌发明了一种实时监测二氧化氮(NO_2)浓度的熏气装置。如图 2-1 所示,NO_2 气瓶的出气端连接带有减压阀的电磁阀与微电脑开关定时系统,输入一定量的 NO_2。熏气容器内设置 NO_2 传感器监测气体浓度,传感器的另一端与 NO_2 气体测量仪的进气口连接,NO_2 气体测量仪通过 RS-485 接口与电脑终端连接,通过电脑上安装的 NO_2 气体监测软件实时记录熏气容器内 NO_2 浓度变化。该装置可以实时监测熏气室内气体的动态变化,精确控制进入熏气室的气体量,应用方便。

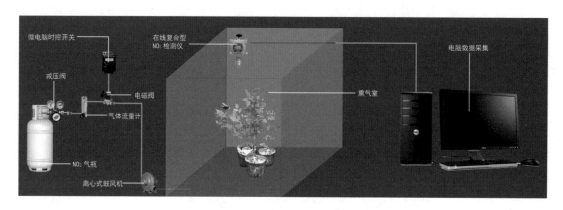

图 2-1　定时调控和记录 NO_2 浓度的熏气试验装置

2.1.2 试验材料

选取包括柏科 1 种、樟科 1 种、银杏科 2 种、桦木科 2 种、木樨科 2 种和卫矛科 2 种等 38 种园林植物进行熏气试验。试验材料选取生长健壮、栽培条件基本相同的一年生容器苗。草本植物为当年播种或分盆,藤本植物为当年生嫩枝扦插苗。每种植物选取 30 株,见表 2-1。

表 2-1　38 种植物名称及分类特征

序号	中文名	拉丁名	科名	生活型
1	金边菖蒲	*Acorus tatarinowii*	天南星科	多年生草本
2	金边玉簪	*Hosta plantaginea*	百合科	多年生草本
3	花叶美人蕉	*Cannaceae generalis* 'Striatus'	美人蕉科	多年生草本
4	鸢尾	*Iris tectorum*	鸢尾科	多年生草本

序号	中文名	拉丁名	科名	生活型
5	大吴风草	*Farfugium japonicum*	菊科	多年生草本
6	矮麦冬	*Ophiopogon japonicus* var. *nana*	百合科	多年生草本
7	金边麦冬	*Liriope spicata* var. *variegata*	百合科	多年生草本
8	万年青	*Rohdea japonica*	天门冬科	多年生草本
9	普陀鹅耳枥	*Carpinus putoensis*	桦木科	落叶乔木
10	欧洲鹅耳枥	*Carpinus betulus*	桦木科	落叶乔木
11	木姜子	*Litsea pungens*	樟科	落叶乔木
12	波叶金桂	*Osmanthus fragrans* 'Boyejingui'	木樨科	常绿乔木
13	夏蜡梅	*Calycanthus chinensis*	蜡梅科	落叶灌木
14	红王子锦带	*Weigela florida* 'Red Prince'	忍冬科	落叶灌木
15	彩叶杞柳	*Salix integra* 'Hakuro Nishiki'	杨柳科	落叶灌木
16	八仙花	*Hydrangea macrophylla*	虎耳草科	落叶灌木
17	金边黄杨	*Euonymus japonicus* var. *aurea-marginatus*	卫矛科	常绿灌木
18	小叶黄杨	*Buxus sinica* var. *parvifolia*	黄杨科	常绿灌木
19	花叶蔓长春	*Vinca major* 'Variegata'	夹竹桃科	常绿灌木
20	云南黄素馨	*Jasminum mesnyi*	木樨科	常绿灌木
21	金森女贞	*Ligustrum japonicum* 'Howardii'	木樨科	常绿灌木
22	洒金桃叶珊瑚	*Aucuba japonica* 'Variegata'	山茱萸科	常绿灌木
23	珊瑚树	*Viburnum awabuki*	忍冬科	常绿灌木
24	毛鹃	*Rhododendron pulchrum*	杜鹃花科	常绿灌木
25	六月雪	*Serissa foetida*	茜草科	常绿灌木
26	小叶栀子	*Gardenia jasminoides* var. *prostrata*	茜草科	常绿灌木
27	狭叶十大功劳	*Mahonia fortunei*	小檗科	常绿灌木
28	南天竹	*Nandina domestica*	小檗科	常绿灌木
29	海桐	*Pittosporum tobira*	海桐科	常绿灌木
30	红花檵木	*Loropetalum chinense* var. *rubrum*	金缕梅科	常绿灌木
31	瓜子黄杨	*Buxus sinica*	黄杨科	常绿灌木
32	龟甲冬青	*Ilex crenata* 'Convexa'	冬青科	常绿灌木
33	熊掌木	*Fatshedera lizei*	五加科	常绿灌木
34	常春藤	*Hedera helix*	五加科	常绿灌木
35	茶梅	*Camellia sasanqua*	山茶科	常绿灌木
36	铺地柏	*Sabina procumbens*	柏科	常绿灌木
37	银杏	*Ginkgo biloba*	银杏科	落叶乔木
38	金叶银杏	*Ginkgobiloba* 'Wannianjin'	银杏科	落叶乔木

试验于 2016 年 9 月在南京林业大学园林实验中心(地理坐标为 118.82°E，32.08°N)进行。供试材料来自中国常州苗木市场,挑选整齐一致、健壮、无病虫害的正常的苗木移入南京林业大学园林实验中心进行基质栽培。实验苗的基质为泥炭土∶蛭石∶珍珠岩＝1∶1∶1(体积比)的混合土,用规格为 30 cm(上径口)×20 cm(下径口)×15 cm(高)的塑料花盆进行盆栽,盆底有排水孔并置于托盘中,每盆装 500 g 干土,栽植 2 株植物(后面熏气室内每盆植物数需要根据实际熏气情况重新栽植)。在条件一致的环境下自然生长,常规管理,培养期间,每周浇水 2—3 次以保持湿润,每两周加 1 L 霍格兰营养液。培养 2 个月后,进行 NO_2 胁迫试验。植物生长条件控制在环境温度 25—28 ℃,空气相对湿度 60%—70%,光照 26—29 klx,大气压强 99.3—99.5 kPa。

2.1.3　试验设计

目前有关 NO_2 气体胁迫浓度的研究,NO_2 气体胁迫浓度主要集中于 1.0—18.8 mg·m^{-3},其中 1.0—8.0 mg·m^{-3} 属于低胁迫浓度,可进行长时间胁迫处理,主要为 30 d 或 60 d 的 NO_2 气体胁迫;高浓度的 NO_2 气体胁迫浓度主要为 8.0 mg·m^{-3} 以上,熏气时间主要为短时间,如 14 h 或 48 h 等。

综合考虑以上因素,结合预试验,本试验设置的 NO_2 气体胁迫浓度为 12.0 mg·m^{-3},超标 60 倍(NO_2 国家 24 h 污染浓度标准为 0.2 mg·m^{-3}),熏气时间 72 h,属于高浓度短时间处理,该浓度下,植物受 NO_2 气体胁迫,叶片出现伤害症状,产生应急反应,但不致死,基于此,研究植物 NO_2 耐受能力较为科学。此外,植物种类不同,受到 NO_2 污染物胁迫的伤害指数以及出现的症状有所差异。

对 38 种园林植物(见表 2-1)进行熏气试验,共设置两个胁迫处理,即熏气零点(0 h)和高浓度 NO_2(12.0 mg·m^{-3})胁迫处理,NO_2 气体由购买的 NO_2 气体钢瓶提供。通过 NO_2 气体测量仪对 NO_2 气体浓度进行实时监测(间隔时间 1 min),并通过气体流量计实现对目标气体参数的设定。熏气时间为 72 h。将花盆及盆土用保鲜膜密封包缠处理,以排除土壤和根际微生物的影响。熏气室光照时间 13 h,环境温度 25—28 ℃,空气相对湿度 60%—70%,光照 26—29 klx,大气压强 99.3—99.5 kPa。熏气后,各植物从熏气装置取出,不再加 NO_2,放在室温培养 30 d。植物生长条件同胁迫处理组一致,每个熏气室放置 30 株植物,共重复 3 次。

园林植物受到 NO_2 胁迫 72 h 后,部分植物会出现受伤害症状,表现为叶片失绿、反卷、下垂、泛黄、焦枯等,从而植株出现形态损伤,甚至整株死亡。针对园林植物受 NO_2 胁迫出现的叶片伤害现象,参考邵在胜等的试验方法,统计叶片的伤害情况,只要叶片上出现萎蔫、水渍状、失绿和黄斑等症状,均认为受到伤害。统计单株植物顶 6 叶受伤害症状指数,每组重复三次,计算平均值,即为该植株受伤害指数。具体计算方法为:

$$伤害指数 = \frac{植株上表现的伤害症状的面积}{检测叶片总面积和} \times 100\%$$

2.1.4 数据统计分析

数据统计分析采用 Microsoft office Excel 2010 和 SPSS 16.0 统计软件,处理组与对照组的均值比较及差异显著性采用单因素方差分析(one-way ANOVA)和 t 检验。

2.2 结果与分析

2.2.1 园林植物受 NO_2 胁迫的伤害症状

大气 NO_2 污染危害一般分为急性危害和慢性危害。本试验研究的 NO_2 污染危害主要集中在急性危害,并且之前的研究主要集中在大气污染物,如二氧化硫(SO_2)、氟化氢(HF)、氯气(Cl_2)、氨气(NH_3)和氯化氢(HCl)等对园林植物的影响。而本试验通过研究高浓度 NO_2 胁迫下 38 种园林植物的伤害指数,认为不同的大气污染物对植物叶片的伤害会出现不同症状,同一污染物对不同植物产生伤害的时间及造成的症状也不一样。研究表明,NO_2 进入叶片后可能作为信号分子介导植物生长发育过程,而某些敏感植物就会受到可见或不可见的伤害。

本试验中 NO_2 胁迫对园林植物的急性伤害如图 2-2 所示。本次试验中阔叶树种的叶片伤害症状主要表现为:部分植物熏气全程伤害症状不明显,如金边菖蒲;部分植物叶缘出现黄斑、失绿,如金边黄杨、普陀鹅耳枥、欧洲鹅耳枥、金边麦冬、金森女贞、花叶美人蕉、矮麦冬、八仙花、金边玉簪、珊瑚树、毛鹃、狭叶十大功劳、红花檵木和常春藤;少数植物叶面呈现水渍状,如小叶黄杨和瓜子黄杨;部分植物叶面出现黄斑,如波叶金桂、木姜子和夏蜡梅。银杏和金叶银杏叶缘出现黄斑或失绿,随着伤害程度加剧,失绿斑进一步转化为浅褐色、黄褐色、褐色及黑褐色伤斑,伤害区域与健康区域间有明显的界线;部分植物嫩叶首先出现萎蔫、卷曲和失绿,如洒金桃叶珊瑚;全株发黄,受害较重的植物如熊掌木、海桐、大吴风草、鸢尾、万年青、龟甲冬青和铺地柏;部分植物叶片脱落,如彩叶杞柳、花叶蔓长春、六月雪、南天竹、红王子锦带、云南黄素馨、茶梅和小叶栀子。这与李德生等研究北方经济树种对 NO_2 胁迫的抗性,发现 NO_2 对阔叶树的伤害也是从叶部开始,而后在叶缘和叶脉出现伤斑,直至叶片死亡脱落的结论一致。

2.2.2 园林植物受 NO_2 胁迫的伤害指数

本试验研究所选择的植物均是华东地区园林绿化常用的和潜在推广的绿化植物,来源广泛:部分种类是华东地区乡土植物,如红花檵木、海桐、银杏、南天竹等,生长良好,适应性较强,不仅具有观赏功能,还有消减道路交通污染物的功能;另一部分种类虽不是华东地区乡土植物,但经采用一系列栽培技术方法和驯化手段,已经充分适应南京本地环境,可以正常生长。

零点　　72 h NO₂ 熏气　　30 d 恢复　　零点　　72 h NO₂ 熏气　　30 d 恢复

金边菖蒲　　　　　　　　　　金边麦冬

金边玉簪　　　　　　　　　　万年青

花叶美人蕉　　　　　　　　　普陀鹅耳枥

鸢尾　　　　　　　　　　　　欧洲鹅耳枥

大吴风草　　　　　　　　　　木姜子

矮麦冬　　　　　　　　　　　波叶金桂

夏蜡梅　　　　　　　　　　　彩叶杞柳

红王子锦带　　　　　　　　　八仙花

零点　72 h NO₂ 熏气　30 d 恢复　零点　72 h NO₂ 熏气　30 d 恢复

金边黄杨　珊瑚树

小叶黄杨　毛鹃

花叶蔓长春　六月雪

金森女贞　小叶栀子

云南黄素馨　狭叶十大功劳

洒金桃叶珊瑚　南天竹

海桐　瓜子黄杨

红花檵木　龟甲冬青

注:采用实验室人工熏气试验,进行高浓度短时间 NO_2 熏气处理,设置 NO_2 气体胁迫浓度为 12.0 mg·m^{-3},超标 60 倍(NO_2 国家 24 h 污染浓度标准为 0.2 mg·m^{-3}),熏气时间 72 h。观察 NO_2 熏气零点(0 h)和 72 h 植株形态变化。熏气后,放于室温条件下,不加 NO_2,常规条件管养,观察植株自我恢复后形态变化。

图 2-2　38 种园林植物 NO_2 熏气处理前后对比及恢复情况

总体来看,乔木中欧洲鹅耳枥受 NO_2 胁迫后伤害指数最小,为 13.53%,其次是金叶银杏,伤害指数为 15.19%,普陀鹅耳枥伤害指数中等,为 19.15%;灌木中夏蜡梅受 NO_2 胁迫伤害指数最小,为 8.53%;草本中金边菖蒲受 NO_2 胁迫伤害指数最小,为 1.47%。不同植物间受 NO_2 胁迫后伤害指数差异明显(见表 2-2),这与缪宇明等分析了浙江省 38 种绿化植物对 NO_2 的抗性及吸收能力,发现不同植物的抗性和吸收能力均存在较大差异的结果一致。以往对欧洲鹅耳枥胁迫抗性的研究主要包括盐胁迫和干旱胁迫,结果表明欧洲鹅耳枥具有一定的耐盐和耐干旱能力,分析认为,这与欧洲鹅耳枥体内具有的一定渗透调节能力和膜脂过氧化调节能力有关,使欧洲鹅耳枥身处不良环境时仍能够具有一定的适应性。这与本试验中欧洲鹅耳枥在所研究的木本植物中受害程度较小的结论一致。笔者所在课题组自 2011 年从欧洲引进欧洲鹅耳枥种质资源,在南京和泰州等地区试验种植。经过多年的引种驯化培养,目前欧洲鹅耳枥已经能够较好地适应中国部分地区的气候环境,因其姿态优美,叶色艳丽,应用形式多样,树叶含有丰富的抗肿瘤活性物质等优点,广受业内人士青睐。上海市试种成功以后,已将其列为珍贵树种进行重点推广。本试验的研究成果为在南京地区推广应用欧洲鹅耳枥提供了理论和实践依据,也丰富了南京常用园林植物名录,对构建多彩、多功能、效益显著的园林绿地具有重要意义。已有研究对模拟酸雨胁迫下的夏蜡梅幼苗生长状况进行了观测,认为轻度酸雨能够促进生长,说明夏蜡梅能够很好地利用酸雨中的酸性物质,与本试验中夏蜡梅受 NO_2 胁迫伤害程度较小的结论一致。金边菖蒲对氮素的吸收能力较强,罗英研究了模拟酸雨胁迫对金边菖蒲氮素吸收的影响,研究认为金边菖蒲在酸雨胁迫下能够正常生长,说明金边菖蒲具有很好的酸雨耐受能力,与本试验研究的草本植物中金边菖蒲受 NO₂ 酸性物质胁迫后伤害程度小等结论一致。

表 2-2 38 种园林植物受 NO₂ 胁迫的伤害指数

草本植物	伤害指数/%	灌木	伤害指数/%	灌木	伤害指数/%	乔木	伤害指数/%
金边菖蒲	1.47 Jl	夏蜡梅	8.53 Ik	狭叶十大功劳	57.93 Dd	欧洲鹅耳枥	13.53 Hj
花叶美人蕉	3.79 Jl	珊瑚树	16.90 Hj	瓜子黄杨	80.00 Bb	金叶银杏	15.19 Hj
金边玉簪	5.40 Jl	红花檵木	18.10 Gi	海桐	100.00 Aa	木姜子	15.28 Hj
鸢尾	64.50 Cc	金边黄杨	20.00 Gi	彩叶杞柳	100.00 Aa	银杏	18.26 Gi
万年青	98.53 Aa	红王子锦带	25.20 Fi	龟甲冬青	100.00 Aa	普陀鹅耳枥	19.15 Gi
金边麦冬	100.00 Aa	八仙花	25.22 Fi	茶梅	100.00 Aa	波叶金桂	34.70 Eg
大吴风草	100.00 Aa	洒金桃叶珊瑚	25.93 Fi	花叶蔓长春	100.00 Aa		
		毛鹃	29.10 Fh	六月雪	100.00 Aa		
		常春藤	32.70 Eg	南天竹	100.00 Aa		
		熊掌木	35.50 Eg	云南黄素馨	100.00 Aa		
		金森女贞	39.00 Ef	小叶栀子	100.00 Aa		
		矮麦冬	41.35 Ee	铺地柏	100.00 Aa		
		小叶黄杨	42.15 Ee				

注:表中数值为平均值。数据后标有不同大写字母表示差异极显著($P<0.01$),不同小写字母表示差异显著($P<0.05$)。

2.3 城市道路功能型绿地的构建

2.3.1 道路绿化植物的配置原则

(1) 适地适树,以优良乡土物种为主、外来物种为辅的原则

根据气候、土壤等生境条件来选植能够健壮生长的树种。在选择树种时应将立体条件与树种特性相结合,因地制宜,以当地的气候、土壤、水文等自然条件为前提,考虑树种的形态特征及生态习性,以适应当地环境、抗逆性强的乡土树种为主。筛选外来树种则应经过科学的驯化,直至其能够较好适应当地气候。这样可以有效降低绿化树种死亡率,提高城市道路绿化的可操作性。

乡土树种具有较强的适应性和抗逆性,若能很好地利用这类树种,不但可以充分展现出它们的观赏效果,也能够节约成本,并且使道路的绿化景观更具稳定性。乡土树种也是一个地区的特征,道路绿化以乡土树种作为主要树种,数量上占主导地位,或者优先考虑以骨干树种以及市树、市花作为绿化材料,能够很好地体现当地地域特色。同时为了适应城

市道路复杂的环境和要求,避免树种单调乏味的问题,应该适当引进外来优良树种,补充树种数量,以满足不同空间和立体条件的建设要求,也可以增加空间、时间的变化,将地域性景观与异域景观和谐统一地结合在一起。这有利于形成更加丰富多彩的城市景观,实现地带性景观特色与现代都市特色的和谐统一。

(2) 生态功能性原则

道路是城市的血脉,它的畅通是城市发展的重要因素,在进行道路绿化时功能性原则应放在重要位置。道路绿化植物功能性包括交通功能性、生态功能性和景观功能性。不同类型的城市道路,应选择不同的树种以满足其交通功能性。在进行植物配置时,需要根据绿化地的地理位置特征结合实际需求。如周围有学校等机构,则需考虑植物消减噪声的效果;道路隔离带要考虑防眩光的效果;如道路周围生产性工厂较多,粉尘废气排放量大,就应该多栽种可抵抗有害气体、能适应恶劣生长条件的树种。

(3) 城市景观艺术性原则

在城市道路建设中,应充分考虑城市总体规划要求,根据城市发展的目标进行合理选择,增加树种多样性,同时结合城市的周围环境和历史人文等多种因素,创造内涵丰富的自然景观,充分发挥其景观价值。因此在配置植物时要考虑到这个城市的历史、文化、经济特点,打造不同的景观风格,尽可能将不同绿化品种的不同形态、不同色彩变化、不同花季等各种条件综合考虑,达到色彩丰富、季相不同的效果。

(4) 经济节约性原则

道路绿化应以经济节约性为准则,应根据当地情况选择合适的树种,而不应单一追求规模。城郊、乡镇等公路绿化则可以考虑树木本身的经济利用价值,如利用树木的果实等生产油料、药材和香料等副产品,在绿化、美化环境的同时也发挥了树木的经济效益。此外,尽可能避免多次施工、补种,做到好管理、好养护。因此在配置植物时,要根据树种长势的快慢、常绿或阔叶、亲缘关系来进行乔木、灌木、草坪植物、花卉的搭配。

2.3.2 道路绿化植物配置的形式

(1) 自然式植物配置

自然式植物配置就是通过植物自然原生的形态特征,采用不规则的形式配置植物的方法,包括孤植、丛植、群植、带植等。

① 孤植:是以单独植株的自然形态作为独立景观,如形态优美、枝叶茂密的古树,突出植株的自然美,作观赏和遮阴之用。孤植主要应用于道路的植草地坪、花坛中央、建筑小品区域,与建筑相映生辉。

② 丛植:顾名思义,就是三五株植物组合种植形成一个整体,作观赏和遮挡、隔离之用,可用于道路节点景观、人行道等。

③ 群植:以一两种乔木为主,与其他植物搭配组成较大面积的景观,以群体的形式为主。群植可用于道路节点景观、隔离带、人行道等。

④ 带植:将大量的植物密植,以带状的形式出现,可用于道路节点景观、隔离带、人行道等。

（2）规则式植物配置

规则式植物配置就是通过种植和修剪使植物形成规则的形状，如方形、三角形、椭圆形、环形等。植物多以行距相等、株距相等的形式规则种植，如行植等。

2.3.3 道路绿地植物的选择与配置模式

随着我国城市化进程不断加快，城市环境的污染性质已由过去单一的生活性污染转变为工业、交通等多源性污染。植物选择注重滞尘、吸收 NO_x 能力，兼顾吸收 SO_2 能力。凡毗邻工业污染区的道路，应设置隔离带，宽度在 15—20 m，凡靠近居住区的道路，应设置宽 20 m 左右的隔离带，选植对工业区特定污染物有较强抗性及吸收能力和修复能力的植物。

（1）道路绿地植物的选择

① 具滞尘能力的植物

落叶乔木：二球悬铃木（*Platanus acerifolia*）、银杏、白玉兰（*Yulania demudata*）。

常绿乔木：雪松（*Cedrus deodara*）、柏树（*Platycladus orientalis*）、女贞（*Ligustrum lucidum*）。

常绿灌木：桂花（*Osmanthus fragrans*）、红花檵木、小叶黄杨、珊瑚树、海桐、常春藤。

落叶灌木：紫薇（*Lagerstroemia indica*）、紫丁香（*Syringa oblata*）、紫荆（*Cercis chinensis*）。

② 具抗 NO_2 能力的植物

NO_2 胁迫后伤害指数较小（<30%）的植物有：

常绿乔木：木姜子。

落叶乔木：欧洲鹅耳枥、金叶银杏、银杏、普陀鹅耳枥。

灌木：夏蜡梅、珊瑚树、红花檵木、金边黄杨、小叶黄杨、红王子锦带、八仙花、洒金桃叶珊瑚、毛鹃。

草本植物：金边菖蒲、花叶美人蕉、金边玉簪。

NO_2 胁迫后伤害指数中等（30%—50%）的植物有：

常绿乔木：波叶金桂。

灌木：常春藤、熊掌木、金森女贞、矮麦冬、小叶黄杨。

NO_2 胁迫后伤害指数较大（>50%）的植物，即对 NO_2 敏感的植物有：

常绿乔木：铺地柏。

灌木：瓜子黄杨、海桐、彩叶杞柳、龟甲冬青、茶梅、花叶蔓长春、六月雪、云南黄素馨、南天竹、小叶栀子。

草本植物：鸢尾、万年青、金边麦冬、大吴风草。

（2）道路绿地植物配置模式

试验中发现部分植物降解污染物等生态功能较强，综合考虑植物培育及区域适应性等因素，结合颗粒物、NO_x 等污染因子，提出适宜南京地区生长的 3 种功能型植物配置模式。

① 悬铃木 + 女贞 + 红花檵木 + 紫薇 + 常春藤

该模式适合于颗粒物污染相对较重的道路绿地。悬铃木为抗污染及滞尘能力较强的

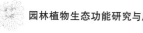

落叶乔木,女贞为滞尘能力较强的常绿乔木,红花檵木、紫薇和常春藤为滞尘能力较强的灌木和地被植物。其中悬铃木是上层植被,女贞是中层植被,紫薇是观花小灌木,红花檵木是色叶灌木,常春藤既可作为灌木也可作为常绿地被植物。该模式五种功能型植物相结合,滞尘能力强,同时观赏效果佳,常绿植物与落叶植物结合,季相变化显著。

② 银杏 + 木姜子[香樟(*Cinnamomum camphora*)] + 夏蜡梅 + 红花檵木 + 金边玉簪

该模式适合于 NO_x 污染相对较重的道路绿地,银杏和木姜子具有较小的 NO_2 胁迫伤害指数,落叶和常绿乔木搭配,可增强景观效果。但考虑到木姜子在南京地区生长适应性问题,可考虑在南京地区具体植物配置中用同科植物香樟代替。红花檵木为常绿灌木,具有较强的抗 NO_2 能力和滞尘能力。夏蜡梅为落叶灌木,具有较强的抗 NO_2 能力。该模式兼有常绿与落叶乔木,灌木采用常绿灌木红花檵木和落叶灌木夏蜡梅,以 NO_2 胁迫下伤害指数较小为重点,兼顾滞尘能力。

③ 银杏 + 波叶金桂 + 红花檵木 + 珊瑚树 + 金边玉簪

该模式适合于 NO_x 及颗粒物污染均较重的道路绿地。银杏具有较强的滞尘能力,波叶金桂具有较强的抗 NO_2 能力,红花檵木和珊瑚树既有较强的滞尘能力,又有较强的抗 NO_2 能力。银杏属于色叶落叶乔木,波叶金桂秋季花香四溢,四季常青。这一组合在滞尘能力、抗 NO_x 污染以及观赏效果方面被视为最佳组合。

2.3.4 结论与讨论

通过查阅相关文献,本试验选择出的滞尘能力较强的道路绿地植物有悬铃木、银杏、白玉兰、雪松、柏树、女贞、桂花、红花檵木、小叶黄杨、珊瑚树、海桐、常春藤、紫薇、紫丁香、紫荆等。一般认为,叶面粗糙、多绒毛、分泌黏液的树种滞尘能力较强,此外滞尘能力与叶片着生角度以及树冠大小、枝叶疏密程度等因素也有密切关系。就树木个体而言,高大树木比矮小树木对空气流动的影响大,易形成湍流,为 $PM_{2.5}$ 沉降提供有利条件。从生长速率来看,生长迅速的树木能够更快地增加吸附 $PM_{2.5}$ 的叶面积。研究表明,针叶树种比阔叶树种叶片吸附颗粒物的能力强,常绿灌木对颗粒物的吸附能力优于落叶灌木,灌木树种吸附颗粒物的能力也优于乔木树种,针叶树中松类对颗粒物的吸附能力好于柏类。据测定,丁香滞尘量($5.75 \text{ g} \cdot \text{m}^{-2}$)是紫叶小檗($0.93 \text{ g} \cdot \text{m}^{-2}$)的 6 倍多,毛白杨滞尘量($3.822 \text{ g} \cdot \text{m}^{-2}$)为垂柳(*Salix babylonica*)($1.048 \text{ g} \cdot \text{m}^{-2}$)的 3 倍多。

目前,本试验所在地江苏省南京市内交通车辆较多,除工业区产生污染外,道路车辆产生的大气污染不容忽视,以 $PM_{2.5}$、PM_{10}、O_3、SO_2、NO_2、CO 等为主。因此构建道路功能型绿地时,主要考虑的污染物因子为以上 6 种,综合考虑颗粒物、NO_x 等污染因子,同时兼顾净化生态、美化景观、防灾减灾等综合作用,提出了 3 种道路绿化植物配置模式,分别是:由悬铃木、女贞、红花檵木、紫薇和常春藤等组成的适合于颗粒物污染相对较重的道路绿地的模式;由银杏、香樟、夏蜡梅、红花檵木和金边玉簪等组成的适合于 NO_x 污染相对较重的道路绿地的模式;由银杏、波叶金桂、红花檵木、珊瑚树和金边玉簪等组成的适合于 NO_x 及颗粒物污染均较重的道路绿地的模式,这一组合在滞尘能力、抗 NO_x 污染以及观赏效果方面为最佳组合。在城市道路绿地建设过程中,针对 NO_x 及颗粒物污染均较重的绿地,园林植物的选择与应用是一门涉及植物学、生态学、园林学等多学科的综合问题。如何在实践中栽植、引进滞尘能力强的树种,进行合理的结构设计,对减轻城市中各种大气污染问题具有重要的理论参考意义。同时也应结合城市实际道路绿地植物种类及配置等进行针对性的研究,将绿地的景观美化与大气污染治理有机结合,探讨道路绿地植物造景新模式,合理配置不同类型的乔木、灌木、草本植物,将环保理念与景观设计相融合,在高起点上建设城市绿地景观,改善、优化城市人居和公共交通环境。

参考文献

[1] 孙淑萍.3 种垂直绿化植物对污染物的富集及生理响应[D].南京:南京林业大学,2011.

[2] 黄芳,王建明,徐玉梅.二氧化硫污染对几种作物的伤害研究[J].山西农业科学,2007,35(11):56-58.

[3] 潘文,张卫强,张方秋,等.红花荷等植物对 SO_2 和 NO_2 的抗性[J].生态环境学报,2012,21(11):1851-1858.

[4] 马纯艳,徐昕,郝林,等.小白菜幼苗对二氧化氮胁迫的应答及过氧化氢的调节[J].中国农业科学,2007,40(11):2556-2562.

[5] Liu X F, Hou F, Li G K, et al. Effects of nitrogen dioxide and its acid mist on reactive oxygen species production and antioxidant enzyme activity in Arabidopsis plants[J]. Journal of Environmental Sciences, 2015, 34:93-99.

[6] Hu Y B, Bellaloui N, Tigabu M, et al. Gaseous NO_2 effects on stomatal behavior, photosynthesis and respiration of hybrid poplar leaves[J]. Acta Physiologiae Plantarum, 2015, 37:1-8.

[7] 邵在胜,穆海蓉,赵轶鹏,等.臭氧胁迫对不同敏感型水稻叶片伤害的比较研究[J].中国水稻科学,2017,31(2):175-184.

[8] Orendovici T, Skelly J M, Ferdinand J A, et al. Response of native plants of northeastern united states and southern spain to ozone exposures: determining exposure/response relationships[J]. Environmental Pollution, 2003, 125(1):31-40.

[9] 万五星,夏亚军,张红星,等.北京远郊区臭氧污染及其对敏感植物叶片的伤害[J].生态学报,2013,33(4):1098-1105.

[10] 李德生,孙旭红,李荣花,等.经济树种苗木对二氧化硫和二氧化氮的抗性分析[J].天津理工大学学报,2007,23(1):44-46.

[11] 缪宇明,陈卓梅,陈亚飞,等.浙江省 38 种园林绿化植物苗木对二氧化氮气体的抗性及吸收能力[J].浙江林学院学报,2008,25(6):765-771.

[12] 罗英.模拟酸雨与富营养化复合胁迫对水生植物氮吸收的影响[D].南京:南京林业大学,2012.

[13] Sagar V K, William J M. Atmospheric ozone: formation and effects on vegetation[J]. Environmental Pollution, 1988, 50(1/2):101-137.

[14] 金明红,冯宗炜,张福珠.臭氧对水稻叶片膜脂过氧化和抗氧化系统的影响[J].环境科学,2000,21(3):1-5.

[15] Ueda Y, Siddique S, Frei M. A novel gene, OsORAP1, enhances cell death in ozone stress in rice [J].

Plant Physiology，2015，169：873-889.

［16］晏增，张江涛，赵蓬晖，等.持续淹水胁迫对美洲黑杨幼苗生长及生理生化的影响［J］.中南林业科技大学学报，2019，39(12)：16-23.

［17］张帆航，顾伊阳，李泽，等.不同规格容器对油桐幼苗生长及光合特性的影响［J］.中南林业科技大学学报，2019，39(10)：71-75.

［18］Ramge P，Badeck F W，Plöchl M，et al. Apoplastic antioxidants as decisive elimination factors within the uptake process of nitrogen dioxide into leaf tissues［J］. New Phytologist，1993，125：771-785.

第3章

不同植物配置对交通氮污染消减能力的实践评价

3.1　材料与方法

3.1.1　研究区域概况

（1）南京市自然条件

南京是历史文化名城,六朝古都,中国著名的风景旅游城市。其总面积达 6 587 km²,东接富饶的长江三角洲,西傍长江天堑,北连辽阔的江淮平原,万里长江穿越城内而过。因此,青山、绿水、古城和园林景色交相呼应,景色壮观美丽。南京位于长江中下游地区,属宁镇丘陵山区地形,北纬 31°14′N—32°37′N,东经 118°22′E—119°14′E,北亚热带季风气候,四季分明,雨水充沛,光照充足,年平均温度 16 ℃。夏季最高气温可达 38 ℃,冬季最低气温达 -8 ℃。年平均降雨 117 d,降雨量 1 106.5 mm;无霜期长,年平均 239 d。6 月下旬至 7 月中旬一般为一年一度的梅雨季节。地下水源丰富,水质优良。植被类型的特征是:亚热带常绿阔叶林向暖温带落叶阔叶林过渡,现状植被为含常绿成分的落叶阔叶林。

（2）南京市区域概况

南京具有 6 000 多年文明史、2 470 多年建城史。从 20 世纪初至今,南京进行了约 15 次不同规模的城市规划及调整。目前南京市下辖 11 个区,包括玄武区、秦淮区、鼓楼区和江宁区等,常住人口 850 多万人。

（3）研究区域 4 条道路概况

在南京市内选取环保局提供的道路污染物污染严重程度排名前列的 4 条道路,分别是中山北路、仙林大道、江北大道和诚信大道。

中山北路建成于 1929 年,位于鼓楼区,呈东南—西北走向,西起中山码头,东至鼓楼广场。中山北路是专门为迎接孙中山先生灵柩而修建的道路,至今已然发展成为南京市最重要的主干道之一。1957 年前,挹江门至鼓楼广场段,行道树品种较多并以刺槐为最多,后调整为 6 行悬铃木。挹江门至中山码头人行道行道树为法桐(*Platanus × acerifolia*),侧分带大乔木为雪松和广玉兰(*Magnolia grandiflora*)。2009 年中山北路全面整治出新,调整和增加了树下片植灌木,品种以大叶黄杨、海桐和金边黄杨为主。目前因地铁 5 号线施工,部分路段树木被迁移,绿岛被占用。自民国以来,中山北路一直是南京城沟通南北城区的交通要道。道路全长 5.5 km,宽 40 m,断面形式为"三板四带型"。

仙林大道建成于 2008 年,位于栖霞区,双向六车道,全长 14.5 km,西起环陵路,东至七乡河,是贯穿大学城东西走向的一条城市主干道,也是大学城最具标志性的景观大道。道路绿线宽度有 140 m 和 120 m 两种,中分带 26 m,侧分带 25 m。总面积约 190 万 m²,其中绿化面积约 135 万 m²,绿化覆盖率高达 71%。主要树种有香樟、银杏、雪松、槐(*Styphnolobium japonicum*)、法桐、重阳木(*Bischofia polycarpa*)、广玉兰、白玉兰、乌桕(*Sapium* sebi ferum）、桂花、枇杷（*Eriobotrya japonica*）、紫薇、海棠（*Malus spectabilis*）、木芙蓉（*Hibiscus mutabilis*）、紫荆、梅花（*Prunus mume*）、红叶石楠（*Photinia fraseri*）、海桐、金叶女贞、十大功劳等。在植物设计上，以体现四季变化为主题，利用植物分隔出不同空间，步移景异，通过不同层次的植物搭配，体现季节交替。

江北大道建成于 1979 年，位于浦口区，是南京市江北地区主要的干线公路，既是南京通往苏中苏北地区的关键通道，也是南京江北新区连接主城区的关键通道，因此，江北大道在南京地区交通运输网中的位置是不可或缺的。目前主线 24 km，辅道 48 km，起点为龙华广场，终点为雍庄互通，为一级公路，兼顾城市快速路标准，主线与辅道全线路基宽 67 m，主线双向六车道，路面宽 32.5 m，辅道双向四车道，单面路面宽 7.5 m。绿地面积 37.5 万 m²，树种组成为法桐、雪松、香樟、高杆女贞、黄山栾树（*Koelreuteria integrifoliola*）、四季桂、海桐、爬山虎、法国冬青、红叶石楠、金森女贞、毛鹃、八角金盘（*Fatsia japonica*）、洒金桃叶珊瑚、十大功劳、阔叶麦冬、草坪草等。

诚信大道建成于 2003 年，位于江宁区，东起秦淮河彩虹桥，西至宁丹路。全长约 8.5 km，为城市一级道路和城市快速路，机动车和非机动车分离。该路的高架桥长 1 335 m，最大跨径 82 m，道路结构为双向机动车道二板，双向非机动慢车道二板，绿化分布有中分带、侧分带、道路两侧绿化，道路宽约 70 m。

3.1.2 无人机影像数据获取与处理

（1）影像的获取

使用小型固定翼无人机大疆 DJI 精灵 4 Pro，具体技术参数见表 3-1。使用自动驾驶仪控制无人机飞行，现场拍摄照片，高度预设为 270 m。自动驾驶仪共设置航线 10 条，航向重叠率为 80%，旁向重叠率为 60%。试验于风力较小、大气能见度良好的天气状况下进行。试验时间正值南京初夏时节，植物生长茂盛，成像质量也较好，适合研究植物的三维绿量。其中，仙林大道试验于 2018 年 6 月 27 日上午 10：00 进行，获取到 455 张相片，江北大道试验于 2018 年 6 月 27 日下午 14：00 进行，获取到 428 张相片，中山北路试验于 2018 年 7 月 1 日下午 13：30 进行，获取到 316 张相片，诚信大道试验于 2018 年 7 月 11 日上午 11：00 进行，获取到 390 张相片，相片规格均为 5 472×3 648 像素，均生成数字正射影像图（DOM）。

表 3-1　无人机大疆 DJI 精灵 4 Pro 技术参数

无人机大疆 DJI 精灵 4 Pro 技术参数		
无人机大疆 DJI 精灵 4 Pro	无人机类型	航拍无人机，多轴
	动力系统	电动
	轴数	4
	轴距	350 mm
	飞行时间	30 min
	悬停精度	垂直：±0.1 m（视觉定位正常工作时）；±0.5 m（GPS 定位正常工作时） 水平：±0.3 m（视觉定位正常工作时）；±1.5 m（GPS 定位正常工作时）

无人机大疆 DJI 精灵 4 Pro 技术参数		
	最大上升速度	6 m/s
	最大下降速度	4 m/s
	最大水平飞行速度	72 km/h
	最大旋转角速度	250°/s
	最大飞行海拔高度	6 000 m
	工作环境温度	0—40 ℃
	卫星定位模块	GPS/GLONASS 双模
相机	内置相机	是
	像素	2 000 万像素
	影像传感器	1 英寸 CMOS
	镜头	FOV 84°;8.8 mm/24 mm(35 mm 格式等效); 光圈 f/2.8—f/11
	快门速度	1/2 000—1/8 000 s
	ISO 范围	视频:100—3 200(自动);100—6 400(手动) 照片:100—3 200(自动);100—12 800(手动)
	照片最大分辨率	3:2 宽高比:5 472×3 648 4:3 宽高比:4 864×3 648 16:9 宽高比:5 472×3 078
	照片拍摄模式	单张拍摄 多张连拍(BURST):3/5/7/10/14 张 自动包围曝光(AEB):3/5 张 @0.7EV 步长 间隔:2/3/5/7/10/15/30/60 s
	图片格式	JPEG,DNG(RAW),JPEG+RAW
	视频拍摄	支持

	视频最大分辨率	H.264
		•C4K:4 096×2 160 24/25/30/48/50/60 p @100 Mbps
		•4K:3 840×2 160 24/25/30/48/50/60 p @100 Mbps
		•2.7K:2 720×1 530 24/25/30p @80 Mbps
		  2 720×1 530 48/50/60 p @100 Mbps
		•FHD:1 920×1 080 24/25/30 p @60 Mbps
		  1 920×1 080 48/50/60 @80 Mbps
		  1 920×1 080 120 p @100 Mbps

	视频存储最大码流	100 Mbps
	视频格式	MP4/MOV(AVC/H.264;HEVC/H.265)
	支持存储卡类型	Micro SD 卡:最大支持 128 GB 容量,写入速度≥15 MB/s,传输速度为 Class 10 及以上或达到 UHS-1 评级的 Micro SD 卡
感知系统	支持文件系统	FAT32(≤32 GB);exFAT(≥32 GB)
	感应系统	视觉定位系统,前视障碍物感知系统
	云台	
	可控转动范围	俯仰:-90°—+30°
遥控器	增稳云台	是
	附带遥控器	是
	工作频率	2.400—2.483 GHz 和 5.725—5.850 GHz
	遥控距离	FCC:7 000 m。CE:3 500 m(无干扰、无遮挡)
其他性能	图传技术	OcuSync 高清图传
	电池容量	5 870 mAh
	重量	1 375 g

（2）影像质量评估

对获取的航空影像,去除质量较差相片,通过以下 4 种指标进行评估。

① 航高差:每条航带内航高的最大与最小值之差,以及各航带之间的最大航高差。差值越大,飞行高度越不稳定,影像几何变形会较大,也会影响后续拼接工作。

② 影像重叠度:

$$航向重叠度 \ P_X = \frac{p_X}{L_X} \times 100\%$$

$$旁向重叠度 \ P_Y = \frac{p_Y}{L_Y} \times 100\%$$

式中:L_X、L_Y 为像幅边长,p_X、p_Y 为航向和旁向重叠影像部分的边长。

③ 影像最大旋偏角:指一张影像上相邻主点连线与同方向框标连线间的夹角。连线间的夹角越大,航线的中心点偏离越大,影像越不适合多幅影像拼接。

④ 航带弯曲度:航带两端影像主点之间的直线距离 L 与偏离该直线最远的像主点到该直线垂直距离 Q 的反比,采用百分数表示:

$$R = \frac{Q}{L} \times 100\%$$

航线弯曲度越小,表明一条航带拍摄影像中心点在同一直线上的概率越大。

通过对以上 4 种影像质量评估指标的计算与分析,各航带之间的最大航高差为 10 m,每条航带内的最大与最小值之差为 6 m,实际航摄航向重叠度平均为 76%,旁向重叠度平均为 50%。影像最大旋转角大于 3°的 5 张相片被删除,这些相片位于航线转弯掉头处,并不连续。航带弯曲度为 0.5%。本次共航摄质量较好相片 1 589 张,并生成 DOM,以备后续拼接。

（3）地面像控点（GCP）的采集

采用载波相位差分技术,对 40 个地面上具有明显特征的标志点进行采集。地面像控点在整幅图像内均匀分布。20 个点参与空三运算,剩余 20 个点作为检查点,以衡量图像拼接处理的精度。GCP 采用的是高斯-克里格投影,北京 1954 地理坐标系统。

（4）影像的拼接处理

对无人机影像的单张照片进行图像、数字镶嵌处理,即图像间几何匹配和色调匹配。拼接采用瑞士 Pix4D 公司的 Pix4UAV,先将飞行数据导入 Excel,编辑成 Pix4UAV 能采用的格式。检查相片参数、照片名称等,导入 Pix4UAV 空三运算,软件自动生成带坐标的数字地表模型 GSM 和正射影像。利用软件自带功能,消除影像出现的拉花,调节亮度与饱和度,增强协调感,获得三维绿量估算的正射影像。

3.1.3　道路交通污染物监测

（1）监测点区位

监测地位于中国江苏南京市区,见图 3-1,4 条路段分别是南京市市中心的中山北路,城区外围的仙林大道、诚信大道和江北大道等道路污染路段,4 条道路交通污染物浓度监测时间从 2018 年 9 月 17 日到 9 月 30 日,监测点均位于道路表面 10 cm 处,贴近非机动车道路基。如图 3-2 所示,其中 2018 年 9 月 17 日到 2018 年 9 月 23 日同时监测仙林大道和诚信大道,采集位置及数据坐标点分别为仙林大道(118°55′25.282″E、32°6′1.528″N,118°55′28.152″E、32°5′57.532″N,118°54′51.495″E、32°5′43.268″N,118°54′54.259″E、32°5′39.511″N),诚信大道(118°51′9.97″E、31°55′3.124″N,118°51′11.286″E、31°55′0.424″N,118°50′32.203″E、31°54′50.851″N,118°50′33.61″E、31°54′47.882″N);2018 年 9 月 24 日到 9 月 30 日同时监测江北大道和中山北路,采集位置及数据坐标点分别为江北大道(118°42′35″E、32°9′57.555″N,118°42′38.574″E、32°9′56.817″N,118°42′26.657″E、32°9′24.778″N,118°42′30.49″E、32°9′23.94″N),中山北路(118°46′3.424″E、32°4′13.498″N,118°46′4.657″E、32°4′14.617″N,118°46′29.767″E、32°3′50.557″N,118°46′31.353″E、32°3′51.716″N)。

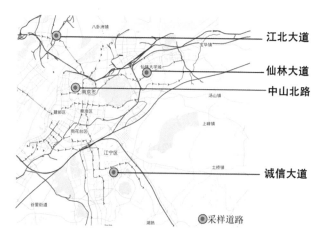

图 3-1 监测点在南京市的地理区位

(a)诚信大道气体采样点

（b）江北大道气体采样点

（c）仙林大道气体采样点

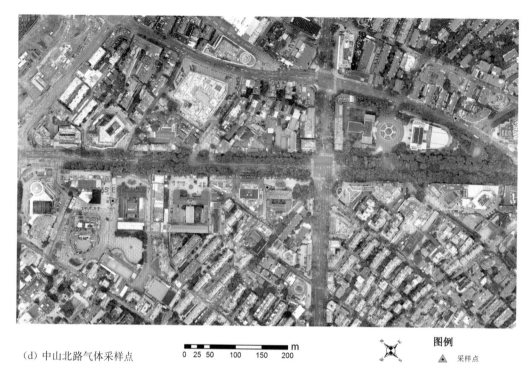

（d）中山北路气体采样点

0 25 50 100 150 200 m

图例
▲ 采样点

图 3-2　4 条道路监测点在南京市的具体坐标

（2）监测项目与方法

采用改装后的南京林业大学理化分析测试中心的美国 Theremo 42i 型氮氧化物分析仪，装载在福特新世代全顺车上，实时监测记录道路上的氮氧化物浓度（NO_2 和 NO_x）；GPS 定位数据采用探险家 GPS data logger，型号为 V-1000，记录采集时间和采集位置。对道路的温度、湿度和风向等气候变化情况进行实时监测。4 条道路交通污染物浓度监测时间从 2018 年 9 月 17 日到 9 月 30 日，时间段分别为 7:00—11:00，11:00—15:00，15:00—19:00，19:00—23:00，每条道路连续监测 7 d，2018 年 9 月 17 日到 9 月 23 日监测仙林大道和诚信大道，2018 年 9 月 24 日到 9 月 30 日监测中山北路和江北大道，观测道路 NO_2 和 NO_x 污染物浓度变化。

3.1.4　群落调查和统计方法

应用群落调查方法，对仙林大道、诚信大道、中山北路和江北大道典型样段进行群落调查与分析。每条道路使用无人机飞行，飞行区域为规则的长方形，长度 2 km，宽度 1 km，并对飞行区道路绿地进行定位，记录坐标值。其中江北大道以与泰山镇交叉口为起始点，操控无人机往北飞行进行航拍作业，飞行区道路绿地四个坐标点分别为 118°42′35″E、32°9′57.555″N，118°42′38.574″E、32°9′56.817″N，118°42′26.657″E、32°9′24.778″N，118°42′30.49″E、32°9′23.94″N。中山北路以山西路和中山北路交叉口为起始点，利用无人机沿着中山北路往南作业，飞行区边界四个坐标点依次为 118°46′3.424″E，32°4′13.498″N；118°

46′4.657″E、32°4′14.617″N，118°46′29.767″E、32°3′50.557″N，118°46′31.353″E、32°3′51.716″N。仙林大道飞行区四个坐标点依次为 118°55′25.282″E、32°6′1.528″N，118°55′28.152″E、32°5′57.532″N，118°54′51.495″E、32°5′43.268″N，118°54′54.259″E、32°5′39.511″N。诚信大道以清水亭东路与诚信大道交叉口为起始点，往西进行航拍作业，飞行区四个坐标点分别为 118°51′9.97″E、31°55′3.124″N，118°51′11.286″E、31°55′0.424″N，118°50′32.203″E、31°54′50.851″N，118°50′33.61″E、31°54′47.882″N。

实地调研前期，收集相关资料，结合卫星图选定样段。通过对样段的道路绿化植物资源进行实际调查，确定绿地植物种类组成。本试验应用无人机遥感影像选定调查样方。以无人机遥感影像为基础选择样方的方式，相比较应用传统的经纬网格随机布点来选取样方的方法，更具直观性，且所选择的样方更具典型性。本试验结合对无人机所获取影像的分析，对南京市 4 条道路典型样段的植物群落进行全面系统的调查和现场复测。在植物调查中，根据道路植物群落垂直结构，记录每层高度和盖度及植物种类、特征和生长状况等。对乔木层的树种记录其高度(m)、胸径大小(cm)和株距(m)。树高划分为 6 个等级：≤2 m、>2—4 m、>4—6 m、>6—8 m、>8—10 m、>10 m。胸径划分为 6 个等级：≤5 cm、>5—10 cm、>10—15 cm、>15—20 cm、>20—25 cm、>25 cm。灌木层和草本层记录种类、高度及盖度，并计算相对多度，即群落中某一物种的多度占所有物种的多度之和的百分比。

$$相对多度 = \frac{每个物种的株数}{同一生活型所有物种的株数} \times 100\%$$

3.1.5 三维绿量的测定

三维绿量是指所有生长中植物茎叶所占据的空间体积，是本研究中植物群落本底资料指标之一。对研究地所有植物每株计算体积，工作量巨大，无法实施，也没有必要，所以根据本研究实际，结合前人研究成果，确定本研究计算方法。测定方法主要步骤为：①通过无人机影像，结合现场复查，确定主要植物种类；②实地采集主要植物种类的冠径、冠下高、树冠形态等样本数据；③建立不同树种的回归模型；④为树种选配适当的立体几何图形，建立三维绿量计算方程。主要的研究方法有模拟方程法、以平面量模拟立体量、以立体量推算立体量、绿量快速测算模式等。具体实施步骤如下：

（1）树种数据的获取与处理

以选取的 4 条道路研究段的绿地植物为对象，确定植物种类，利用处理好的高分辨率无人机正射影像，通过计算机提取树冠直径。处理步骤如下：①对正射影像分块处理；②使用 ENVI Feature Extraction Module 5.0 对每个小块图像分割处理，反复尝试参数直至分割出树冠轮廓；③把分割结果导入 ArcGIS 中合并，设置每个树冠轮廓属性，建立树木数据库；④将树冠多边形的中心作为树木的位置，生成 X、Y 地理坐标；⑤依据树木地理坐标定位，实地调查，核实树木种类与数量等；⑥取每株树冠径南北 2 个方向平均值。经地面调查确认，4 条道路研究区共有 41 种 2 869 株乔木、20 种灌木，共计 61 种植物。有三维绿量计算方程的树种有 23 种(见表 3-2);可以采用相似计算方程代替的树种有 8 种(见表 3-3);剩余的植物采用不同树冠形态的树冠体积公式及灌木高度和盖度进行估算(见表 3-4)。片植灌木和草本植物的绿量计算公式为:

$$绿量＝面积×平均高度$$

表 3-2　23 种树种的"冠径-冠高"方程

序号	树种	相关方程	参数			相关系数		冠幅范围/m
			a	b	c	R	R^2	
1	垂柳	$Y=1/(a+be^{-cx})$	0.832	0.042	0.758	0.758	0.575**	1.95—10.67
2	大叶女贞	$y=ax^b$	0.846	0.950	—	—	0.902**	1.3—8.57
3	二球悬铃木	$y=e^{a+b/x}$	−9.507	0.805	—	—	0.647**	4.6—20.18
4	枫杨(Pterocarya stenoptera)	$y=e^{a+b/x}$	−4.230	0.592	—	—	0.350**	3.0—19.35
5	桂花	$Y=1/(a+be^{-cx})$	11.296	0.004	0.918	0.918	0.843**	1.25—10
6	槐	$Y=1/(a+be^{-cx})$	0.654	0.311	0.634	0.634	0.402**	3.96—9.93
7	广玉兰	$y=e^{a+b/x}$	−5.383	0.858	—	—	0.737**	2.8—8.45
8	红枫	$Y=1/(a+be^{-cx})$	1.927	0.604	0.926	0.926	0.858**	0.8—7.25
9	鸡爪槭	$Y=1/(a+be^{-cx})$	1.927	0.604	0.926	0.926	0.858**	0.8—7.25
10	夹竹桃	$Y=1/(a+be^{-cx})$	0.632	0.116	0.831	0.831	0.691**	1.1—4.45
11	榉树(Ielkova serraata)	$Y=1/(a+be^{-cx})$	0.654	0.061	0.667	0.667	0.445**	3.1—12.21
12	栾树	$y=e^{a+b/x}$	0.136	0.795	—	—	0.632**	1.0—8.95
13	罗汉松	$Y=1/(a+be^{-cx})$	0.139	0.767	0.490	—	—	—
14	女贞	$y=ax^b$	0.846	0.950	—	—	0.902**	1.3—8.57
15	乌桕	$Y=1/(a+be^{-cx})$	0.426	0.285	0.752	0.752	0.566**	2.65—11.8
16	香樟	$Y=1/(a+be^{-cx})$	0.837	0.381	0.883	0.883	0.779**	1.9—15.29
17	雪松	$y=e^{a+b/x}$	−7.922	0.873	—	—	0.762**	3.4—9.6
18	意杨	$y=e^{a+b/x}$	−3.597	0.580	—	—	0.337**	3.7—14.7
19	银杏	$Y=1/(a+be^{-cx})$	0.304	0.603	0.891	0.891	0.793**	1.3—22.68
20	东京樱花	$y=ax^b$	0.000	0.000	—	—	0.000	1.35—7.99
21	紫荆	$Y=1/(a+be^{-cx})$	0.260	0.747	0.195	0.195	0.038	1.1—4.9
22	紫薇	$Y=1/(a+be^{-cx})$	1.172	0.305	0.381	0.381	0.145**	1.1—2.5
23	紫叶李	$y=e^{a+b/x}$	−1.421	0.733	—	—	0.538**	1.63—6.1

注:x 为冠径,Y 为冠高,$y=1/Y$;b 为回归系数;a、c 为系数;R 为相关系数;** 表示 $P<0.01$,水平极显著。

表 3-3　8 种树种的近似"冠径-冠高"方程

序号	树种	代替树种	相关方程	参数		
				a	b	c
1	宝华玉兰	采用白玉兰的方程	$Y=1/(a+be^{-cx})$	0.096	1.493	0.614
2	杜英	采用香樟的方程	$Y=1/(a+be^{-cx})$	0.837	0.381	0.883
3	木瓜	采用紫叶李的方程	$y=e^{a+b/x}$	1.728	−1.421	0.733
4	红叶石楠	采用桂花的方程	$Y=1/(a+be^{-cx})$	−10.722	11.296	0.004
5	山茶	采用石榴的方程	$y=ax^b$	0.224	0.821	—
6	珊瑚树	采用女贞的方程	$y=ax^b$	0.846	0.950	—
7	柿树		采用枇杷冠高平均值:2.25 m			
8	香橼	采用柑橘的方程	$Y=1/(a+be^{-cx})$	0.657	0.060	28.140

注:x 为冠径,Y 为冠高,$y=1/Y$;b 为回归系数;a、c 为系数。

表 3-4　不同树冠形态的树冠体积公式表

序号	树冠形态	树冠体积公式	树种
1	卵形(OV)	$\pi x^2 y/6$	构树(*Broussonetia papyrifera*)、榆树、五角枫、垂丝海棠(*Malus halliana*)、元宝枫
2	圆锥形(CO)	$\pi x^2 y/12$	圆柏(*Sabina chinensis*)、水杉、大叶冬青
3	球形(SP)	$\pi x^2 y/6$	朴树、石楠(*Phottnia serrulata*)、碧桃、枇杷、君迁子
4	半球形(SS)	$\pi x^2 y/6$	臭椿
5	球扇形(SF)	$2y^3 - y^2/3$	苦楝、合欢、梅花
6	球缺形(AS)	$\pi(3xy^2 - 2y^3)/6$	—
7	圆柱形(RC)	$\pi x^2 y/4$	—

注：x 为冠幅(m)，y 为冠高(m)。

（2）三维绿量理论计算方法

本研究采用"平面量模拟立面量"的模型，来自周坚华等的研究。树木的冠幅与冠高之间存在一定的统计相关关系，通过回归分析可以建立"冠径-冠高"相关方程，通过 Logistic 方程修正可获取更精确的方程，普遍适用于大多数植物的生长规律。

$$y = \frac{1}{a + be^{-cx}}$$

式中：x 为冠径，y 为冠高，b 为回归系数，a、c 为系数。如进行变量替换，令：$X = e^{-cx}$，$Y = 1/y$，则可转化为 $Y = a + bX$，可按常规线性回归方法求取系数 a、b。系数 c 以 0 为初值，以一定步长向正方向取值迭代计算。每迭代一次，计算和比较一次相关系数 r，当 r 达到峰值并开始回落，则终止迭代，并以 r 的峰值对应的 c 值为最佳值，由该 c 值参与回归计算系数 b。加入了 c 值后可以更准确地反映不同生长状态下树木的冠径和冠高的关系。通过与原始的 Logistic 曲线方程比较分析，拟合精度要比之前高得多，相关系数 r 精度平均提高 17.9%。

本试验将修正后的方程引用为原型，基于平面量模拟立面量的方法估算道路绿地植物的三维绿量，数据来源于无人机高分辨率影像。

（3）三维绿量计算方程的建立

依据树冠形态，选配相似的立体几何体，用计算体积的公式获得树冠体积，即某一树种的三维绿量，这种方法适用于大部分树木。

① 对于数量较多的 23 种特定树种，分别是垂柳、大叶女贞、二球悬铃木、枫杨、桂花、槐、广玉兰、红枫、鸡爪槭、夹竹桃、榉树、栾树、罗汉松、女贞、乌桕、香樟、雪松、意杨(*Populus eurame-vicana*)、银杏、东京樱花、紫荆、紫薇和紫叶李，利用文献成果，计算树冠高度。

② 对于无法利用现有文献成果的 8 种树种——宝华玉兰、杜英、木瓜、红叶石楠、山茶、珊瑚树、柿树和香橼，则按其树冠形状和叶表面形态选择近似树种方程代替。8 种树种替代情况如表 3-3 所示。

③ 对于树冠形态没有相似的树种，构树、榆树、五角枫、垂丝海棠、元宝枫、圆柏、水杉、

大叶冬青、朴树、石楠、碧桃、枇杷、君迁子、臭椿、苦楝、合欢和梅花等,采用实地测量方式获取树冠高度,再根据树冠体积公式计算体积。根据现场调研,查阅相关文献资料,依据树冠形态把树木分为几类,即卵形、圆锥形、球形、半球形、球扇形、球缺形、圆柱形。根据这种分类以及相对应的计算公式,估算树木的三维绿量。

④ 片植灌木,有小叶女贞(*Ligustrum quihoui*)、金边黄杨、海桐、大叶黄杨、红花檵木、八角金盘、金叶女贞、瓜子黄杨、黄杨、迎春、杜鹃、南天竹和小果蔷薇等。

3.1.6 数据分析

数据统计分析采用 Microsoft office Excel 2010 和 SPSS 16.0 统计软件,均值比较及差异显著性采用单因素方差分析(one-way ANOVA)和 t 检验。

3.2 结果与分析

3.2.1 南京市近 6 年 NO_2 污染物浓度的季节性变化

如图 3-3 所示,该数据来源于南京市环保局,显示从 2013 年 1 月到 2018 年 7 月近 6 年南京市的 NO_2 浓度月均值,大部分月份处于超标状态。其中 2013 年,中山北路、仙林大道、江北大道和诚信大道 4 条路超标月份数分别为 8、10、8 和 4 等共 30 个月,分别占全年的67%、83%、67%和 33%。2014 年,4 条道路 NO_2 浓度超标月份数分别为 12、8、7 和 7 等共 34 个月,分别占全年的 100%、67%、58%和 58%。2015 年,4 条道路 NO_2 浓度超标月份数分别为 8、10、6 和 2 等共 26 个月,分别占全年的 67%、83%、50%和 17%。2016 年,

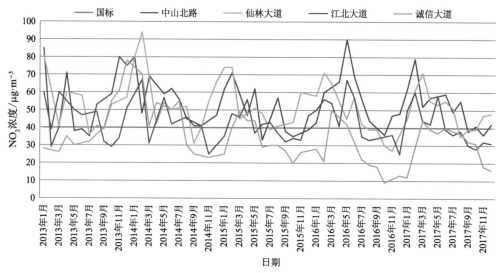

图 3-3 南京市 2013—2018 年 NO_2 浓度月均值变化

4 条道路 NO₂ 浓度超标月份数分别为 10、7、7 和 2,共 26 个月,分别占全年的 83%、58%、58% 和 17%。2017 年,4 条道路 NO₂ 浓度超标月份数分别为 9、8、5 和 1,共 23 个月,分别占全年的 75%、67%、42% 和 8%。2018 年 1 月至 7 月中,4 条道路 NO₂ 浓度超标月份数分别为 4、4、4 和 4,共 16 个月,分别占全年的 57%、57%、57% 和 57%。从 2013 年到 2018 年 7 月,NO₂ 污染超标月份数逐渐下降,中山北路、仙林大道、江北大道和诚信大道这 4 条道路在这 67 个月中,NO₂ 污染超标月份数占比分别为 76%、70%、55% 和 29.8%,平均 NO₂ 浓度分别为 52 $\mu g \cdot m^{-3}$、50 $\mu g \cdot m^{-3}$、42 $\mu g \cdot m^{-3}$ 和 32 $\mu g \cdot m^{-3}$,前三者分别超出国标值 29.9%、24.8% 和 5.23%,诚信大道达标。

本研究中,在南京市近 6 年 4 条道路 NO₂ 污染物浓度月均值变化分析基础上,发现 NO₂ 污染物浓度每年 9 月到翌年 1 月呈现上升趋势,翌年 1 月 NO₂ 污染物浓度最高,而从 2 月到 8 月 NO₂ 污染物浓度呈现下降趋势,且 8 月 NO₂ 污染物浓度最低。

3.2.2 南京市主要气象要素和日均车流量特征及其 NO₂ 浓度相关性分析

对南京市 4 条道路实施实地监测的时间是从 2018 年 9 月 17 日到 2018 年 9 月 30 日,如表 3-5 所示,实地监测期间的气压值为 1 005.9—1 014 hPa,整体上气压变化不明显。温度的变化范围为 21.1—29.0 ℃,温度变化显示昼夜温差不明显。日照时间为 0—10.0 h,其中包括阴雨天和晴天,监测时段内总体空气质量表现良。在统计时段内,主导风向为 NE-SE 和 SW-WWW,其中在 SW-WWW 扇区内 NO₂ 浓度较高,在 NE-SE 扇区内 NO₂ 浓度较低,分析认为可能与以下因素有关:南京市城区东部有紫金山,周围以居住区为主,少见工厂,而城市西部高楼林立,交通量大,空气流动相对较小,且长江对岸聚集化工厂,从西部吹来的风可能会带有氮氧化物污染,引起 NO₂ 浓度升高。表 3-5(a) 中极大风速变化范围为 4.9—11.2 $m \cdot s^{-1}$,风速等级为 3—5 级,2 min 平均风速 1.1—3.5 $m \cdot s^{-1}$,平均风速为 1—3 级,随着风速的增大,NO₂ 浓度整体呈现递减的趋势。这与风有利于氮氧化物的扩散有关,风速越大越有利于稀释扩散。相对湿度变化范围为 54.6%—92.5%。降水量为 0—21.1 mm,中国气象局规定 10.0—24.9 mm 为中雨,从 2018 年 9 月 17 日到 9 月 21 日出现降水,NO₂ 浓度变化规律性不明显。从 2018 年 9 月 17 日到 9 月 30 日,车流量整体呈现下降趋势,NO₂ 污染物浓度变化规律性不明显。总体来看,如表 3-5(b) 所示,分析各气象要素和车流量日均值以及与 NO₂ 浓度日均值之间的相关性发现,各气象因素和道路车流量因素与 NO₂ 日均浓度相关性不显著。

3.2.3 南京市 4 条道路 NO₂ 污染物浓度的周变化与日变化

各种污染物的浓度限值见表 3-6。从图 3-4(a) 可以看出,仙林大道 NO₂ 浓度周变化范围为 6.3—60.2 $\mu g \cdot m^{-3}$,除周三和周四 15:00 到 19:00 NO₂ 浓度较高外,其余时间变化不明显,总体上一周内 NO₂ 浓度差异不显著($P = 0.227\ 8 > 0.05$)(表 3-7)。仙林大道 NO₂ 浓度日变化[图 3-4(a)]显示周三 15:00 到 19:00 晚高峰时 NO₂ 浓度最高,为 86.23 $\mu g \cdot m^{-3}$,已达标,且一日内 NO₂ 浓度差异不显著($P = 0.196\ 0 > 0.05$)(表 3-8)。

表 3-5(a) 南京市主要气象要素、日均车流量与 NO₂浓度日均值(2018 年 9 月下旬)

日期	气压/hPa	海平面气压/hPa	最高气压/hPa	最低气压/hPa	最大风速/(m·s⁻¹)	极大风速/(m·s⁻¹)	极大风速的风向/°	2 min平均风向/°	2 min平均风速/(m·s⁻¹)	最大风速的风向/°	温度气温/℃	最高气温/℃	最低气温/℃	相对湿度/%	水汽压/hPa	最小相对湿度/%	降水量/mm	小型蒸发量/mm	大型蒸发量/mm	日照/h	日均车流量/[辆·(路·时)⁻¹]	NO₂浓度日均值/[μg·(m⁻³·d⁻¹)]
2018-09-17	1 012.3	1 016.5	1 013.3	1 010.4	4.3	7.9	51	57	2.3	53	24.6	25.8	23.8	92.5	28.6	87	1	22	41	0	1 186	24
2018-09-18	1 010.3	1 014.5	1 013.2	1 008.0	3.6	5.4	109	114	1.9	115	26.8	30.2	24.3	86.7	30.4	68	0.1	16	25	4.2	1 072	31
2018-09-19	1 005.9	1 010.0	1 008.9	1 003.8	4.2	6.5	244	222	1.7	236	29.0	33.5	25.4	79.5	31.3	55	1.4	20	30	0	1 015	36
2018-09-20	1 006.5	1 010.7	1 008.7	1 004.3	4.6	7.1	326	325	2.6	325	24.6	28.7	21.6	87.1	27.1	76	1.6	28	39	1.6	1 103	27
2018-09-21	1 010.7	1 015.0	1 012.5	1 008.7	3.7	6.3	278	203	1.1	266	22.5	25.1	20.8	91.0	24.7	74	21.1	—	—	0.3	858	26
2018-09-22	1 012.5	1 016.7	1 013.5	1 011.0	3.5	5.3	230	207	1.3	229	23.8	27.8	19.2	78.0	23.1	45	0	—	—	3.7	763	43
2018-09-23	1 013.7	1 017.9	1 014.9	1 011.9	3.9	6.3	85	70	1.6	86	23.1	28.4	19.6	62.9	16.9	24	0	42	51	9.9	749	43
2018-09-24	1 014.0	1 018.2	1 015.4	1 012.4	5.6	8.6	84	88	3.2	90	23.2	28.0	18.7	63.2	17.4	37	0	46	73	9.9	920	41
2018-09-25	1 013.2	1 017.5	1 014.5	1 011.6	6.6	11.2	74	75	3.5	76	21.6	25.2	19.0	64.3	16.4	46	0	52	84	6	795	23
2018-09-26	1 013.6	1 017.9	1 015.0	1 012.3	5.8	10.0	104	114	3.2	116	21.1	25.3	16.7	64.3	15.7	44	0	44	69	10	882	24
2018-09-27	1 012.2	1 016.5	1 014.4	1 010.6	4.6	9.4	80	80	2.5	63	23.0	26.9	18.4	67.3	18.6	48	0	35	64	9.4	780	31
2018-09-28	1 011.3	1 015.5	1 012.7	1 010.4	3.5	4.9	251	239	1.6	261	21.3	25.9	17.8	79.8	19.9	55	0	24	43	2.9	852	52
2018-09-29	1 009.1	1 013.3	1 011.5	1 007.6	4.1	7.2	206	200	1.8	180	21.8	27.5	16.6	68.7	17.4	44	0	26	35	9.1	806	55
2018-09-30	1 010.4	1 014.7	1 014.7	1 006.5	5.9	9.9	278	237	2.4	289	22.1	29.0	14.9	54.6	14.2	30	0	46	62	9.9	758	47

表 3-5(b)　南京市主要气象要素、车流量日均值与 NO₂ 浓度日均值的相关性分析(2018 年 9 月下旬)

	最大风速的风向	温度气温	相对湿度	水汽压	降水量	日照时间	车流量日均值	NO₂浓度日均值
气压	-0.67^{**}	-0.58^{*}	-0.41	-0.59^{*}	-0.12	0.52^{*}	-0.41	-0.08
最大风速的风向		0.07	0.23	0.19	0.32	-0.39	-0.02	0.31
温度气温			0.48	0.85^{**}	-0.06	-0.53^{*}	0.62^{*}	-0.19
相对湿度				0.87^{**}	0.45	-0.90^{**}	0.71^{**}	-0.36
水汽压					0.23	-0.85^{**}	0.78^{**}	-0.34
降水量						-0.43	0.00	-0.30
日照时间							-0.62^{*}	0.33
车流量日均值								-0.47

注：* 表示差异显著($P<0.05$)，** 表示差异极显著($P<0.01$)。

表 3-6　中国环境空气污染物部分项目浓度限值

污染物项目	平均时间	浓度限值/μg·m⁻³	
		一级	二级
二氧化氮(NO₂)	年平均	40	40
	24 h 平均	80	80
	1 h 平均	200	—
氮氧化物(NOₓ)	年平均	40	50
	24 h 平均	80	100
	1 h 平均	200	250

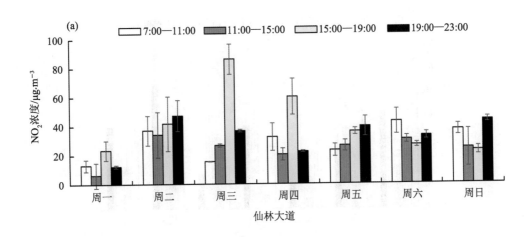

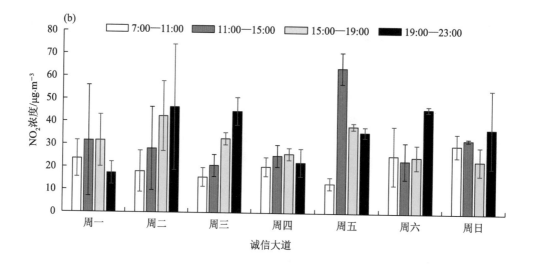

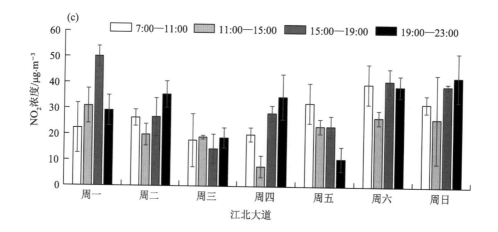

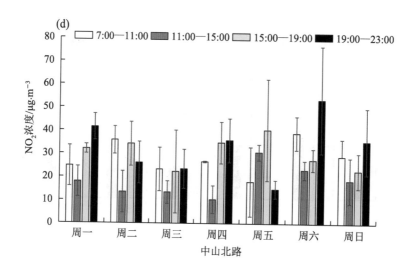

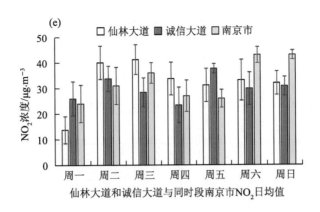

仙林大道和诚信大道与同时段南京市NO₂日均值

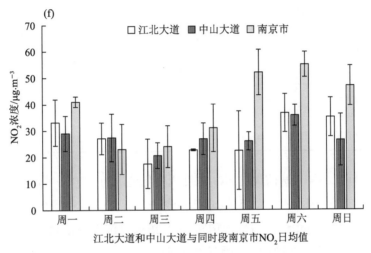

江北大道和中山大道与同时段南京市NO₂日均值

图 3-4 南京市 4 条道路 NO₂浓度周变化与日变化

表 3-7 南京市 4 条道路 NO₂浓度周变化方差分析

道路名称	变异来源	平方和(SS)	自由度(df)	均方(MS)	F	P
仙林大道	处理间	20 411.963 1	27	755.998 6	1.262 0	0.227 8
	处理内	33 540.185 7	56	598.931 9		
	总变异	53 952.148 8	83			
诚信大道	处理间	10 440.124 2	27	386.671 3	1.147 0	0.325 7
	处理内	18 886.400 3	56	337.257 1		
	总变异	29 326.524 5	83			
江北大道	处理间	8 317.872 5	27	308.069 4	4.313 0	0.000 1
	处理内	4 000.279 9	56	71.433 6		
	总变异	12 318.152 4	83			
中山北路	处理间	7 430.700 6	27	275.211 1	2.134 0	0.008 5
	处理内	7 223.507 0	56	128.991 2		
	总变异	14 654.207 6	83			

表 3-8　南京市 4 条道路 NO_2 浓度日变化方差分析

道路名称	变异来源	平方和(SS)	自由度(df)	均方(MS)	F	P
仙林大道	处理间	1 287.165 5	4	321.791 4	1.616 0	0.196 0
	处理内	5 974.209 2	30	199.140 3		
	总变异	7 261.374 6	34			
诚信大道	处理间	853.237 0	4	213.309 3	2.317 0	0.080 1
	处理内	2 762.315 7	30	92.077 2		
	总变异	3 615.552 7	34			
江北大道	处理间	389.607 3	4	97.401 8	1.081 0	0.383 5
	处理内	2 703.552 1	30	90.118 4		
	总变异	3 093.159 4	34			
中山北路	处理间	876.849 6	4	219.212 4	3.349 0	0.022 2
	处理内	1 963.767 7	30	65.458 9		
	总变异	2 840.617 4	34			

从图 3-4(b)可以看出,诚信大道 NO_2 浓度周变化范围为 13.03—63.9 $\mu g \cdot m^{-3}$,但一周内 NO_2 浓度差异并不显著($P = 0.325\ 7 > 0.05$)(表 3-7)。NO_2 浓度日变化[图 3-4(e),表 3-8]范围为 20.88－35.67 $\mu g \cdot m^{-3}$,低于国家 24 h 污染物浓度标准(80 $\mu g \cdot m^{-3}$),一日内 NO_2 浓度差异不显著($P = 0.080\ 1 > 0.05$)(表 3-8)。

从图 3-4(c)可以看出,江北大道 NO_2 浓度周变化范围为 7.7—50.07 $\mu g \cdot m^{-3}$,一周内 NO_2 浓度差异极显著($P = 0.000\ 1 < 0.01$)(表 3-7)。一日内 NO_2 浓度[图 3-4(c)]差异不显著($P = 0.383\ 5 < 0.05$)(表 3-8)。

从图 3-4(d)可以看出,中山北路 NO_2 浓度周变化范围为 13.4—41.47 $\mu g \cdot m^{-3}$,一周内 NO_2 浓度差异显著($P = 0.008\ 5 < 0.05$)(表 3-7)。一日内 NO_2 浓度[图 3-4(d)]差异显著($P = 0.022\ 2 < 0.05$)(表 3-8)。

从图 3-4(a)—(d)中,除仙林大道周三 15:00 到 19:00 晚高峰时 NO_2 浓度超标外,其余 3 条道路 NO_2 浓度均达标。一周内 4 条道路的 NO_2 浓度变化范围为 18.22—42.4 $\mu g \cdot m^{-3}$。

综上所述,对于 NO_2 浓度周变化而言,仙林大道各时间段 NO_2 浓度在一周内呈现先增加后减少的趋势;诚信大道中午时段的 NO_2 浓度在一周内先增加后减少。如图 3-4(e)所示,仙林大道和诚信大道的 NO_2 浓度周变化在监测时间段内与南京市气象中心公布的 2018 年 9 月 17 日到 9 月 23 日的 NO_2 浓度周变化基本一致;江北大道和中山北路在监测的时间段内,NO_2 浓度整体上呈现先降低后增加的趋势,与南京市气象中心公布的 2018 年 9 月 24 日到 9 月 30 日的 NO_2 浓度周变化基本一致,这说明道路实地监测的方法与技术相对比较标准,监测的数据具有科学性。

综合 4 条道路分析,一周内,仙林大道和诚信大道 NO_2 浓度差异不显著,江北大道和中山北路 NO_2 浓度差异显著($P=0.000\ 1<0.05$,$P=0.008\ 5<0.05$)(表 3-7)。对于一日内 NO_2 浓度的变化而言,仙林大道和江北大道 NO_2 浓度一日内的变化趋势是先增加后降低,诚信大道持续性增加,中山北路呈现先降低后增加的趋势,且差异显著($P=0.022\ 2<0.05$)(表 3-8),其余 3 条道路一日内 NO_2 浓度差异不显著。

因此,被研究的 4 条道路按道路 NO_2 浓度周均值从高到低排序,依次为仙林大道、诚信大道、江北大道、中山北路。

3.2.4 南京市 4 条道路 NO_x 污染物浓度的周变化与日变化

从图 3-5(a)可以看出,仙林大道 NO_x 浓度周变化范围为 10—207.77 $\mu g \cdot m^{-3}$,除周四 15:00 到 19:00 NO_x 浓度较高外,其余时间 NO_x 浓度变化明显,总体上一周内 NO_x 浓度差异极显著($P=0.000\ 1<0.01$)(表 3-9)。仙林大道 NO_x 浓度日变化[图 3-5(a)]显示周四 15:00 到 19:00 晚高峰时 NO_x 浓度最高,整体上呈现先增加后降低的趋势,一日内 NO_x 浓度差异不显著($P=0.677\ 0>0.05$)(表 3-10)。

从图 3-5(b)可以看出,诚信大道 NO_x 浓度周变化范围为 21—92.7 $\mu g \cdot m^{-3}$,但一周内 NO_x 浓度差异并不显著($P=0.275\ 7>0.05$)(表 3-9)。NO_x 浓度日变化[图 3-5(b)]范围为 35.79—47.59 $\mu g \cdot m^{-3}$,达到国家 24 h 二级标准(100 $\mu g \cdot m^{-3}$),一日内 NO_x 浓度差异不显著($P=0.795\ 3>0.05$)(表 3-10)。

从图 3-5(c)可以看出,江北大道 NO_x 浓度周变化范围为 22.17—72.53 $\mu g \cdot m^{-3}$,一周内 NO_x 浓度差异极显著($P=0.000\ 2<0.01$)(表 3-9)。NO_x 浓度日变化范围[图 3-5(c)]显示一日内 NO_x 浓度差异不显著($P=0.318\ 7>0.05$)(表 3-10)。

从图 3-5(d)可以看出,中山北路 NO_x 浓度周变化范围为 12.4—68.97 $\mu g \cdot m^{-3}$,一周内 NO_x 浓度差异极显著($P=0.000\ 1<0.01$)(表 3-9)。NO_x 浓度日变化范围[图 3-5(d)]显示一日内 NO_x 浓度差异显著($P=0.038\ 2<0.05$)(表 3-10)。

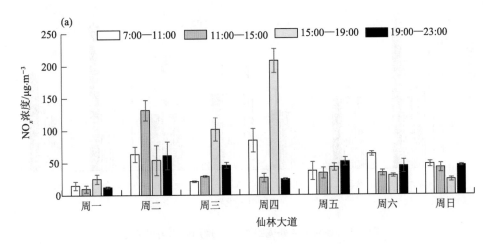

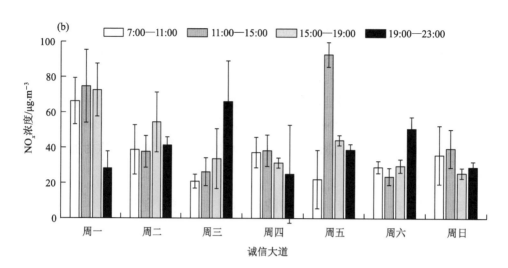

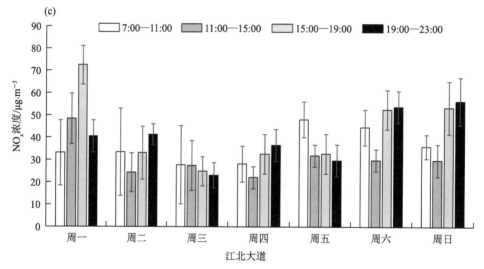

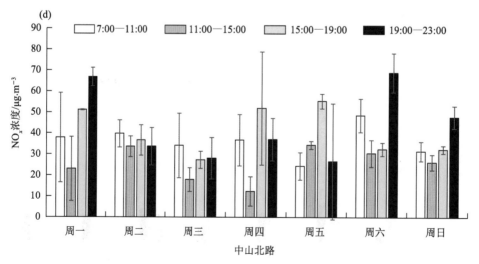

图 3-5 南京市 4 条道路 NO$_x$ 浓度周变化与日变化

表 3-9　南京市 4 条道路 NO_x 浓度周变化方差分析

道路名称	变异来源	平方和(SS)	自由度(df)	均方(MS)	F	P
仙林大道	处理间	135 668.486 8	27	5 024.758 8	3.151 0	0.000 1
	处理内	89 294.613 6	56	1 594.546 7		
	总变异	224 963.100 4	83			
诚信大道	处理间	26 269.179 5	27	972.932 6	1.202 0	0.275 7
	处理内	45 333.859 3	56	809.533 2		
	总变异	71 603.038 8	83			
江北大道	处理间	12 005.630 3	27	444.653 0	3.087 0	0.000 2
	处理内	8 065.000 1	56	144.017 9		
	总变异	20 070.630 3	83			
中山北路	处理间	14 391.270 6	27	533.010 0	3.181 0	0.000 1
	处理内	9 382.779 8	56	167.549 6		
	总变异	23 774.050 4	83			

表 3-10　南京市 4 条道路 NO_x 浓度日变化方差分析

道路名称	变异来源	平方和(SS)	自由度(df)	均方(MS)	F	P
仙林大道	处理间	3 513.362 5	4	878.340 6	0.583 0	0.677 0
	处理内	45 166.312 0	30	1 505.543 7		
	总变异	48 679.674 5	34			
诚信大道	处理间	503.583 9	4	125.896 0	0.417 0	0.795 3
	处理内	9 065.466 5	30	302.182 2		
	总变异	9 569.050 4	34			
江北大道	处理间	626.521 4	4	156.630 4	1.231 0	0.318 7
	处理内	3 817.111 6	30	127.237 1		
	总变异	4 443.633 0	34			
中山北路	处理间	1 407.576 9	4	351.894 2	2.905 0	0.038 2
	处理内	3 633.780 7	30	121.126 0		
	总变异	5 041.357 6	34			

　　整体上,仙林大道 NO_x 浓度周变化呈现先增加后降低的趋势,周四时达到最高,处理间差异极显著($P = 0.000\ 1 < 0.01$)(表 3-9)。诚信大道 NO_x 浓度在周一和周五比较高,处理间差异不显著($P = 0.275\ 7 > 0.05$)(表 3-9)。江北大道 NO_x 浓度周变化呈现先降低后增加的趋势,处理间差异极显著($P = 0.000\ 2 < 0.01$)(表 3-9)。中山北路早高峰时段 NO_x 浓度周变化不规律,晚高峰时段 NO_x 浓度周变化呈现先降低后增加的趋势,处理间差异极显著($P = 0.000\ 1 < 0.01$)(表 3-9)。如图 3-5 所示,仙林大道 NO_x 浓度在一日内的变化规律为先增加后降低,其中 15:00 到 19:00 晚高峰时 NO_x 浓度最高,达到 69.22 $\mu g \cdot m^{-3}$;诚信大道 NO_x 浓度在一日内的变化规律是先增加后降低,11:00 到 15:00 NO_x 浓度最高,其余 2 条道路 NO_x 浓度日变化规律不明显。但一周内 4 条道路的 NO_x 浓度日均值变化范围为

25.48—69.22 $\mu g \cdot m^{-3}$,处理间差异不显著($P = 0.281\ 9 > 0.05$)(表 3-10)。

被研究的 4 条道路按 NO_x 污染物浓度均值由高到低排序依次为仙林大道、诚信大道、江北大道、中山北路。

3.2.5　南京市 4 条道路 NO_2 与 NO_x 浓度比值周变化

如图 3-6、表 3-11 所示,仙林大道 NO_2 与 NO_x 浓度比值周变化范围为 58.78%—85.65%,均值为 75.04%,处理间差异不显著($P = 0.223\ 9 > 0.05$)(表 3-11)。诚信大道的 NO_2 与 NO_x 浓度比值周变化范围为 45.59%—96.31%,均值为 76.93%,处理间差异显著($P = 0.012\ 6 < 0.05$)。江北大道 NO_2 与 NO_x 浓度比值周变化范围为 61.91%—82.28%,均值为 73.67%,处理间差异不显著($P = 0.229\ 8 > 0.05$)。中山北路 NO_2 与 NO_x 浓度比值周变化范围为 66.81%—79.72%,均值为 75.37%,处理间差异不显著($P = 0.818\ 3 > 0.05$)(表 3-11)。从中可见,4 条道路的 NO_2 与 NO_x 浓度比值周变化差异不显著。

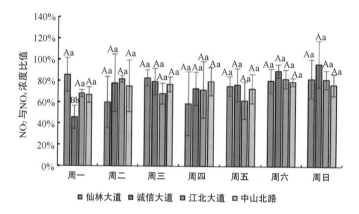

图 3-6　南京市 4 条道路 NO_2 与 NO_x 比值周变化

表 3-11　南京市 4 条道路 NO_2 与 NO_x 比值周变化方差分析

道路名称	变异来源	平方和(SS)	自由度(df)	均方(MS)	F	P
仙林大道	处理间	0.301 5	6	0.050 2	1.508	0.223 9
	处理内	0.699 7	21	0.033 3		
	总变异	1.001 2	27			
诚信大道	处理间	0.619 3	6	0.103 2	3.622	0.012 6
	处理内	0.598 4	21	0.028 5		
	总变异	1.217 7	27			
江北大道	处理间	0.162 8	6	0.027 1	1.490	0.229 8
	处理内	0.382 6	21	0.018 2		
	总变异	0.545 4	27			
中山北路	处理间	0.047 8	6	0.008	0.476	0.818 3
	处理内	0.351 1	21	0.016 7		
	总变异	0.398 9	27			

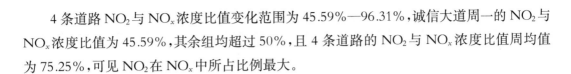

4 条道路 NO_2 与 NO_x 浓度比值变化范围为 45.59%—96.31%，诚信大道周一的 NO_2 与 NO_x 浓度比值为 45.59%，其余组均超过 50%，且 4 条道路的 NO_2 与 NO_x 浓度比值周均值为 75.25%，可见 NO_2 在 NO_x 中所占比例最大。

3.2.6　4 条道路植物群落组成

经外业调查，目前南京市仙林大道、诚信大道、中山北路和江北大道等 4 条道路监测段植物群落中应用的植物共有乔木 41 种、灌木 20 种，分布于 34 科 51 属，其中常绿树种 26 种，落叶树种 35 种，被子植物有 31 科 47 属 57 种，裸子植物有 3 科 4 属 4 种。分别对 4 条道路的植物种类进行归纳，并计算各道路的乔灌木相对多度（见表 3-12 至表 3-15）。

表 3-12　仙林大道监测段植物种类及其相对多度

序号	种名	拉丁名	科名	属名	植物类型	相对多度/%
1	雪松	*Cedrus deodara*	松科	雪松属	常绿乔木	31.97
2	桂花	*Osmanthus fragrans*	木樨科	木樨属	常绿乔木	22.81
3	香樟	*Cinnamomum camphora*	樟科	樟属	常绿乔木	9.79
4	东京樱花	*Cerasus × yedoensis*	蔷薇科	樱属	落叶乔木	5.29
5	二球悬铃木	*Platanus acerifolia*	悬铃木科	悬铃木属	落叶乔木	4.74
6	银杏	*Ginkgo biloba*	银杏科	银杏属	落叶乔木	4.34
7	垂柳	*Salix babylonica*	杨柳科	柳属	落叶乔木	4.03
8	紫叶李	*Prunus cerasifera* f. *atropurpurea*	蔷薇科	李属	落叶乔木	3.87
9	紫薇	*Lagerstroemia indica*	千屈菜科	紫薇属	落叶乔木	3.08
10	女贞	*Ligustrum lucidum*	木樨科	女贞属	常绿乔木	2.45
11	广玉兰	*Magnolia grandiflora*	木兰科	木兰属	常绿乔木	1.97
12	枫杨	*Pterocarya stenoptera*	胡桃科	枫杨属	落叶乔木	1.58
13	鸡爪槭	*Acer palmatum*	槭树科	槭属	落叶乔木	1.42
14	圆柏	*Sabina chinensis*	柏科	刺柏属	常绿乔木	1.03
15	水杉	*Metasequoia glyptostroboides*	柏科	水杉属	落叶乔木	0.95
16	杜英	*Elaeocarpus sylxestris*	杜英科	杜英属	常绿乔木	0.32
17	合欢	*Albizia julibrissin*	豆科	合欢属	落叶乔木	0.16
18	乌桕	*Sapium sebiferum*	大戟科	乌桕属	落叶乔木	0.12
19	槐	*Styphnolobium japonicum*	豆科	槐属	落叶乔木	0.04
20	木瓜	*Chaenomeles sinensis*	蔷薇科	木瓜属	落叶乔木	0.04
						100.00
21	金边黄杨	*Euonymus japonicus* var. *aurea-marginatus*	卫矛科	卫矛属	常绿灌木	31.86
22	八角金盘	*Fatsia japonica*	五加科	八角金盘属	常绿灌木	24.89
23	小叶女贞	*Ligustrum quihoui*	木樨科	女贞属	落叶灌木	21.90
24	红叶石楠	*Photinia fraseri*	蔷薇科	石楠属	常绿灌木	12.86
25	红花檵木	*Loropetalum chinense* var. *rubrum*	金缕梅科	檵木属	常绿灌木	4.66
26	黄杨	*Buxus sinica*	黄杨科	黄杨属	常绿灌木	2.47
27	夹竹桃	*Nerium indicum*	夹竹桃科	夹竹桃属	常绿灌木	1.36
						100.00

表 3-13　诚信大道监测段植物种类及其相对多度

序号	种名	拉丁名	科名	属名	植物类型	相对多度/%
1	桂花	Osmanthus fragrans	木樨科	木樨属	常绿乔木	22.97
2	广玉兰	Magnolia grandiflora	木兰科	木兰属	常绿乔木	19.68
3	女贞	Ligustrum lucidum	木樨科	女贞属	常绿乔木	12.02
4	栾树	Koelreuteria paniculata	无患子科	栾树属	落叶乔木	11.31
5	意杨	Populus euramevicana	杨柳科	杨属	落叶乔木	8.73
6	乌桕	Sapium sebiferum	大戟科	乌桕属	落叶乔木	7.75
7	垂柳	Salix babylonica	杨柳科	柳属	落叶乔木	4.10
8	香樟	Cinnamomum camphora	樟科	樟属	常绿乔木	2.14
9	紫叶李	Prunus cerasifera f. atropurpurea	蔷薇科	李属	落叶乔木	1.87
10	构树	Broussonetia papyrifera	桑科	构属	落叶乔木	1.51
11	枇杷	Eriobotrya japonica	蔷薇科	枇杷属	常绿乔木	1.51
12	东京樱花	Cerasus × yedoensis	蔷薇科	樱属	落叶乔木	1.07
13	鸡爪槭	Acer palmatum	槭树科	槭属	落叶乔木	0.89
14	榆树	Ulmus pumila	榆科	榆属	落叶乔木	0.80
15	紫薇	Lagerstroemia indica	千屈菜科	紫薇属	落叶乔木	0.80
16	元宝槭	Acer truncatum	槭树科	槭属	落叶乔木	0.53
17	朴树	Celtis sinensis	榆科	朴属	落叶乔木	0.45
18	垂丝海棠	Malus halliana	蔷薇科	苹果属	落叶乔木	0.45
19	香橼	Citrus medica	芸香科	柑橘属	常绿乔木	0.27
20	杜英	Elaeocarpus sylxestris	杜英科	杜英属	常绿乔木	0.18
21	罗汉松	Podocarpus macrophyllus	罗汉松科	罗汉松属	常绿乔木	0.18
22	五角枫	Acer mono	槭树科	槭属	落叶乔木	0.18
23	柿树	Diospyros kaki	柿科	柿属	落叶乔木	0.18
24	臭椿	Ailanthus altissima	苦木科	臭椿属	落叶乔木	0.09
25	君迁子	Diospyros lotus	柿科	柿属	落叶乔木	0.09
26	苦楝	Melia azedarach	楝科	楝属	落叶乔木	0.09
27	雪松	Cedrus deodara	松科	雪松属	常绿乔木	0.09
28	圆柏	Sabina chinensis	柏科	刺柏属	常绿乔木	0.07
29	梅花	Prunus mume	蔷薇科	杏属	落叶乔木	0.04
30	碧桃	Prunus persica f. duplex	蔷薇科	桃属	落叶乔木	0.03
						100.00
31	海桐	Pittosporum tobira	海桐科	海桐属	常绿灌木	28.77
32	红花檵木	Loropetalum chinense var.rubrum	金缕梅科	檵木属	常绿灌木	22.99
33	金边黄杨	Euonymus japonicus var. aurea-marginatus	卫矛科	卫矛属	常绿灌木	16.89
34	紫荆	Cercis chinensis	豆科	紫荆属	落叶灌木	10.18
35	瓜子黄杨	Buxus microphylla	黄杨科	黄杨属	常绿灌木	6.49
36	夹竹桃	Nerium indicum	夹竹桃科	夹竹桃属	常绿灌木	5.80
37	石楠	Photinia serrulata	蔷薇科	石楠属	常绿灌木	1.54
38	杜鹃	Rhododendron simsii	杜鹃花科	杜鹃属	常绿灌木	1.49
39	南天竹	Nandina domestica	小檗科	南天竹属	常绿灌木	1.46
40	红叶石楠	Photinia fraseri	蔷薇科	石楠属	常绿灌木	0.90
41	金叶女贞	Ligustrum vicaryi	木樨科	女贞属	落叶灌木	0.73
42	迎春	Jasminum nudiflorum	木樨科	素馨属	落叶灌木	0.68
43	珊瑚树	Viburnumodoratissimum var. awabuki	忍冬科	荚蒾属	常绿灌木	0.57
44	山茶	Camellia japonica	山茶科	山茶属	常绿灌木	0.47
45	大叶黄杨	Euonymus japonicus	卫矛科	卫矛属	常绿灌木	0.44
46	小叶女贞	Ligustrum quihoui	木樨科	女贞属	落叶灌木	0.37
47	黄杨	Buxus sinica	黄杨科	黄杨属	常绿灌木	0.23
						100.00

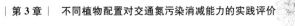

表 3-14　江北大道监测段植物种类及其相对多度

序号	种名	拉丁名	科名	属名	植物类型	相对多度/%
1	香樟	*Cinnamomum camphora*	樟科	樟属	常绿乔木	24.79
2	东京樱花	*Cerasus × yedoensis*	蔷薇科	樱属	落叶乔木	16.92
3	二球悬铃木	*Platanus acerifolia*	悬铃木科	悬铃木属	落叶乔木	12.99
4	紫薇	*Lagerstroemia indica*	千屈菜科	紫薇属	落叶乔木	11.11
5	雪松	*Cedrus deodara*	松科	雪松属	常绿乔木	9.23
6	桂花	*Osmanthus fragrans*	木樨科	木樨属	常绿乔木	6.32
7	榉树	*Zelkova serrata*	榆科	榉属	落叶乔木	4.44
8	紫叶李	*Prunus cerasifera* f. *atropurpurea*	蔷薇科	李属	落叶乔木	2.91
9	榆树	*Ulmus pumila*	榆科	榆属	落叶乔木	2.56
10	构树	*Broussonetia papyrifera*	桑科	构属	落叶乔木	1.88
11	银杏	*Ginkgo biloba*	银杏科	银杏属	落叶乔木	1.54
12	合欢	*Albizia julibrissin*	豆科	合欢属	落叶乔木	0.85
13	朴树	*Celtis sinensis*	榆科	朴属	落叶乔木	0.85
14	女贞	*Ligustrum lucidum*	木樨科	女贞属	常绿乔木	0.68
15	槐	*Styphnolobium japonicum*	豆科	槐属	落叶乔木	0.68
16	意杨	*Populus euramevicana*	杨柳科	杨属	落叶乔木	0.68
17	栾树	*Koelreuteria paniculata*	无患子科	栾树属	落叶乔木	0.41
18	宝华玉兰	*Magnolia zenii*	木兰科	木兰属	落叶乔木	0.34
19	大叶冬青	*Ilex latifolia*	冬青科	冬青属	常绿乔木	0.24
20	垂柳	*Salix babylonica*	杨柳科	柳属	落叶乔木	0.21
21	乌桕	*Triadica sebifera*	大戟科	乌桕属	落叶乔木	0.15
22	木瓜	*Chaenomeles sinensis*	蔷薇科	木瓜属	落叶乔木	0.10
23	红枫	*Acer palmatum* 'Atropurpureum'	槭树科	槭属	落叶乔木	0.10
24	碧桃	*Prunus persica* f. *duplex*	蔷薇科	桃属	落叶乔木	0.02
						100.00
25	石楠	*Photinia serratifolia*	蔷薇科	石楠属	常绿灌木	17.40
26	小叶女贞	*Ligustrum quihoui*	木樨科	女贞属	落叶灌木	17.16
27	海桐	*Pittosporum tobira*	海桐科	海桐属	常绿灌木	16.83
28	大叶黄杨	*Euonymus japonicus*	卫矛科	卫矛属	常绿灌木	15.85
29	红叶石楠	*Photinia fraseri*	蔷薇科	石楠属	常绿灌木	15.59
31	金叶女贞	*Ligustrum vicaryi*	木樨科	女贞属	落叶灌木	9.18
32	紫荆	*Cercis chinensis*	豆科	紫荆属	落叶灌木	2.23
33	金边黄杨	*Euonymus japonicus* var. *aurea-marginatus*	卫矛科	卫矛属	常绿灌木	1.74
34	长叶女贞	*Ligustrum compactum*	木樨科	女贞属	常绿灌木	1.40
35	迎春花	*Jasminum nudiflorum*	木樨科	素馨属	落叶灌木	1.28
36	红花檵木	*Loropetalum chinense* var. *rubrum*	金缕梅科	檵木属	常绿灌木	0.92
37	小果蔷薇	*Rosa cymosa*	蔷薇科	蔷薇属	落叶灌木	0.42
						100.00

表 3-15　中山北路监测段植物种类及其相对多度

序号	种名	拉丁名	科名	属名	植物类型	相对多度/%
1	二球悬铃木	Platanus acerifolia	悬铃木科	悬铃木属	落叶乔木	96.92
2	香樟	Cinnamomum camphora	樟科	樟属	常绿乔木	2.15
3	朴树	Celtis sinensis	榆科	朴属	落叶乔木	0.31
4	槐	Styphnolobium japonicum	豆科	槐属	落叶乔木	0.31
5	银杏	Ginkgo biloba	银杏科	银杏属	落叶乔木	0.19
6	木瓜	Chaenomeles sinensis	蔷薇科	木瓜属	落叶乔木	0.12
						100.00
7	小叶女贞	Ligustrum quihoui	木樨科	女贞属	落叶灌木	66.58
8	红叶石楠	Photinia fraseri	蔷薇科	石楠属	常绿灌木	20.27
9	大叶黄杨	Euonymus japonicus	卫矛科	卫矛属	常绿灌木	13.15
						100.00

如表 3-12 所示,仙林大道共有 27 种植物,其中乔木 1 094 棵,被子植物 17 科 22 属,裸子植物 3 科 4 属,相对多度高的乔木主要有雪松、桂花、香樟、东京樱花、二球悬铃木、银杏、垂柳、紫叶李、紫薇和女贞等,灌木主要有金边黄杨、八角金盘、小叶女贞、红叶石楠和红花檵木等。

如表 3-13 所示,诚信大道共有 47 种植物,其中乔木 1 046 棵,被子植物 26 科 38 属 44 种,裸子植物 3 科 3 属 3 种,相对多度高的乔木有桂花、广玉兰、女贞、栾树、意杨、乌桕、垂柳和香樟等,灌木主要有海桐、红花檵木、金边黄杨、紫荆、瓜子黄杨和夹竹桃等。

如表 3-14 所示,江北大道共有 37 种植物,其中乔木有 404 棵,被子植物有 17 科 29 属 35 种,裸子植物有 2 科 2 属 2 种。相对多度高的乔木主要有香樟、东京樱花、二球悬铃木、紫薇、雪松、桂花、榉树、紫叶李和榆树。相对多度高的灌木主要有石楠、小叶女贞、海桐、大叶黄杨、红叶石楠、金叶女贞和紫荆等。

如表 3-15 所示,中山北路共有 9 种植物,其中乔木有 325 棵,被子植物有 7 科 8 属,裸子植物有 1 科 1 属,相对多度高的乔木有二球悬铃木,其相对多度为 96.92%,其次是香樟。相对多度高的灌木有小叶女贞、红叶石楠和大叶黄杨。

总体上,在 4 条道路监测段共计有 2 869 棵乔木,相对多度高的乔木依次有桂花、二球悬铃木、雪松、香樟、东京樱花、广玉兰、女贞、紫薇和栾树等,相对多度高的灌木依次有小叶女贞、金边黄杨、红叶石楠、海桐、大叶黄杨、红花檵木、八角金盘、石楠和紫荆等。这些乔木和灌木树种中有很大一部分是本地的乡土树种,还有一部分是经外地引进本地后,已经适应南京市气候条件且栽种面积、数量较多的物种,它们丰富了南京市的树种资源,也丰富了植物群落的景观,成为南京市城区人工植物群落景观的基调树种。绿地中的草本植物多数都是乡土植物,已适应当地气候条件,生长状态良好,植物盖度高。

3.2.7　树木径级结构比较

根据胸径等级标准,4 条道路主要树木的径级结构如表 3-16 所示。结果表明,仙林大道树木平均胸径为 16.35 cm，其中 63.21% 的树木胸径＞15 cm，23.52% 的树木胸径≤10 cm，＞15—20 cm 径级的树木比例最多，说明该植物群落处于快速生长期。胸径＞25 cm 的树木中，95% 以上是二球悬铃木、雪松、香樟，其中，二球悬铃木中大径级树木最多，占所有大径级树木总数的 32%，主要集中在植物群落的背景层。

表 3-16　南京市 4 条道路主要树木径级分布比例

道路名称	径级/cm					
	＞25	＞20—25	＞15—20	＞10—15	＞5—10	≤5
仙林大道	14.60%	20.02%	28.59%	13.27%	7.78%	15.74%
诚信大道	17.36%	14.66%	12.64%	10.96%	9.38%	35.00%
江北大道	7.82%	15.16%	17.85%	14.18%	26.41%	18.58%
中山北路	86.84%	2.34%	2.05%	2.63%	2.05%	4.09%

诚信大道树木平均胸径为 12.85 cm，有 35% 的树木胸径≤5 cm，该比例高于其他径级树木，说明该植物群落处于快速生长期，生态功能的发挥仍有发展空间。其中胸径＞25 cm 的树木主要有意杨、广玉兰、乌桕、桂花、栾树、女贞，主要为行道树。

江北大道树木平均胸径为 12.79 cm，有将近一半（44.99%）的树木胸径≤10 cm，其中大径级树木比例明显小于小径级（＞5—10 cm）树木，说明该植物群落处于较快速生长期。大径级（＞25 cm）的树木主要有香樟、意杨、雪松。

中山北路树木平均胸径为 16.35 cm，有 86.84% 的树木属于大径级（＞25 cm），主要植物有二球悬铃木、香樟，其中二球悬铃木占 96.92% 以上，群落结构简单。

3.2.8　树高结构比较

根据树高等级划分标准得出南京市 4 条道路主要树高结构如表 3-17 所示。结果表明，仙林大道树木平均高度为 6.10 m，有 51.39% 的树木高度小于 6 m，21.35% 的树木高度超过 10 m，高于 10 m 的树木有二球悬铃木、香樟、枫杨、桂花、水杉、垂柳，而垂柳、二球悬铃木、枫杨、雪松占据数量最多，为 92.6%。高大树木中雪松最多，树高＞10 m 的比例为 44.07%，主要集中在植物群落的背景层。

表 3-17　南京市 4 条道路主要树木树高分布比例

道路名称	树高/m					
	＞10	＞8—10	＞6—8	＞4—6	＞2—4	≤2
仙林大道	21.35%	16.53%	10.73%	14.78%	15.38%	21.23%
诚信大道	15.06%	14.10%	13.76%	10.17%	12.64%	34.27%
江北大道	6.11%	14.06%	14.79%	12.71%	31.30%	21.03%
中山北路	93.93%	—	0.29%	—	—	5.78%

诚信大道行道树的树木平均高度为 5.25 m，其中树木高度≤2 m 的比例为 34.27%，是 4 条道路植物群落中该比例最高的，42.92% 的树木高度＞6 m，15.06% 的树木高度＞10 m。

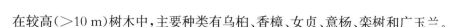

在较高(>10 m)树木中,主要种类有乌桕、香樟、女贞、意杨、栾树和广玉兰。

江北大道行道树的树木平均高度为12.79 m,其中树木高度≤4 m的比例为52.33%,6.11%的树木高度>10 m。主要植物种类有意杨、雪松、香樟、二球悬铃木、合欢、构树,其中香樟的比例为48%,是植物群落的骨干树种。

中山大道行道树的树木平均高度为19.30 m,其中树木高度>10 m的比例为93.93%。主要植物种类有二球悬铃木,占96.92%,是植物群落的主要骨干树种。

3.2.9 南京市道路绿地植物三维绿量

在无人机航拍技术的基础上,利用Pix4D mapper软件和ArcGIS软件分析所得数据,获得分辨率达到5 cm的完整航拍正射影像,并通过调查和标记,得到各树种位置及冠径大小分布图。进而利用Logistic模型推导出的"冠径-冠幅"相关方程计算出单株植物冠径,借助数理统计知识,得出每条道路的三维绿量。

图3-7和表3-18所示为4条道路监测段植物三维绿量。仙林大道常绿乔木三维绿量(65 596.251 m³)是落叶乔木三维绿量(117 954.490 m³)的55.61%。仙林大道主要常绿乔木有雪松、桂花和香樟等共1 094株,落叶乔木有东京樱花、二球悬铃木、垂柳、银杏、紫叶李和紫薇等共166株,主要灌木有金边黄杨、八角金盘、小叶女贞、红叶石楠和红花檵木等。常绿和落叶乔木树种三维绿量占乔灌木总三维绿量的96.49%。

诚信大道常绿乔木三维绿量(40 811.645 m³)是落叶乔木三维绿量(86 717.688 m³)的47.06%。在监测路段,乔木共有1 046株,主要常绿乔木有桂花、广玉兰、女贞和香樟等,落叶乔木有栾树、意杨、乌桕和垂柳等,所有乔木中,常绿乔木占59.11%,落叶乔木占40.89%,由此可知落叶乔木与常绿乔木比例将近1:1,但落叶乔木三维绿量大,是常绿乔木三维绿量的近2倍。主要灌木有海桐、红花檵木、金边黄杨、紫荆、瓜子黄杨和夹竹桃等。主要常绿和落叶乔木树种三维绿量占乔灌木总三维绿量的91.1%[图3-7(b),表3-18]。

江北大道常绿乔木三维绿量(22 397.076 m³)是落叶乔木三维绿量(8 414.612 m³)的266.17%,在监测路段,乔木共有404棵,主要常绿乔木有香樟、雪松和桂花等,落叶乔木有东京樱花、二球悬铃木、紫薇、榉树、紫叶李和榆树等。所有乔木中,常绿乔木占41.26%,落叶乔木占58.74%。江北大道主要灌木有石楠、小叶女贞、海桐、大叶黄杨和红叶石楠等。常绿和落叶乔木树种三维绿量占乔灌木总三维绿量的86.83%[图3-7(c),表3-18]。

中山北路常绿乔木三维绿量(3 165.543 m³)是落叶乔木三维绿量(518 542.586 m³)的0.6%,在监测路段,乔木共有325株,其中主要常绿乔木如香樟等占2.15%,落叶乔木如二球悬铃木占96.92%,主要灌木有小叶女贞、红叶石楠和大叶黄杨等。常绿和落叶乔木树种三维绿量占乔灌木总三维绿量的99.32%[图3-7(d),表3-18]。

以上4条道路主要常绿和落叶乔木树种数量占所调研植物数量的一半以上,且三维绿量占乔灌木总三维绿量的90%以上。说明乔木是城市道路植物三维绿量的主要贡献者,也是城市绿化的主力。而在4条道路常绿和落叶乔木三维绿量对比中,除江北大道之外,落叶乔木的三维绿量远高于常绿乔木,说明落叶乔木是道路植物三维绿量的主要贡献者。

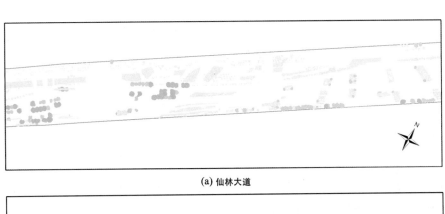

(a) 仙林大道

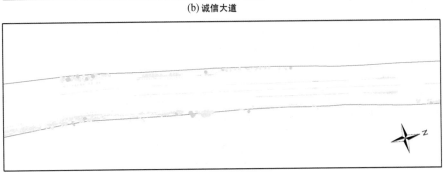

(b) 诚信大道

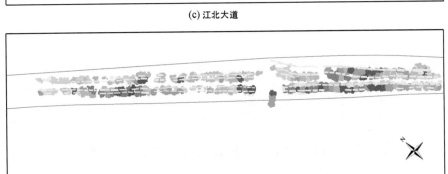

(c) 江北大道

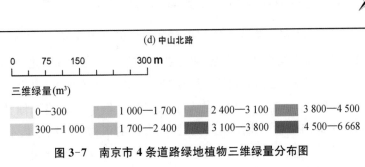

(d) 中山北路

```
0    75   150        300 m
```

三维绿量(m³)

0—300	1 000—1 700	2 400—3 100	3 800—4 500
300—1 000	1 700—2 400	3 100—3 800	4 500—6 668

图 3-7　南京市 4 条道路绿地植物三维绿量分布图

表 3-18　南京市 4 条道路绿地植物三维绿量

道路名称	植物三维绿量/m³			
	常绿乔木	落叶乔木	灌木	总计
仙林大道	65 596.251	117 954.490	6 673.867	190 224.608
诚信大道	40 811.645	86 717.688	12 448.932	139 978.265
江北大道	22 397.076	8 414.612	4 674.528	35 486.217
中山北路	3 165.543	518 542.586	3 597.240	525 305.369

　　而对比 4 条道路植物三维绿量,中山北路三维绿量最高,为 525 305.369 m³,共 9 种 325 株植物,种类最少,群落最简单,主要树种是二球悬铃木;排名第二的是仙林大道,三维绿量为 190 224.608 m³,共有 1 094 株乔木,27 种植物,主要树种有雪松、桂花、香樟、东京樱花、二球悬铃木、银杏和垂柳;排名第三的是诚信大道,三维绿量为 139 978.265 m³,共有 1 046 株乔木,47 种植物,主要树种有桂花、广玉兰、女贞和栾树等;三维绿量最低的是江北大道,其三维绿量为 35 486.217 m³,共有 404 株乔木,37 种植物,主要树种有香樟、东京樱花、二球悬铃木和紫薇。由此可见,有二球悬铃木和香樟的路段,植物三维绿量均比较高,说明二球悬铃木和香樟对城市道路植物三维绿量贡献率高。

　　如表 3-19 所示,4 条道路的绿化率大小顺序分别是仙林大道＞中山北路＞诚信大道＞江北大道,植物三维绿量大小顺序分别是中山北路＞仙林大道＞诚信大道＞江北大道,而单位面积植物三维绿量大小顺序分别是中山北路＞诚信大道＞仙林大道＞江北大道。综合而言,无论是常绿乔木,还是落叶乔木,乔木树种的三维绿量越大,其单位面积植物三维绿量越大。中山北路的植物三维绿量最大,单位面积植物三维绿量最大。

表 3-19　南京市 4 条道路绿地指标与三维绿量

道路名称	绿化面积/m²	区域面积/m²	绿化率/%	三维绿量/m³	单位面积三维绿量/m³·m⁻²
诚信大道	37 103.030	89 656.685	41.38	139 978.265	1.561
江北大道	18 862.519	95 584.162	19.73	35 486.217	0.371
中山北路	37 152.891	81 835.075	45.40	525 305.369	6.419
仙林大道	79 409.395	129 370.539	61.38	190 224.608	1.470

3.2.10　南京市道路绿地典型植物配置与 NO_2 污染物浓度的关系

　　根据对 4 条道路 NO_2 污染物浓度周变化和日变化规律的分析,从监测段 NO_2 污染物周平均浓度中(表 3-20)可以发现 4 条道路 NO_2 浓度高低分别为仙林大道＞诚信大道＞江北大道＞中山北路,其中仙林大道和诚信大道的 NO_2 浓度差异不明显,江北大道和中山北路的 NO_2 浓度差异不明显,而植物三维绿量大小顺序分别是中山北路＞仙林大道＞诚信大道＞江北大道,中山北路植物三维绿量最大,江北大道的植物三维绿量最小,仙林大道和诚信大道的植物三维绿量差异不明显;单位面积植物三维绿量大小顺序分别是中山北路＞诚信大道＞仙林大道＞江北大道。因此,研究的 4 条道路中,部分道路尤其是中山北路整体上呈现出植物三维绿量越大,NO_2 浓度越低的现象。

表 3-20 南京市 4 条道路监测段 NO_2 浓度周平均值与植物三维绿量

道路名称	NO_2 浓度/$\mu g \cdot m^{-3}$	三维绿量/m^3
仙林大道	32.19	190 224.608
江北大道	27.79	35 486.217
诚信大道	30.00	139 978.265
中山北路	27.44	525 305.369

综合 4 条道路树木种类组成分析,如表 3-21 所示,可以发现仙林大道相对多度高的乔木主要有雪松、桂花、香樟、东京樱花、二球悬铃木、垂柳、银杏、紫叶李、紫薇和女贞,相对多度高的灌木主要有金边黄杨、八角金盘、小叶女贞、红叶石楠和红花檵木等。诚信大道相对多度高的乔木有桂花、广玉兰、女贞、栾树、意杨、乌桕、垂柳和香樟等,相对多度高的灌木主要有海桐、红花檵木、金边黄杨、紫荆、夹竹桃和瓜子黄杨等。江北大道相对多度高的乔木主要有香樟、东京樱花、二球悬铃木、紫薇、雪松、桂花、榉树、紫叶李和榆树,相对多度高的灌木主要有石楠、小叶女贞、海桐、大叶黄杨、红叶石楠、金叶女贞和紫荆等。中山北路相对多度最高的乔木是二球悬铃木,占比 96.92%,其次是香樟,相对多度高的灌木有小叶女贞和红叶石楠。这 4 条道路中,3 条道路共有的乔木是二球悬铃木和桂花,尤其是中山北路,96.92% 的乔木是二球悬铃木,三维绿量最大,吸收 NO_2 等道路污染物最多。说明二球悬铃木对 NO_2 等道路污染物吸收能力最强。

表 3-21 南京市 4 条道路监测段主要植物配置

道路名称	植物配置（相对多度＞2%）
仙林大道	雪松＋桂花＋香樟＋东京樱花＋二球悬铃木＋银杏＋垂柳＋紫叶李＋紫薇＋女贞＋金边黄杨＋八角金盘＋小叶女贞＋红叶石楠＋红花檵木
诚信大道	桂花＋广玉兰＋女贞＋栾树＋意杨＋乌桕＋垂柳＋香樟＋海桐＋红花檵木＋金边黄杨＋紫荆＋瓜子黄杨＋夹竹桃
江北大道	香樟＋东京樱花＋二球悬铃木＋紫薇＋雪松＋桂花＋榉树＋紫叶李＋榆树＋石楠＋小叶女贞＋海桐＋大叶黄杨＋红叶石楠＋金叶女贞＋紫荆
中山北路	二球悬铃木＋香樟＋小叶女贞＋红叶石楠＋大叶黄杨

3.3 结论与讨论

3.3.1 南京市近 6 年 4 条道路 NO_2 浓度的季节性变化

本研究中,在南京市近 6 年 4 条道路污染物浓度月均值变化趋势分析基础上,发现

NO₂污染物浓度每年9月到翌年1月呈现上升趋势,翌年1月NO₂污染物浓度最高,而从2月到8月NO₂污染物浓度呈现下降趋势,且8月NO₂污染物浓度最低,这与植物的年生长周期呈现一定的规律性有关,其中落叶树种具有明显的季节变化和外观形态变化,即从春季(1月)开始萌芽生长至秋季落叶前(10月)为一个生长期。树木落叶后至翌年萌芽前为休眠期(10月至翌年1月),而在生长期生命活动旺盛、代谢能力强、吸收能力强,休眠期生命活动衰落、代谢缓慢、吸收能力弱。南京市4条道路绿地骨干树种以落叶乔木为主,道路NO₂浓度季节性变化特征与植物的生长年周期有一定的吻合度,所以可以推测道路NO₂浓度随着植物进入生长期、代谢能力强而呈现降低趋势,随着植物转向休眠期、代谢能力弱而呈现升高趋势,但这一推测还需进一步试验研究加以证明。此外,本试验的NO₂等污染物浓度变化也与陶双成等研究北京典型跑步区域空气污染特征结论一致,其认为典型跑步区域NO₂浓度冬季高,春季和夏季较低。此外,肖德林等对达州市城区大气污染物变化特征及影响因素进行分析,认为在4个季节的日变化中,NO₂浓度变化曲线均表现为双峰型,且2个峰在不同季节的变化趋势相同,NO₂浓度2个峰值的变化趋势均为春季>冬季>秋季>夏季。符传博等通过对近10年海南岛大气中NO₂浓度的时间和空间的变化规律以及其污染源进行研究,认为近10年海南岛大气中NO₂浓度表现出冬季高、夏季低的变化特点,但冬、夏季有相反的变化趋势,冬季逐年下降,夏季则有弱的上升趋势,该研究结果也与本试验的数据分析一致。

3.3.2 南京市各气象要素和车流量与NO₂浓度的相关性分析

道路所处的环境和在道路上行驶的交通工具种类与数量等不同,都会显著影响当地大气气体污染物的组成成分。而大气扩散能力、区域传输主要由气象因素主导,使得气象因子成为影响植物净化NOₓ效果的重要因素,其中温度、湿度、降雨和风都是重要的影响因子。为了控制监测数据的准确性,在实际的监测中,必须保证不同影响因素不对监测结果产生影响,或者将影响尽可能降低。因此,在分析道路大气NO₂污染物浓度变化规律中,这些气象要素影响因子必须考虑在内。分析实地监测期间的各气象要素和车流量与NO₂浓度日均值之间的相关性发现,NO₂浓度日均值与各气象因素和道路车流量因素等8大因子间的相关性不显著。本试验分析认为道路交通环境复杂,受到周围绿化带和建筑物影响,容易产生局部小气候,具有环境特殊性,道路污染物来源和消减不仅受到气象因子影响,还与城市道路绿带、绿带宽度和植物配置等多种因素有关,这与王迪等研究城市森林对NOₓ的净化作用认为森林具有明显的吸附、吸收、转化和同化NOₓ,或阻碍NOₓ扩散的生态净化功能的研究结论一致。

3.3.3 南京市4条道路NO₂等污染物浓度的周变化与日变化

2018年9月17日至9月30日处于南京市道路NO₂污染物浓度比较低的时期,此时期植物处于生长旺盛期,正向休眠期转变。我们对南京市4条道路的NO₂等污染物浓度周变化和日变化进行对比。如图3-4至图3-6所示,4条道路NO₂浓度周变化趋势与南京市气象中心公布的对应时间段内 NO_2 浓度周变化趋势基本一致,说明道路实地监测的方法与技术相对比较标准,监测的数据具有一定的科学性。

4 条道路的 NO_2 等污染物浓度的周均值表明:仙林大道的 NO_2 浓度为 32.19 $\mu g \cdot m^{-3}$,NO_x 浓度为 50.26 $\mu g \cdot m^{-3}$;诚信大道的 NO_2 浓度为 30 $\mu g \cdot m^{-3}$,NO_x 浓度为 41.25 $\mu g \cdot m^{-3}$;江北大道的 NO_2 浓度为 27.79 $\mu g \cdot m^{-3}$,NO_x 浓度为 37.45 $\mu g \cdot m^{-3}$;中山北路的 NO_2 浓度为 27.44 $\mu g \cdot m^{-3}$,NO_x 浓度为 36.73 $\mu g \cdot m^{-3}$。NO_2 与 NO_x 浓度的变化趋势一致,随着 NO_2 浓度的增加,NO_x 的浓度也增加。4 条道路按 NO_2 和 NO_x 污染物浓度由高到低排序依次为仙林大道、诚信大道、江北大道、中山北路,可见,南京城区 NO_x 污染具有区域性特征。

3.3.4　NO_2 是道路交通环境的主要污染源

4 条道路 NO_2 与 NO_x 浓度比的变化范围为 45.59%—96.31%,诚信大道周一的 NO_2 与 NO_x 浓度比为 45.59%,其余组均超过 50%,且 4 条道路的 NO_2 与 NO_x 浓度比值周均值为 75.25%,该研究结果与黄伟等对重庆市道路 NO_x 排放规律进行研究,认为主城区平均 NO_x 中 NO 分担率为 13.3%—46.0%,NO_2 的分担率为 53.6%—86.4% 的结果一致。尹淑娴等对东莞植物园 NO_x 浓度的变化特征进行研究发现,NO_2 在 NO_x 中比例最大,为 83%,认为 NO_2 为 NO_x 主要贡献者,也与本试验研究结果一致。可见 NO_2 在所有的 NO_x 中比例最高,因此 NO_2 可视为道路交通环境主要污染源。

NO_2 毒性剧烈,空气中 NO_2 占比超过 5×10^{-6} 后,就会有明显的臭味,对人体的呼吸系统和免疫功能有很大危害,NO_2 在空气中的占比超过 1×10^{-4} 时,人在其中 0.5—1 h 就会得肺水肿而死亡。因此,如何降低道路交通产生的 NO_2 浓度是一件亟须解决的问题。试验尝试使用绿化植物消减 NO_2 以净化空气,但该领域研究影响因素较多,尤其是结合实践应用基础层面的研究,因多学科交叉,人、财、物投入较大,相关报道较少,本次试验尝试开展这部分研究,做些尝试性的探索。

总而言之,南京市近 6 年中 4 条道路环境空气污染总体状况受季节性影响较大,同时与道路所在的区域位置和道路的交通状况等密切相关,研究认为汽车尾气是道路交通环境污染物的主要来源,NO_2 又是其中最主要的污染物。

3.3.5　南京市道路绿地植物组成分析

4 条道路绿地树木组成中,仙林大道相对多度高的乔木主要有雪松、桂花、香樟、东京樱花、二球悬铃木、银杏、垂柳、紫叶李、紫薇和女贞等,相对多度高的灌木主要有金边黄杨、八角金盘、小叶女贞、红叶石楠和红花檵木等。诚信大道相对多度高的乔木有桂花、广玉兰、女贞、栾树、意杨、乌桕、垂柳和香樟等,相对多度高的灌木主要有海桐、红花檵木、金边黄杨、紫荆和瓜子黄杨等。江北大道相对多度高的乔木主要有香樟、东京樱花、二球悬铃木、紫薇、雪松、桂花、榉树、紫叶李和榆树等,相对多度高的灌木主要有石楠、小叶女贞、海桐、大叶黄杨、红叶石楠、金叶女贞和紫荆等。中山北路相对多度最高的乔木是二球悬铃木,占比 96.92%，其次是香樟，相对多度高的灌木有小叶女贞和红叶石楠。这 4 条道路中，3 条道路共有的乔木有二球悬铃木和桂花，尤其是中山北路，96.92%的乔木是二球悬铃木，三维绿量最大，吸收 NO_2 等道路污染物最多。说明二球悬铃木对 NO_2 等道路污染物消减能力最强。

综合分析认为，4 条道路植物种类以乡土树种为主，符合本地区地带性植物分布特征与要求；行道树以落叶树种为主，中层常绿树和落叶树兼而有之，下层以常绿植物为主；道路绿地植物群落结构基本合理；道路植物选择中，有注重观赏、轻视生态功能的现象，有进一步优化的空间和需求。

3.3.6 南京市道路绿地植物绿量与 NO_2 浓度的关系

道路气态污染物主要来源于各类机动车的尾气，其中对路域环境产生危害的主要是二氧化硫（SO_2）和氮氧化物。城市道路两侧，水平距离 50 m 以内和高度 1.7 m 以下范围内的大气所受污染最为严重，对人群造成严重危害。本研究发现：4 条道路按植物三维绿量从大到小排序依次是中山北路（525 305.369 m^3）、仙林大道（190 224.608 m^3）、诚信大道（139 978.265 m^3）、江北大道（35 486.217 m^3）；4 条道路按单位面积的三维绿量从大到小排序分别是中山北路（6.419 m^3）、诚信大道（1.561 m^3）、仙林大道（1.470 m^3）、江北大道（0.371 m^3）（表 3-19）。

从中看出，就植物三维绿量而言，部分道路 NO_2 浓度随着绿地植物的三维绿量升高呈现降低趋势，中山北路因总植物三维绿量和单位面积植物三维绿量均最大，相对应的 NO_2 道路污染物浓度最低。分析认为，道路绿化带在污染物扩散过程中能对 SO_2、NO_x 起到吸收、阻滞和过滤的作用。王慧等对公路绿化带净化路旁 NO_2 的效应进行研究，认为道路绿化带对交通运行所引起的 NO_2 污染有显著的净化效果。

3.3.7 不同植物生命周期对 NO_2 污染的消减能力比较

结合 4 条道路植物群落组成分析，仙林大道共有 27 种植物，其中被子植物 17 科 22 属，裸子植物 3 科 4 属。诚信大道共有 47 种植物，其中被子植物 26 科 38 属 44 种，裸子植物 3 科 3 属 3 种。江北大道共有 37 种植物，其中被子植物有 17 科 29 属 35 种，裸子植物有 2 科 2 属 2 种。中山北路共有 9 种植物，其中被子植物有 7 科 8 属，裸子植物有 1 科 1 属。中山北路主要骨干树种因其总植物三维绿量和单位面积植物三维绿量均最大，相对应的 NO_2 道路污染物浓度消减能力最强、NO_2 道路污染物浓度最低。分析认为中山北路以二球悬铃木为主的骨干树种水平径级和垂直径级均较大，属于大龄级、大树冠的树木，处于成年期，这一结果与孙常成等认为城市新栽植的树木对植物三维绿量的贡献较小，植物三维绿量值主要取决于大龄级、大树冠的树木的论断一致。

影响城市道路绿地降低污染的生态功能发挥效率的因素很多，应对道路绿地植物群落的结构、方位、组成等进行综合考量。

实验室熏气 38 种园林植物，研究其受 NO_2 胁迫后叶片伤害指数，结合相关文献，总结出 3 种道路功能型绿地植被配置模式,分别是由悬铃木、女贞、红花檵木、紫薇和常春藤等组成的适合于颗粒物污染相对较重的道路绿地的配置模式,由银杏、香樟、夏蜡梅、红花檵木和金边玉簪等组成的适合于 NO_x 污染相对较重的道路绿地的配置模式,由银杏、波叶金桂、红花檵木、珊瑚树和金边玉簪等组成的适合于 NO_x 及颗粒物污染均较重的道路绿地的配置模式。这三种模式涉及的部分植物如悬铃木、女贞、红花檵木、紫薇、银杏、波叶金桂(桂花的一个品种)等对 NO_2 污染的消减能力与本试验通过道路植被调研和植被吸收污染物能力检测及分析结果基本一致,说明本试验中的熏气试验研究结果能够应用于道路植被规划中,尤其可以为污染区植物景观配置提供一定的理论和实践依据。

参考文献

[1] 程骅.海绵城市理论下陆生草本植物在景观设计中的配置研究:以南京仙林大道绿地规划设计为例[D].南京:南京理工大学,2016.

[2] 崔武剑.南京江北大道龙华互通设计方法探讨[J].门窗,2014(4):249-250.

[3] 王浩,孙新旺,赵岩,等.江宁开发区道路绿地系统规划[J].南京林业大学学报(自然科学版),2000,24(1):77-80.

[4] 陶双成,高硕晗,熊新竹,等.北京典型跑步区域空气污染特征及跑步者呼吸暴露[J].环境科学,2018,39(8):3580-3590.

[5] 肖德林,邓仕槐,邓小函,等.达州市城区大气污染物浓度变化特征及影响因素分析[J].环境工程,2018,36(8):170-175.

[6] 陈家松.模拟酸雨胁迫对夏腊梅幼苗生理、生长特性及土壤微生物多样性影响[D].上海:上海师范大学,2016.

[7] 罗英.模拟酸雨与富营养化复合胁迫对水生植物氮吸收的影响[D].南京:南京林业大学,2012.

[8] 王迪,李少宁,鲁绍伟,等.城市森林对氮氧化物(NO_x)净化作用研究进展[J].环境科学与技术,2018,81(8):114-125.

[9] 黄伟,余家燕,鲍雷,等.重庆市交通道路氮氧化物排放简析[J].环境科学导刊,2015,34(2):131-135.

[10] 尹淑娴,陈均,邓丽莹.东莞植物园氮氧化物的变化特征[J].广东气象,2017,39(5):55-57.

[11] 陈荻,李卫正,孔文丽,等.基于低空高分辨影像的三维绿量计算方法:以南京林业大学校园为例[J].中国园林,2015,31(9):22-26.

[12] 刘杰,李卫正,张青萍,等.基于小型 UAV 的森林公园正射影像制图分析[J].西北林学院学报,2016,31(2):213-218.

[13] 王佳,杨慧乔,冯仲科.基于三维激光扫描的树木三维绿量测定:以上海滨江森林公园为例[J].农业机械学报,2013,44(8):229-233.

[14] 李秋洁,郑加强,周宏平,等.基于移动二维激光扫描的单木三维绿量测定[J].南京林业大学学报(自然科学版),2018,42(1):127-132.

[15] 于欢,孔博.无人机遥感影像自动无缝拼接技术研究[J].遥感技术与应用,2012(3):347-352.

[16] 符传博,陈有龙,丹利,等.近 10 年海南岛大气 NO_2 的时空变化及污染物来源解析[J].环境科学,

2015，36(1)：18-24.

[17] 周坚华,孙天纵.三维绿色生物量的遥感模式研究与绿化环境效益估算[J].环境遥感,1995,10(3)：162-173.

[18] 张杭.基于 RS 的武汉城市乔木绿化三维量测算研究:以武汉市蛇山和紫阳湖公园为模式[D].武汉:华中农业大学,2007.

[19] 李博.浅析园林植物受环境污染的危害及其生态作用[J].新农业,2017(5)：24-26.

[20] Viskari E L，Kossi S，Holopainnen J K. Norway spruce and spruce shoot aphid as indicators of traffic pollution[J]. Environmental Pollution，2000，107：305-314.

[21] 孙常成,孙常荣.浅论公路工程对周围环境的影响及防治[J].山西交通科技,2005(1)：29-31.

[22] Neofytou P，Venetsanos A G，Rafailidis S，et al. Numerical investigation of the pollution dispersion in an urban street canyon[J]. Environmental Modelling and Software. 2006，21：525-531.

[23] Kaur S，Nieuwenhuijsen M J，Colvile R N. Pedestrian exposure to air pollution along a major road in Central London，UK[J]. Atmospheric Environment，2005，39：7307-7320.

[24] 圣倩倩.园林植物对大气 NO_2 消减能力的实践评价与耐受机理试验研究[D].南京:南京林业大学,2019.

[25] 王慧,郭晋平,张芸香.公路绿化带净化路旁 SO_2、NO_2 效应及影响因素[J].山西农业大学学报(自然科学版),2012,32(4)：321-327.

第 4 章

园林植物净化室内污染功能研究

4.1　室内甲醛(HCHO)污染概述

4.1.1　室内HCHO污染现状

21世纪初,世界卫生组织认定室内空气污染是威胁人类健康的重大风险之一。现在,室内空气污染已然成为新时期污染的标志,而在实际环境检测中HCHO污染最严重。在我国,室内环境甚至交通工具内基本都存在室内HCHO污染现象。统计数据显示,新装修的室内空间的HCHO超标率较高。

为调研我国室内HCHO污染的现状,许多学者在包括北京、广西、四川和江苏等在内的全国大部分省区市进行了室内HCHO浓度检测工作。俞苏蒙等测定北京市新装修室内HCHO浓度,结果显示平均浓度超过国家标准的1.8倍,最高达11.7倍,同时发现室内空气HCHO含量与室内气温、风速等小气候因子密切相关。黄宁等通过随机采样的方法监测了广西南宁市新装修的住宅室内空气HCHO浓度,发现超标采样点数接近总样点数的1/3。李晓曼等通过样本监测、调查及评价,初步确定该市室内环境的主要污染物为HCHO,且比起非居室,HCHO更易污染居室。李彩霞对南京某校办公室室内空气进行采样、检测、分析,发现HCHO浓度超标率为68%。可见HCHO已经成为危害人体健康的室内空气污染中的头号杀手,解决室内HCHO污染问题是净化室内空气的重要课题。

4.1.2　室内HCHO污染来源及危害

室内HCHO的主要来源是室外空气污染和室内本身的污染。室外空气污染,如石油、煤、天然气等燃料的燃烧,汽车尾气,大气光化学反应等来源的HCHO量很少,在一定程度上产生了少量HCHO气体。而主要污染源是室内本身的污染,如劣质人造板材、装饰材料、室内家具、烟叶燃烧及少量化妆品、清洁剂、杀虫剂、印刷油墨等,而其中HCHO污染的主要来源还是室内建筑装修材料,尤其是胶黏板材。

HCHO是原生质毒物,其毒性涉及多器官、多系统,造成的损伤包括嗅觉异常、呼吸系统刺激、皮肤过敏、肺功能异常、肝功能异常、免疫功能异常、中枢神经系统受影响,严重的可损伤细胞内的遗传物质。人暴露在低浓度HCHO污染环境中时,机体可产生流泪、咽喉不适或疼痛的症状;人暴露在中等浓度HCHO污染环境中时,机体会出现呼吸困难、咳嗽、胸闷和头痛的症状;人暴露在高浓度HCHO污染环境中时,可能会发生肺炎、肺气肿甚至死亡。2004年,国际癌症研究机构(IARC)将HCHO上升为第一类致癌物质。有足够的证据可以论证HCHO可直接引起人类鼻咽癌、鼻腔癌和鼻窦癌并引发白血病的真实性。

4.1.3 室内 HCHO 污染防治手段

当前 HCHO 主要治理措施一是利用自然条件控制,二是利用技术条件控制。利用自然条件防治包括自然通风法与植物净化法,利用技术条件防治主要包括物理吸附技术、化学中和技术、光催化氧化技术、金属氧化物法、微生物技术等。

(1) 自然通风法

指打开门窗通风,通过空气的流通去除 HCHO。这需要根据季节、天气、室内人数确定换气频度,只适用于污染较轻的室内环境。该方法优点是简单方便、应用广泛,缺点是耗时长、污染大气环境、带来室外污染物等。

(2) 物理吸附技术

指依靠某些物质分子间力吸附有害物质以达到去除 HCHO 污染物的目的。常见吸附剂包括活性炭、多孔黏土矿物等。该方法优点是见效快、成本较低,缺点是无选择性、有效期短。

(3) 化学中和技术

指中和剂和 HCHO 之间形成新的化学键,生成稳定的、无污染的其他物质,包括各种除味剂、HCHO 捕捉剂等。该方法优点是针对性强、见效快,但对后期持续散发出的 HCHO 气体无能为力。

(4) 光催化氧化技术

一般是用特定波长的紫外光源照射催化剂,其中常用的催化剂为二氧化钛(TiO_2),再通过鼓风机作用使含 HCHO 的空气以特定的速度经过催化剂,而催化剂又在紫外光的照射下,将 HCHO 等有机物分子降解为二氧化碳(CO_2)和水(H_2O)等无机小分子物质。该方法优点是二次污染小、活性高、稳定;缺点是必须在紫外光照射条件下才能作用,催化条件成本高。

(5) 金属氧化物法

利用金属氧化物的表面羟基等吸附物质作为酸或者碱,这在吸附 HCHO 和催化 HCHO 的分解反应中具有重要作用。Sekine 用金属氧化物和活性炭按一定比例配制成混合物,在常温常压无光照条件下治理室内 HCHO 污染,发现氧化钴(CoO)、二氧化锰(MnO_2)、二氧化钛(TiO_2)等降醛率都超过 50%。然而,金属氧化物昂贵、稀缺,净化代价高,推广普及率低。

(6) 微生物技术

通过载体附着净化 HCHO 效用菌种和生物酶,使其适应室内环境而存活,以达到一定的菌群浓度,在短时间内形成一个微生态系统,再依靠菌种和酶的生物氧化作用,将环境中的 HCHO 快速分解转化为无害的水和二氧化碳。此法具有有效期长、无二次污染等优点,但由于生物活性温度一般为 10—40 ℃,故其应用受到温度条件的限制。

(7) 植物净化技术

利用绿色植物对 HCHO 的吸收、分解、转化作用,达到动态持续、绿色环保地降低污染

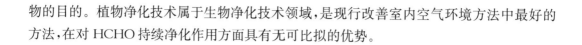

物的目的。植物净化技术属于生物净化技术领域,是现行改善室内空气环境方法中最好的方法,在对HCHO持续净化作用方面具有无可比拟的优势。

4.2 试验方法

4.2.1 密封舱人工熏气法

密封舱人工熏气法是目前国内研究植物净化有害污染物最普遍的方法。参照Wolvertion密封舱试验,即采用透光性较好的材料(普通玻璃或有机玻璃板)制作一定规格的密封舱,舱内放置调节温度的冷凝管,外接水箱,达到调节室内湿度的目的。同时放置小电扇,达到促进舱内HCHO均匀分布的目的,并利用干湿温度计实时监测舱内温湿度。在密封舱的侧面开一定数量相应大小的探测口(采气口)、进气口,装上硅胶管并用玻璃胶填补缝隙,硅胶管用夹子夹住。探测口方便采集舱内气体或用于将探头伸入舱内检测HCHO浓度,进气口方便冲入一定浓度HCHO气体或滴入一定浓度或体积的HCHO溶液。将植物放入密封舱内后,用凡士林封住缝隙,保证密封舱的密闭性。根据试验方法与目标,主要进行两方面工作:一方面是对密封舱内的HCHO浓度进行检测,对比分析不同植物对HCHO净化能力的强弱;另一方面,对HCHO污染后的植物进行外部形态指标变化观测和内部生理生化指标变化检测,对比分析不同植物对HCHO污染抗逆能力的大小。

4.2.2 真实室内环境测定法

真实室内环境测定法是目前国外研究植物净化室内有害污染物的一般方法,国内近年来也有少数学者采用这种方法进行相关研究,即利用现实生活中的真实室内污染空间或人工制造的室内污染空间对植物净化空气污染物的能力进行实地检测与比较评价。S.H.Hong在真实房间内分别在使用植物前、使用植物后及不使用植物的三种条件下测定可见颗粒污染物与挥发性有机污染物的种类及去除率,发现室内可见颗粒物浓度一直居高不下,而9%苯(C_6H_6)、75%乙苯($C_6H_5C_2H_5$)、72%二甲苯(C_8H_{10})、75%苯乙烯(C_8H_8)、50% HCHO、36%乙醛(CH_3CHO)、35%丙烯醛(C_3H_4O)和85%甲苯(C_7H_8)被去除。这说明自然通风净化室内空气是没有意义的,但通过应用植物,可以有效地去除挥发性有机物等气态污染物。J.E.Song在两个尺寸相同的独立房间中研究了三种植物在数量不同的情况下对大气污染物浓度的降低效果,并对挥发性有机物中的主要成分C_6H_6、C_8H_{10}、$C_6H_5C_2H_5$、C_7H_8、HCHO,以及总挥发性有机化合物(TVOC)的浓度变化进行了监测,发现植物降低空气污染物浓度的效果随着植物数量的增加而增加。K. Kwangjin在实际空间中对室内盆栽植物去除HCHO的量进行了评估,并与密封舱内试验计算的去除量进行比较,发现室内测定的HCHO去除率与密封舱试验计算的理论去除率之比为0.05。吴平在实验室、画板储藏室等室内真实污染环境中进行了植物对 HCHO 气体吸收效果的研究,发现植物要起到显著净化 HCHO 的作用,叶面积必须要达到一定量,而且植物对 HCHO 的吸收效果与植物本身的营养情况、土壤的差异等因素密切相关。蔡能等将绿萝、松萝、常春藤等放入含有 HCHO 的房间,在 72 h 后测定房间内 HCHO 浓度,发现这些植物对初始浓度约为标准浓度 5 倍的 HCHO 具有良好净化效果,但不能完全净化初始浓度约为标准浓度 10 倍的 HCHO,且植物净化能力大小表现为松萝＞常春藤＞绿萝。

4.3 不同水培植物净化 HCHO 污染能力研究

随着水培植物广泛应用于室内装饰美化,通过水培植物来吸收、分解代谢 HCHO 成为人们优先考虑的生态净化措施,因此 HCHO 净化能力强的水培植物理所当然备受青睐。不同类型的水培植物对 HCHO 净化效果不同,这不仅与植物自身吸收代谢 HCHO 的能力有关,也与植物叶面积大小密不可分。因此,综合人工熏气试验,通过在不同 HCHO 浓度条件下测定不同水培植物 HCHO 净化率与单位叶面积 HCHO 净化效率,可分析出不同类型水培植物 HCHO 净化能力的强弱。

4.3.1 材料与装置

（1）试验材料

根据试验进程,在试验前 12 个月预定黄山市徽州区花之韵花卉科技有限公司生产的静态水培植物,见表 4-1、图 4-1。预定的水培植物培养地点、培养时间、培养方式、培养器皿等条件均保持一致。试验前统一在南京林业大学园林实验中心温室进行为期一个月的适应性培养。

表 4-1 15 种水培植物形态学特征

植物名称	科属	拉丁名	形态学特征
鹅掌柴	五加科鹅掌柴属	*Schefflera heptaphylla*	常绿木本,茎直立。叶片革质,近椭圆形,网脉不明显;圆锥花序顶生,花白色
发财树	木棉科瓜栗属	*Pachira macrocarpa*	半常绿木本,茎直立。叶片薄纸质,长圆形至倒卵状长圆形,中脉表面平坦,背面强烈隆起;花单生
花叶络石	夹竹桃科络石属	*Trachelospermum jasminoides* 'Flame'	常绿藤蔓木本,叶对生,革质,椭圆形至卵状椭圆形或宽倒卵形,老叶近绿色或淡绿色,第一轮新叶粉红色或白色;花序聚伞状,花白色或紫色
富贵竹	龙舌兰科龙血树属	*Dracaena sanderiana*	常绿直立灌木,叶卵形,先端尖,叶柄基部抱茎,叶片翠绿;茎秆笔直,圆形似竹
绿萝	天南星科麒麟叶属	*Epipremnum aureum*	草质攀缘藤本,节间具纵槽,多分枝,枝悬垂。叶片薄革质,绿色,卵形或卵状长圆形,先端短渐尖,基部深心形
金边吊兰	百合科吊兰属	*Chlorophytum comosum f. variegata*	多年生常绿丛生草本,根肥厚,叶片呈宽线形,边缘金黄;总状花序,花白色

续表

植物名称	科属	拉丁名	形态学特征
绿精灵合果芋	天南星科合果芋属	*Syngonium podophyllum* 'Pixie'	多年生常绿丛生草本,节部常有气根。叶丛生状,质薄,幼龄期新叶呈戟形,成熟植株叶片 3 裂或 5—9 裂,叶片上有各种白色斑纹
霓虹合果芋	天南星科合果芋属	*Syngonium podophyllum* 'Neon'	多年生常绿丛生草本,茎节具气生根。叶片呈两型性,幼叶戟形,成叶箭形并分裂,叶脉粉色,绿色叶柄,上部的叶片为粉色,老叶或下部的叶片为绿色
白掌	天南星科白鹤芋属	*Spathiphyllum floribundum*	多年生丛生草本,叶质薄,长椭圆状披针形,两端渐尖,叶脉明显;总花梗直立,佛焰苞直立稍卷,白色
豆瓣绿	胡椒科草胡椒属	*Peperomia tetraphylla*	肉质、丛生草本,茎匍匐,多分枝叶密集。叶肉质,阔椭圆形或近圆形,两端钝或圆;穗状花序单生、顶生和腋生
吊竹梅	鸭跖草科吊竹梅属	*Tradescantia zebrina*	多年生常绿草本,茎蔓生,呈匍匐状。叶卵形或卵圆形,叶端尖,绿色,有纵长紫红色和银白色条纹,叶背紫红色
尖尾芋	天南星科海芋属	*Alocasia cucullata*	直立草本,丛生状。叶片膜质至亚革质,深绿色,背稍淡,宽卵状心形,先端骤狭具凸尖,基部圆形;佛焰苞近肉质,圆状卵形,边缘内卷,先端具狭长的凸尖,外面上部淡黄色,下部淡绿色
狼尾蕨	骨碎补科骨碎补属	*Davallia bullata*	多年生常绿蕨类草本,根状茎长。叶远生,革质,叶片阔卵状三角形,三至四回羽状复叶,小叶细致,为椭圆或羽状裂叶,叶面平滑,绿色,富光泽
波士顿蕨	肾蕨科肾蕨属	*Nephrolepis exaltata* 'Bostoniensis'	多年生常绿蕨类草本植物,根茎直立,有匍匐茎。叶丛生,膜质或纸质,具细长复叶,二回羽状深裂,小羽片基部呈耳状偏斜
鸟巢蕨	铁角蕨科巢蕨属	*Neottopteris nidus*	多年生常绿蕨类草本,根状茎直立。叶簇生,革质,阔披针形,先端渐尖

鹅掌柴　　花叶络石　　绿萝　　金边吊兰　　白掌

绿精灵合果芋　　霓虹合果芋　　吊竹梅　　发财树　　尖尾芋

豆瓣绿　　鸟巢蕨　　波士顿蕨　　狼尾蕨　　富贵竹

扫码浏览彩图

图 4-1　15 种水培植物

（2）试验材料选择依据

笔者通过走访调查，确定了以江苏省为代表的华东地区花卉市场中常见的 200 多种水培植物为研究范围，将水培植物分为木本、草本、蕨类 3 种类型。根据水培植物在以江苏省为代表的华东地区的家庭、学校、医院、企业、商场等常见的 500 个室内空间中的使用率，并参考前人关于 200 多种相应土培植物对 HCHO 污染响应的研究结果，结合观赏价值选择了 3 种类型水培植物中 HCHO 净化能力与抗性优良、使用率较高、具较高观赏价值的植物种类，详见表 4-2。

表 4-2　15 种水培植物的选择依据

植物名称	植物类型	文献依据	使用率/%	观赏价值
鹅掌柴	木本	马霄华、王先丛	89	叶色碧绿，叶形独特
发财树	木本	刘艳丽	86	株型美观
花叶络石	木本	汪小飞	70	叶色丰富，小巧玲珑
富贵竹	木本	裴翡翡	82	茎叶纤秀，柔美优雅，极富竹韵
绿萝	草本	胡红波、蔡宝珍、刘栋	98	色彩明快，极富生机
金边吊兰	草本	皮东恒、孟国忠	97	叶细长柔软，舒展散垂，构成独特的悬挂景观和立体美感
绿精灵合果芋	草本	周晓晶、梁诗、杨玉想	89	色泽清丽，叶形独特，株型秀美
霓虹合果芋	草本	周晓晶、梁诗、杨玉想	88	美丽多彩，形态多变
白掌	草本	闫红梅、宋岚	86	花茎挺拔秀美，佛焰苞洁白无瑕
豆瓣绿	草本	张鑫鑫	81	叶色深绿，枝条蔓延，清新悦目
吊竹梅	草本	张鑫鑫、刘栋、刘娜	80	枝条自然飘曳，独具风姿；叶面斑纹明快，美丽别致；植株小巧玲珑
尖尾芋	草本	何婉璐	76	根茎肥大，植株高雅俊美，风格独具
狼尾蕨	蕨类	李娟	50	叶形优美，形态潇洒
波士顿蕨	蕨类	李浩亭	41	株形美观，清新淡雅；叶片色泽明亮，轻盈飘逸
鸟巢蕨	蕨类	胡红波、李浩亭、高志慧	45	绿色叶片大型，植株繁茂

（3）试验装置

本试验采用自主研制的一种定时调控和记录 HCHO 浓度的熏气试验装置，其结构包括 HCHO 发生器、质量流量计、电磁阀、微电脑定时开关系统、空气采集器、干燥管、气体混合器、分流室、熏气室、HCHO 传感器、电脑终端，如图 4-2 所示。其中，HCHO 发生器的出气口与质量流量计进气口相连，HCHO 气体经过质量流量计流向气体混合器的进气口，空气采集器的出气口与干燥管进气口相连，干燥管的出气口与气体混合器进气口相连，气体混合器的出气口与分流室进气口相连，分流室的出气口连接在各熏气室进气口上，熏气室内设有 HCHO 传感器，HCHO 传感器通过熏气室与电脑终端连接。

其中，HCHO 发生器如图 4-3 所示，HCHO 发生器通过人工加热水保温层营造恒定温度水浴的方式来控制 HCHO 溶液的温度，从而持续获得恒定浓度的 HCHO。将生成的 HCHO 气体与纯净的空气通过质量流量计，按照一定的比例在气体混合器中进行混合稀释，以达到试验所需的 HCHO 浓度。

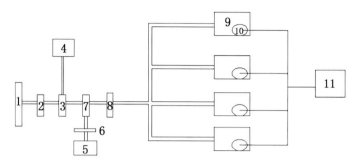

1—HCHO 发生器；2—质量流量计；3—电磁阀；4—微电脑定时开关系
统；5—空气采集器；6—干燥管；7—气体混合器；8—分流室；9—熏气室；
10—HCHO 传感器；11—电脑终端。

图 4-2　熏气试验装置结构示意图

另外,微电脑的定时开关系统通过信号传输来控制电磁阀的开关,定时向熏气室输入气体,起到定时开关的作用。熏气室内 HCHO 传感器通过特殊接口与电脑终端连接,进行 HCHO 浓度的实时检测,并通过电脑上安装的气体检测软件实时记录熏气室内 HCHO 浓度变化。

熏气室四周为封闭式普通玻璃框架结构,大小为 50 cm×50 cm×50 cm。在玻璃框架内壁距离熏气室上沿口 5 cm 处铺装一层玻璃隔板,塑料盖板通过玻璃隔板内嵌于玻璃框架内,塑料盖板与玻璃框架四周的内壁成 90°角放置。其中,塑料盖板的表面包有锡纸,锡纸起到密封作用。

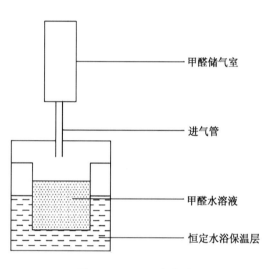

甲醛储气室

进气管

甲醛水溶液

恒定水浴保温层

图 4-3　HCHO 发生器

4.3.2　试验过程

2016 年 10 月初,试验植物材料约提前一周进入南京林业大学园林实训中心的试验房间,在相同试验条件[温度(20±2)℃,湿度(80±5)%]下,以自来水为水培液进行养护管理。熏气试验开始前,将 15 组植物以每组 3 株的形式置于熏气室内,并用聚四氟乙烯薄膜包裹植物定植篮与水培器皿,防止水培液大量吸收 HCHO 影响试验测定结果。预试验发现,熏气超过 10 h 后,熏气室内壁由于植物蒸腾作用与呼吸作用出现了大量水蒸气,而 HCHO 又易溶于水,为避免影响试验测定结果,故设计熏气时间为 10 h。上午 8:00 打开电磁阀,自动向熏气室内输送 HCHO 浓度分别为 10 mg·m⁻³、50 mg·m⁻³、100 mg·m⁻³ 的气体,下午 18:00 通过传感器测定熏气室内最终 HCHO 浓度,各浓度、各类型植物在进行 3 次重复测定后取 3 次测定结果的平均值。

4.3.3 指标测定

（1）指标测定方法

HCHO 浓度：NGP5—CHCOHCHO 传感器通过特殊接口与电脑终端连接，通过电脑上安装的专门气体检测软件记录熏气室内的 HCHO 浓度。

叶面积：采用 LI-3000C 型叶面积仪结合纸称重法测定试验水培植物的叶面积，便于计算单位叶面积植物净化 HCHO 的能力。

（2）指标计算方式

$$净化率(\%)=[熏气室内初始 HCHO 浓度值(mg \cdot m^{-3})-N h 后熏气室内 HCHO 浓度值(mg \cdot m^{-3})]/ 熏气室内初始 HCHO 浓度值(mg \cdot m^{-3})$$

式中：N 为 HCHO 浓度值为 $0\ mg \cdot m^{-3}$、$10\ mg \cdot m^{-3}$、$50\ mg \cdot m^{-3}$ 或 $100\ mg \cdot m^{-3}$ 时的时间。

$$单位叶面积 HCHO 净化效率(mg \cdot h^{-1} \cdot m^{-2})= 熏气室内初始 HCHO 浓度值(mg \cdot m^{-3})-N h 后熏气室内 HCHO 浓度值(mg \cdot m^{-3}) \times 熏气室体积(m^3)/[N(h) \times 植物叶面积(m^2)]$$

式中：N 为 HCHO 浓度值为 $0\ mg \cdot m^{-3}$、$10\ mg \cdot m^{-3}$、$50\ mg \cdot m^{-3}$ 或 $100\ mg \cdot m^{-3}$ 时的时间。

试验数据通过 Excel 2018 进行简单计算、统计分析，并利用 SPSS19.0 进行方差分析与相关性分析。

4.3.4 结果与分析

（1）$10\ mg \cdot m^{-3}$ HCHO 污染条件下不同水培植物的净化效率

如表 4-3，测定 $10\ mg \cdot m^{-3}$ HCHO 污染条件下 10 h 后 HCHO 最终浓度值，计算 HCHO 净化率，以此为参照准确比较了 15 种植物的 HCHO 净化能力，15 种植物按 HCHO 净化能力由强到弱排列依次为尖尾芋、白掌（100.00%）＞富贵竹（99.73%）＞鹅掌柴（99.23%）＞波士顿蕨（98.10%）＞狼尾蕨（98.03%）＞发财树、金边吊兰（98%）＞鸟巢蕨（95.80%）＞霓虹合果芋（92.80%）＞绿精灵合果芋（89.43%）＞绿萝（87.57%）＞吊竹梅（86.33%）＞花叶络石（84.40%）＞豆瓣绿（78.43%）。如表 4-3，测量植物叶面积后，计算单位叶面积 HCHO 净化效率，以此为参照准确比较了 15 种植物单位叶面积净化 HCHO 能力，15 种植物按该能力由强到弱排列依次为：狼尾蕨（$1.281\ mg \cdot h^{-1} \cdot m^{-2}$）＞尖尾芋（$1.160\ mg \cdot h^{-1} \cdot m^{-2}$）＞花叶络石（$1.134\ mg \cdot h^{-1} \cdot m^{-2}$）＞豆瓣绿（$0.873\ mg \cdot h^{-1} \cdot m^{-2}$）＞绿精灵合果芋（$0.683\ mg \cdot h^{-1} \cdot m^{-2}$）＞富贵竹（$0.620\ mg \cdot h^{-1} \cdot m^{-2}$）＞金边吊兰（$0.526\ mg \cdot h^{-1} \cdot m^{-2}$）＞发财树（$0.415\ mg \cdot h^{-1} \cdot m^{-2}$）＞波士顿蕨（$0.387\ mg \cdot h^{-1} \cdot m^{-2}$）＞鸟巢蕨（$0.340\ mg \cdot h^{-1} \cdot m^{-2}$）＞鹅掌柴（$0.339\ mg \cdot h^{-1} \cdot m^{-2}$）＞绿萝（$0.316\ mg \cdot h^{-1} \cdot m^{-2}$）＞吊竹梅（$0.290\ mg \cdot h^{-1} \cdot m^{-2}$）＞霓虹合果芋（$0.220\ mg \cdot h^{-1} \cdot m^{-2}$）＞白掌（$0.187\ mg \cdot h^{-1} \cdot m^{-2}$）。

表 4-3　10 mg·m⁻³ HCHO 污染条件下水培植物净化效率

植物名称	HCHO净化量/mg	HCHO净化率/%	叶面积/m²	单位叶面积HCHO净化效率/mg·h⁻¹·m⁻²	时间/h
鹅掌柴	1.240	99.23	0.366	0.339	10
发财树	1.225	98.00	0.295	0.415	10
花叶络石	1.055	84.40	0.094	1.134	10
富贵竹	1.247	99.73	0.225	0.620	9
绿萝	1.095	87.57	0.349	0.316	10
金边吊兰	1.225	98.00	0.235	0.526	10
绿精灵合果芋	1.118	89.43	0.164	0.683	10
霓虹合果芋	1.160	92.80	0.528	0.220	10
白掌	1.250	100.00	0.837	0.187	8
豆瓣绿	0.980	78.43	0.113	0.873	10
吊竹梅	1.079	86.33	0.373	0.290	10
尖尾芋	1.250	100.00	0.136	1.160	8
狼尾蕨	1.225	98.03	0.096	1.281	10
波士顿蕨	1.226	98.10	0.317	0.387	10
鸟巢蕨	1.198	95.80	0.355	0.340	10

（2）50 mg·m⁻³ HCHO 污染条件下水培植物净化效率

如表 4-4，测定 50 mg·m⁻³ HCHO 污染条件下 10 h 后 HCHO 最终浓度值，计算 HCHO 净化率，以此为参照准确比较了 15 种植物的 HCHO 净化能力，15 种植物按该能力由强到弱排列依次为白掌（86.87%）＞鸟巢蕨（86.80%）＞鹅掌柴（83.47%）＞吊竹梅（76.53%）＞尖尾芋（72.93%）＞金边吊兰（72.60%）＞波士顿蕨（71.60%）＞绿精灵合果芋（68.20%）＞发财树（65.20%）＞绿萝（65.07%）＞霓虹合果芋（61.20%）＞花叶络石（47.07%）＞豆瓣绿（44.13%）＞狼尾蕨（43.73%）＞富贵竹（38.40%）。如表 4-4，测量植物叶面积后，计算单位叶面积 HCHO 净化效率，以此为参照准确比较了 15 种植物的单位叶面积净化 HCHO 能力，15 种植物按该能力由强到弱排列依次为花叶络石（3.351 mg·h⁻¹·m⁻²）＞尖尾芋（3.336 mg·h⁻¹·m⁻²）＞狼尾蕨（3.078 mg·h⁻¹·m⁻²）＞豆瓣绿（2.680 mg·h⁻¹·m⁻²）＞绿精灵合果芋（2.112 mg·h⁻¹·m⁻²）＞鸟巢蕨（1.632 mg·h⁻¹·m⁻²）＞金边吊兰（1.574 mg·h⁻¹·m⁻²）＞波士顿蕨（1.545 mg·h⁻¹·m⁻²）＞发财树（1.432 mg·h⁻¹·m⁻²）＞吊竹梅（1.143 mg·h⁻¹·m⁻²）＞鹅掌柴（1.029 mg·h⁻¹·m⁻²）＞富贵竹（0.948 mg·h⁻¹·m⁻²）＞绿萝（0.930 mg·h⁻¹·m⁻²）＞霓虹合果芋（0.890 mg·h⁻¹·m⁻²）＞白掌（0.664 mg·h⁻¹·m⁻²）。

（3）100 mg·m⁻³ HCHO 污染条件下水培植物净化效率

如表 4-5，测定 100 mg·m⁻³ HCHO 污染条件下 10 h 后 HCHO 最终浓度值，计算 HCHO 净化率，以此为参照准确比较了 15 种植物的 HCHO 净化能力，15 种植物按该能力由强到弱排列依次为白掌（75.60%）＞鹅掌柴（74.90%）＞绿精灵合果芋（74.53%）＞波士顿蕨（72.97%）＞鸟巢蕨（71.67%）＞吊竹梅（71.33%）＞发财树（67.50%）＞霓虹合果芋（67.47%）＞

表 4-4　50 mg·m⁻³ HCHO 污染条件下水培植物净化效率

	HCHO 净化量/mg	HCHO 净化率/%	叶面积/m²	单位叶面积 HCHO 净化效率/mg·h⁻¹·m⁻²	时间/h
鹅掌柴	5.217	83.47	0.507	1.029	10
发财树	4.075	65.20	0.291	1.432	10
花叶络石	2.942	47.07	0.088	3.351	10
富贵竹	2.400	38.40	0.258	0.948	10
绿萝	4.067	65.07	0.442	0.930	10
金边吊兰	4.538	72.60	0.288	1.574	10
绿精灵合果芋	4.263	68.20	0.203	2.112	10
霓虹合果芋	3.825	61.20	0.431	0.890	10
白掌	5.429	86.87	0.819	0.664	10
豆瓣绿	2.758	44.13	0.105	2.680	10
吊竹梅	4.783	76.53	0.421	1.143	10
尖尾芋	4.558	72.93	0.138	3.336	10
狼尾蕨	2.733	43.73	0.089	3.078	10
波士顿蕨	4.475	71.60	0.290	1.545	10
鸟巢蕨	5.425	86.80	0.333	1.632	10

表 4-5　100 mg/m⁻³ HCHO 污染条件下水培植物净化效率

植物名称	HCHO 净化量/mg	HCHO 净化率/%	叶面积/m²	单位叶面积 HCHO 净化效率/mg·h⁻¹·m⁻²	时间/h
鹅掌柴	8.11	74.90	0.507	1.576	10
发财树	8.44	67.50	0.291	2.599	10
花叶络石	6.57	52.53	0.088	6.309	10
富贵竹	5.70	45.63	0.258	1.829	10
绿萝	8.17	65.37	0.442	1.793	10
金边吊兰	8.29	66.30	0.288	2.524	10
绿精灵合果芋	9.32	74.53	0.203	3.844	10
霓虹合果芋	8.43	67.47	0.431	2.268	10
白掌	9.45	75.60	0.819	1.069	10
豆瓣绿	1.42	11.33	0.105	0.978	10
吊竹梅	9.79	71.33	0.421	1.748	10
尖尾芋	6.41	51.30	0.138	2.704	10
狼尾蕨	7.78	62.27	0.086	9.061	10
波士顿蕨	9.12	72.97	0.290	3.191	10
鸟巢蕨	8.96	71.67	0.333	2.560	10

金边吊兰(66.30%)＞绿萝(65.37%)＞狼尾蕨(62.27%)＞花叶络石(52.53%)＞尖尾芋(51.30%)＞富贵竹(45.63%)＞豆瓣绿(11.33%)。如表4-5，测量植物叶面积后，计算单位叶面积HCHO净化效率，以此为参照准确比较了15种植物的单位叶面积净化HCHO能力，15种植物按该能力由强到弱排列依次为狼尾蕨(9.061 mg·h^{-1}·m^{-2})＞花叶络石(6.309 mg·h^{-1}·m^{-2})＞绿精灵合果芋(3.844 mg·h^{-1}·m^{-2})＞波士顿蕨(3.191 mg·h^{-1}·m^{-2})＞尖尾芋(2.704 mg·h^{-1}·m^{-2})＞发财树(2.599 mg·h^{-1}·m^{-2})＞鸟巢蕨(2.560 mg·h^{-1}·m^{-2})＞金边吊兰(2.524 mg·h^{-1}·m^{-2})＞霓虹合果芋(2.268 mg·h^{-1}·m^{-2})＞富贵竹(1.829 mg·h^{-1}·m^{-2})＞绿萝(1.793 mg·h^{-1}·m^{-2})＞吊竹梅(1.748 mg·h^{-1}·m^{-2})＞鹅掌柴(1.576 mg·h^{-1}·m^{-2})＞白掌(1.069 mg·h^{-1}·m^{-2})＞豆瓣绿(0.978 mg·h^{-1}·m^{-2})。

（4）不同浓度HCHO污染条件下不同水培植物净化率方差分析与相关性分析

HCHO净化率可宏观反映植物对HCHO污染的净化响应情况，其值的大小是直接反映不同类型植物净化HCHO能力大小的重要指标。

如图4-4，植物HCHO净化率基本表现为随着HCHO浓度的升高而降低。对15种植物HCHO净化率与HCHO污染浓度的简单相关分析表明，植物HCHO净化率与HCHO浓度呈极显著负相关，相关系数达－0.658，线性关系中等。15种植物在10 mg·m^{-3}HCHO污染条件下的HCHO净化率与在50 mg·m^{-3}HCHO污染条件下的净化率差异均极显著，发财树、花叶络石、富贵竹、绿萝、波士顿蕨这5种植物在100 mg·m^{-3}HCHO污染条件下的HCHO净化率与在50 mg·m^{-3}HCHO污染条件下的HCHO净化率差异均不显著，其余10种植物差异均显著。其中狼尾蕨、绿精灵合果芋、霓虹合果芋均出现在100 mg·m^{-3}HCHO污染条件下HCHO净化率显著高于在50 mg·m^{-3}HCHO污染条件下HCHO净化率的特例，或与植物叶面积大小有关。与在10 mg·m^{-3}HCHO污染条件下的HCHO净化率相比，在50 mg·m^{-3}HCHO污染条件下的HCHO净化率，富贵竹降幅最大，为61.50%，鸟巢蕨降幅最小，为9.39%。与在10 mg·m^{-3}HCHO污染条件下的HCHO净化率相比，在100 mg·m^{-3}HCHO污染条件下的HCHO净化率，豆瓣绿降幅最大，为85.55%，绿精灵合果芋降幅最小，为16.67%。与在50 mg·m^{-3}HCHO污染条件下的HCHO净化率相比，在100 mg·m^{-3}HCHO污染条件下的HCHO净化率，豆瓣绿降幅最大，为74.49%，吊竹梅降幅最小，为6.79%。

从理论角度出发，植物HCHO净化率随着HCHO浓度的升高而降低。但考虑到叶面积大小对HCHO净化率的影响，不排除出现某些植物HCHO净化率随着HCHO浓度的升高而升高的情况，如狼尾蕨、绿精灵合果芋、霓虹合果芋均出现在100 mg·m^{-3}HCHO污染条件下的HCHO净化率显著高于在50 mg·m^{-3}HCHO污染条件下HCHO净化率的特例。由于HCHO净化率与植物叶面积息息相关，通过对不同浓度HCHO污染条件下15种植物的HCHO净化率与植物叶面积进行偏相关性分析进一步发现，在控制变量HCHO浓度与植物类型的条件下，叶面积与HCHO净化率的相关性呈极显著正相关，相关系数达0.487，植物HCHO净化效率与叶面积线性相关关系中等。

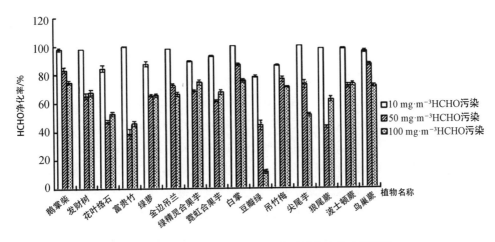

图 4-4　HCHO 污染浓度对 15 种水培植物净化率的影响

如表 4-6,在控制变量植物类型条件下,白掌与吊竹梅的叶面积与 HCHO 净化率呈显著正相关,相关系数分别达 0.753、0.771,线性关系中等,说明白掌的高 HCHO 净化率与其自身叶面积较大相关,其他 13 种植物的叶面积与 HCHO 净化率并不存在显著相关性。综合分析不同浓度 HCHO 污染条件下 15 种水培植物的 HCHO 净化效率,将 15 种植物按 HCHO 净化效率由高到低排列依次为白掌＞鹅掌柴＞鸟巢蕨＞绿萝＞波士顿蕨＞金边吊兰＞吊竹梅＞绿精灵合果芋＞发财树＞尖尾芋＞霓虹合果芋＞狼尾蕨＞花叶络石＞富贵竹＞豆瓣绿。

表 4-6　15 种水培植物 HCHO 净化率与叶面积的偏相关性分析

植物名称	HCHO 净化率/%	排名	相关性系数
鹅掌柴	85.44 ± 10.30	2	0.130
发财树	76.90 ± 16.08	9	0.435
花叶络石	61.33 ± 17.65	13	0.484
富贵竹	61.26 ± 29.20	14	0.189
绿萝	81.68 ± 15.40	4	− 0.276
金边吊兰	78.97 ± 14.63	6	0.081
绿精灵合果芋	77.39 ± 9.59	8	0.268
霓虹合果芋	73.82 ± 14.58	11	0.265
白掌	87.49 ± 10.67	1	0.753 *
豆瓣绿	44.63 ± 29.22	15	0.678
吊竹梅	78.07 ± 6.79	7	0.771 *
尖尾芋	74.74 ± 21.29	10	0.673
狼尾蕨	68.01 ± 24.01	12	0.287
波士顿蕨	80.89 ± 13.03	5	0.426
鸟巢蕨	84.76 ± 10.67	3	0.314

注: * 表示 $P < 0.05$,差异性达显著水平。

如表 4-7,控制变量 HCHO 浓度条件,在 10 mg・m^{-3} HCHO 污染条件下,叶面积与 HCHO 净化率呈显著正相关,相关系数达 0.299,线性关系较弱。白掌叶面积最大,为 0.84 m^2,HCHO 净化率最大,为 100%;而花叶络石叶面积最小,为 0.09 m^2,HCHO 净化率最小,为 84.40%,二者 HCHO 净化率之差为 15.60%。在 50 mg・m^{-3} HCHO 污染条件下,叶面积与 HCHO 净化率呈极显著正相关,相关系数达 0.691,线性关系中等。白掌叶面积最大,为 0.819 m^2,HCHO 净化率最大,为 86.87%;花叶络石面积最小,为 0.088 m^2,HCHO 净化率为 47.07%;豆瓣绿 HCHO 净化率最小,为 44.13%,而叶面积为 0.105 m^2,大于花叶络石叶面积,表明豆瓣绿细胞结构遭受破坏,吸收代谢转化 HCHO 能力减弱。100 mg・m^{-3} HCHO 污染条件下叶面积与 HCHO 净化率呈极显著正相关,相关系数达 0.518,线性关系中等。白掌叶面积最大,为 0.884 m^2,HCHO 净化率最大,为 75.60%;狼尾蕨与花叶络石叶面积最小,分别为 0.086 m^2、0.111 m^2,HCHO 净化率分别为 62.27%、52.53%;而豆瓣绿与富贵竹 HCHO 净化率最小,分别为 11.33%、45.63%,而叶面积分别为 0151 m^2、0.316 m^2,大于狼尾蕨与花叶络石叶面积,表明豆瓣绿细胞结构遭受严重破坏,吸收代谢转化 HCHO 能力大幅减弱。

表 4-7　不同 HCHO 浓度污染下不同水培植物叶面积与 HCHO 净化率

| 植物名称 | HCHO 浓度/mg・m^{-3} | | | | | |
| | 10 | | 50 | | 100 | |
	叶面积/m^2	HCHO 净化率/%	叶面积/m^2	HCHO 净化率/%	叶面积/m^2	HCHO 净化率/%
相关系数	0.299*		0.691**		0.518**	
鹅掌柴	0.37±0.02	97.97±1.66	0.505±0.016	83.47±2.77	0.594±0.029	74.90±2.50
发财树	0.30±0.00	98.00±0.30	0.291±0.054	65.20±3.61	0.344±0.100	67.50±3.87
花叶络石	0.09±0.01	84.40±3.87	0.088±0.009	47.07±2.00	0.111±0.040	52.53±2.68
富贵竹	0.23±0.02	99.73±0.46	0.258±0.033	38.40±5.77	0.316±0.051	45.63±2.73
绿萝	0.35±0.04	87.57±2.72	0.442±0.058	65.07±1.40	0.457±0.035	65.37±2.25
金边吊兰	0.24±0.03	98.00±0.20	0.288±0.009	72.60±2.11	0.329±0.028	66.30±2.69
绿精灵合果芋	0.16±0.00	89.43±0.74	0.203±0.022	68.20±1.40	0.246±0.042	74.53±3.01
霓虹合果芋	0.53±0.01	92.80±0.79	0.431±0.035	61.20±1.20	0.377±0.049	67.47±2.84
白掌	0.84±0.03	100.00±0.00	0.819±0.054	86.87±1.86	0.884±0.031	75.60±2.19
豆瓣绿	0.11±0.01	78.43±1.66	0.105±0.025	44.13±5.62	0.151±0.047	11.33±1.96
吊竹梅	0.37±0.01	86.33±0.76	0.421±0.047	76.53±3.00	0.512±0.042	71.33±0.90
尖尾芋	0.14±0.02	100.00±0.00	0.138±0.019	72.93±4.71	0.238±0.014	51.30±2.11
狼尾蕨	0.10±0.00	98.03±0.06	0.089±0.007	43.73±3.11	0.086±0.008	62.27±3.32
波士顿蕨	0.32±0.01	98.10±0.80	0.290±0.023	71.60±2.50	0.289±0.041	72.97±2.06
鸟巢蕨	0.35±0.04	95.80±1.65	0.333±0.011	86.80±1.59	0.354±0.054	71.67±1.96

注:* 表示 $P<0.05$,差异性达显著水平;** 表示 $P<0.01$,差异性达到极显著水平。

综上所述,叶面积在一定程度上影响植物 HCHO 净化率大小,尤其是在低 HCHO 浓度条件下。因此,进一步进行叶面积与HCHO浓度对HCHO净化率的影响的交互作用检验,发现不同HCHO浓度条件下HCHO净化率差异极显著,不同类型植物之间HCHO净化率差异极显著,HCHO浓度与叶面积交互作用不显著,如表4-8。

表4-8　不同浓度HCHO污染条件对15种水培植物净化率影响的交互作用检验

方差来源	平方和(SS)	自由度(df)	均方(MS)	F	$Sig.$	偏 EAT^2
叶面积	6 387.858	1	6 387.858	45.205	0	0.257
HCHO浓度	29 203.411	2	14 601.705	103.332	0	0.612
HCHO浓度×叶面积	1.934	2	0.967	0.250	0.779	0.000
误差	18 511.354	131	141.308			
总计	786 292.430	135				
校正总计	51 864.109	134				

进行不同浓度HCHO污染对植物HCHO净化率影响的协方差分析,如表4-9。HCHO浓度检验结果的 $P<0.01$,所以不同浓度之间HCHO净化率差异极显著。进一步进行HCHO浓度主效应对HCHO净化率影响的多重比较分析发现,在 $a=0.01$ 的检验水平时,植物的HCHO净化率在不同HCHO浓度条件下差异显著,如表4-9。10 mg·m^{-3} HCHO污染条件下,植物HCHO净化率均值为93.64%;50 mg·m^{-3}HCHO污染条件下,植物HCHO净化率均值为65.59%,降幅为29.96%;100 mg·m^{-3}HCHO污染条件下,植物HCHO净化率均值为62.05%,相对50 mg·m^{-3}HCHO污染条件下,植物的HCHO净化率降幅为5.40%。这说明50 mg·m^{-3}HCHO污染或已经接近植物最大承受程度,100 mg·m^{-3}HCHO污染已对大部分植物造成伤害,并影响其净化能力。

表4-9　HCHO浓度主效应对净化率的影响多重比较

HCHO浓度/mg·m^{-3}	HCHO净化率/%
10	93.64±6.74 a
50	65.59±15.73 b
100	62.05±16.52 c

注:大写字母表示 $P<0.05$,差异性达显著水平;小写字母表示 $P<0.01$,差异性达到极显著水平。

(5)不同浓度HCHO污染条件下水培植物单位叶面积净化效率方差分析

考虑不同植物叶面积大小对HCHO净化率存在的影响,单位叶面积HCHO净化效率微观反映了单位面积植物叶片对HCHO污染的净化响应情况,其值的大小是准确反映不同类型植物单位叶面积净化HCHO能力大小的重要指标。

如图4-5,植物单位叶面积HCHO净化效率基本表现为随着HCHO浓度的升高而升高。对15种植物单位叶面积HCHO净化效率与HCHO浓度的简单相关分析表明,植物单位叶面积HCHO净化效率与HCHO浓度呈极显著正相关,相关系数达0.586,线性关系中等。鹅掌柴、绿萝、金边吊兰、绿精灵合果芋、白掌、吊竹梅、尖尾芋、狼尾蕨、波士顿蕨、鸟巢蕨在不同 HCHO 浓度污染条件下单位叶面积 HCHO 净化效率差异均极显著($P>$ 0.01)。而与 HCHO 浓度为 50 mg·m⁻³ 时相比，尖尾芋在 HCHO 浓度为 100 mg·m⁻³ 条件下单位叶面积净化效率不升反降，叶片净化能力下降，说明其叶片或叶片细胞结构或已遭到破坏。发财树、花叶络石、霓虹合果芋在不同 HCHO 浓度条件下单位叶面积 HCHO 净化效率差异均显著($P>$0.05)。富贵竹在 HCHO 浓度为 10 mg·m⁻³、50 mg·m⁻³ 时的单位叶面积 HCHO 净化效率差异不显著，二者与 HCHO 浓度为 100 mg·m⁻³ 时的单位叶面积 HCHO 净化效率差异极显著($P>$0.01)，说明富贵竹在中等程度 HCHO 浓度污染条件下或存在抵御机制。豆瓣绿在 HCHO 浓度为 100 mg·m⁻³、50 mg·m⁻³ 时的单位叶面积 HCHO 净化效率差异不显著，二者与 HCHO 浓度为 50 mg·m⁻³ 时的单位叶面积 HCHO 净化效率的差异极显著($P>$0.01)，说明与 HCHO 浓度为 50 mg·m⁻³ 时相比，当 HCHO 浓度为 100 mg·m⁻³ 时豆瓣绿单位叶面积净化效率反而下降，叶片净化能力下降，此时叶片或叶片细胞结构或已遭到破坏。与 HCHO 浓度为 10 mg·m⁻³ 时相比，当 HCHO 浓度为 50 mg·m⁻³ 时单位叶面积 HCHO 净化效率增幅最大的植物是鸟巢蕨，增幅为 380.20%；增幅最小的植物是富贵竹，与 10 mg·m⁻³ HCHO 污染条件下几无区别。与 HCHO 浓度为 50 mg·m⁻³ 时相比，当 HCHO 浓度为 100 mg·m⁻³ 时单位叶面积 HCHO 净化效率增幅最大的植物是狼尾蕨，增幅为 194.43%；增幅最小的植物是吊竹梅，增幅为 52.93%；降幅最大的植物是豆瓣绿，降幅为 63.49%。与 HCHO 浓度为 10 mg·m⁻³ 时相比，当 HCHO 浓度为 100 mg·m⁻³ 时所有植物单位叶面积 HCHO 净化效率均有所上升，增幅最大的植物是霓虹合果芋，增幅最小的植物是豆瓣绿。

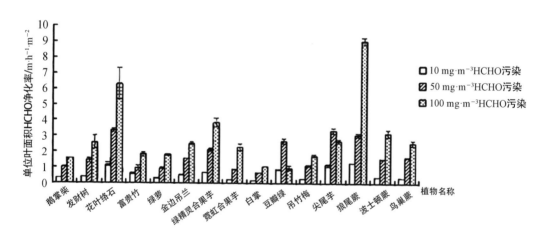

图 4-5　HCHO 污染对 15 种植物单位叶面积净化效率的影响

如表 4-10，HCHO 浓度检验结果的 $P<0.01$，所以不同浓度之间单位叶面积 HCHO 净化效率差异极显著；植物类型检验结果的 $P<0.01$，所以不同类型植物之间单位叶面积 HCHO 净化效率差异极显著。因此，在 $a=0.01$ 检验水平，不同 HCHO 浓度条件下以及不同类型植物间的单位叶面积 HCHO 净化效率均差异显著。

表 4-10　HCHO 污染对 15 种植物单位叶面积净化效率的影响方差分析

方差来源	平方和(SS)	自由度(df)	均方(MS)	F	$Sig.$
HCHO 浓度	124.515	2	62.258	566.364	0.000
植物类型	137.814	14	9.844	89.55	0.000
HCHO 浓度×植物名称	95.677	28	3.417	31.085	0.000
误差	9.893	90	0.11		
总计	785.759	135			
校正总计	367.9	134			

　　根据 Duncan 多重比较结果,发现在 $a=0.01$ 的检验水平,不同 HCHO 浓度条件下植物单位叶面积 HCHO 净化效率值均差异显著,如表 4-11。植物单位叶面积 HCHO 净化效率与 HCHO 浓度呈正相关。在 10 mg·m^{-3} HCHO 污染条件下,植物单位叶面积 HCHO 净化效率均值为 0.585 mg·h^{-1}·m^{-2};在 50 mg·m^{-3} HCHO 污染条件下,植物单位叶面积 HCHO 净化效率均值为 1.756 mg·h^{-1}·m^{-2},增幅为 200.17%;在 100 mg·m^{-3} HCHO 污染条件下,植物单位叶面积 HCHO 净化效率均值为 2.937 mg·h^{-1}·m^{-2},相对 50 mg·m^{-3} HCHO 污染条件下增幅为 67.26%。说明随着 HCHO 浓度的升高,植物单位叶面积 HCHO 净化效率增幅降低。由表 4-12 可知,在 $a=0.05$ 的检验水平,绿精灵合果芋、尖尾芋之间,发财树、金边吊兰、豆瓣绿、鸟巢蕨、波士顿蕨之间,鹅掌柴、富贵竹、绿萝、霓虹合果芋、吊竹梅之间单位叶面积 HCHO 净化效率均无显著差异,其余植物之间均存在显著差异。综合分析不同 HCHO 浓度条件下的 15 种水培植物单位叶面积 HCHO 净化效率,将植物按单位叶面积 HCHO 净化效率由大到小排列依次是狼尾蕨＞花叶络石＞尖尾芋、绿精灵合果芋＞鸟巢蕨＞金边吊兰＞波士顿蕨＞豆瓣绿＞发财树＞富贵竹＞霓虹合果芋＞吊竹梅＞绿萝＞鹅掌柴＞白掌。

表 4-11　HCHO 浓度主效应对单位叶面积净化效率的影响多重比较

HCHO 浓度/mg·m^{-3}	植物单位叶面积 HCHO 净化效率/mg·h^{-1}·m^{-2}
10	0.585±0.358 a
50	1.756±0.920 b
100	2.937±2.135 c

注:小写字母表示 $P<0.01$,差异性达到极显著水平。

表 4-12　植物种类主效应对单位叶面积净化效率的影响多重比较

植物名称	单位叶面积 HCHO 净化效率/mg·h^{-1}·m^{-2}	排名	植物名称	单位叶面积 HCHO 净化效率/mg·h^{-1}·m^{-2}	排名
鹅掌柴	0.982±0.537 E	14	白掌	0.640±0.383 F	15
发财树	1.482±1.028 D	9	豆瓣绿	1.510±0.896 D	8
花叶络石	3.598±2.411 B	2	吊竹梅	1.060±0.639 E	12
富贵竹	1.132±0.567 E	10	尖尾芋	2.400±0.986 C	3
绿萝	1.013±0.647 E	13	狼尾蕨	4.474±3.534 A	1
金边吊兰	1.541±0.869 D	6	鸟巢蕨	1.708±1.236 D	5
绿精灵合果芋	2.213±1.395 C	4	波士顿蕨	1.511±0.979 D	7
霓虹合果芋	1.126±0.925 E	11			

注:大写字母表示 $P<0.05$,差异性达显著水平。

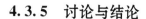

4.3.5　讨论与结论

（1）讨论

根据对不同 HCHO 浓度条件下 15 种水培植物 HCHO 净化率的协方差分析发现，HCHO 浓度与叶面积对植物 HCHO 净化率交互作用影响不显著，植物 HCHO 净化率与 HCHO 浓度条件呈极显著负相关，50 mg·m^{-3} HCHO 污染接近植物最大承受程度，100 mg·m^{-3} HCHO 污染已对大部分植物造成伤害，并影响其 HCHO 净化能力。根据对不同 HCHO 浓度条件下 15 种水培植物单位叶面积 HCHO 净化效率的方差分析发现，不同类型植物之间单位叶面积 HCHO 净化效率的差异极显著，植物单位叶面积 HCHO 净化效率与 HCHO 浓度呈极显著正相关，此研究结果与范丽娟、景荣荣等人的研究结论一致。而且，随着 HCHO 浓度的升高，植物单位叶面积 HCHO 净化效率的增幅降低。因此，随着 HCHO 浓度的升高，植物吸收的 HCHO 量增加，而 HCHO 净化率却随之下降。

15 种不同类型水培植物的 HCHO 净化率的大小在不同 HCHO 浓度条件下表现不一，白掌、鸟巢蕨、鹅掌柴、波士顿蕨、金边吊兰、绿萝、绿精灵合果芋、吊竹梅均表现出较强的净化能力。在低浓度 HCHO 污染条件下，大部分植物 HCHO 净化率均较高，唯独豆瓣绿净化效果不佳；中等浓度 HCHO 污染条件下，豆瓣绿、花叶络石、狼尾蕨、富贵竹 HCHO 净化率均较低；高浓度 HCHO 污染条件下，狼尾蕨、花叶络石、尖尾芋、富贵竹、豆瓣绿净化效果差。因此，研究发现豆瓣绿 HCHO 净化率低，此发现与张鑫鑫得出的土培豆瓣绿净化率高于土培吊竹梅的结果相矛盾，说明不同栽培方式对植物净化 HCHO 能力存在一定程度的影响。另外，花叶络石和狼尾蕨等生物体量小、叶面积较小的植物类型在中高浓度 HCHO 污染条件下表现出来的净化效果差与其有限的植物叶面积有关。而波士顿蕨同为生物体量小、叶面积较小的植物类型却表现出良好的净化效果，说明其 HCHO 吸收能力强。综合分析不同浓度下 15 种水培植物 HCHO 净化率，将植物按 HCHO 净化率由高到低排列依次是白掌＞鹅掌柴＞鸟巢蕨＞绿萝＞波士顿蕨＞金边吊兰＞吊竹梅＞绿精灵合果芋＞发财树＞尖尾芋＞霓虹合果芋＞狼尾蕨＞花叶络石＞富贵竹＞豆瓣绿。白掌对 HCHO 净化能力最强，该结论与裴翡翡研究 9 种室内常用耐阴观赏土培植物发现白掌净化能力最强的结论一致，而富贵竹、豆瓣绿对 HCHO 净化能力最弱。

15 种不同类型水培植物的单位叶面积 HCHO 净化效率大小在不同 HCHO 浓度下表现不一。狼尾蕨、尖尾芋、花叶络石均表现出较高的单位叶面积 HCHO 净化效率，说明该类生物体量小、叶面积小的水培植物类型单位叶面积 HCHO 净化效率高。尤其是尖尾芋，在中低浓度 HCHO 污染条件下其 HCHO 净化率显著高于其他两种植物，而高浓度下其 HCHO 净化率明显降低，表明 HCHO 胁迫或已破坏其内部生理结构。在 HCHO 净化率较高的白掌、鸟巢蕨、鹅掌柴、波士顿蕨、金边吊兰、绿萝、绿精灵合果芋、吊竹梅这 8 种植物中，白掌、鸟巢蕨、鹅掌柴、绿萝、吊竹梅 5 种植物单位叶面积 HCHO 净化效率低，表明其自身的高 HCHO 净化率与大叶面积存在较大关联。通过进行 HCHO 净化率与叶面积偏相关性分析，可证明白掌、吊竹梅叶面积与 HCHO 净化率呈显著正相关，而鸟巢蕨、鹅掌柴、绿萝叶面积与 HCHO 净化率无明显相关性。这可能与其自身代谢分解转化 HCHO 能力强有关,有待进行生理指标分析进一步验证。综合分析不同浓度条件下 15 种水培植物单位叶面积 HCHO 净化效率,将植物按单位叶面积 HCHO 净化效率由高到低排列依次是狼尾蕨＞花叶络石＞尖尾芋＞绿精灵合果芋＞鸟巢蕨＞金边吊兰＞波士顿蕨＞豆瓣绿＞发财树＞富贵竹＞霓虹合果芋＞吊竹梅＞绿萝＞鹅掌柴＞白掌。

另外,对不同浓度 HCHO 污染条件下 15 种植物 HCHO 净化率与植物叶面积进行偏相关性分析发现,随着 HCHO 浓度的升高,植物 HCHO 净化率与叶面积偏相关系数先升高后降低,说明低 HCHO 浓度污染条件下,植物自身叶面积的大小对 HCHO 净化率存在重要影响。而当 HCHO 浓度达到植物承受临界值,威胁植物生理生化结构时,叶面积大小不再成为 HCHO 净化率的主要影响因素;相反,植物自身吸收代谢转化 HCHO 的能力才是 HCHO 净化率的决定性影响因素。

（2）结论

① HCHO 浓度与叶面积对植物 HCHO 净化率交互作用影响不显著,植物 HCHO 净化率与 HCHO 浓度呈极显著负相关。不同类型植物之间单位叶面积 HCHO 净化效率差异极显著,植物单位叶面积 HCHO 净化效率与 HCHO 浓度呈极显著正相关。随着 HCHO 浓度的升高,植物单位叶面积 HCHO 净化效率增幅降低。

② 综合分析不同 HCHO 浓度条件下 15 种水培植物 HCHO 净化率,将植物按 HCHO 净化率由高到低排列依次是白掌＞鹅掌柴＞鸟巢蕨＞绿萝＞波士顿蕨＞金边吊兰＞吊竹梅＞绿精灵合果芋＞发财树＞尖尾芋＞霓虹合果芋＞狼尾蕨＞花叶络石＞富贵竹＞豆瓣绿。白掌净化能力最强,富贵竹、豆瓣绿净化能力最弱。白掌、吊竹梅叶面积与 HCHO 净化率呈显著正相关,鸟巢蕨、鹅掌柴、绿萝叶面积与 HCHO 净化率无显著相关性。

③ 综合分析不同 HCHO 浓度条件下 15 种水培植物单位叶面积 HCHO 净化效率,将植物按单位叶面积 HCHO 净化效率由高到低排列依次是狼尾蕨＞花叶络石＞尖尾芋＞绿精灵合果芋＞鸟巢蕨＞金边吊兰＞波士顿蕨＞豆瓣绿＞发财树＞富贵竹＞霓虹合果芋＞吊竹梅＞绿萝＞鹅掌柴＞白掌。

④ 低 HCHO 浓度污染条件下,植物自身叶面积的大小对 HCHO 净化率存在重要影响。而当 HCHO 浓度达到植物承受临界值,威胁植物生理生化结构时,叶面积大小不再成为 HCHO 净化率的主要影响因素;相反,植物自身吸收代谢转化 HCHO 的能力才是 HCHO 净化率的决定性影响因素。

4.4　不同水培植物组合对 HCHO 污染的响应

水培植物栽培简易、养护管理方便、组合自由,合理配置有利于提高其观赏价值,美化室内居住环境。同时,科学的组合方式有利于植物的生长发育与净化效果的实现。目前,常用的水培植物组合方式主要分为两类:植物根系分离式与植物根系不分离式。因此,在真实室内环境中测定不同水培植物组合方式试验房间的 HCHO 浓度、温度、湿度及植物试验前后各项生理指标的差异,有利于科学筛选提高水培植物 HCHO 净化能力与抗逆能力的组合方式。

4.4.1　试验材料与装置

（1）试验材料

试验材料见表 4-12。

表 4-12　试验材料

植物名称	株高/cm	冠幅/cm	数量/株
鹅掌柴	40—45	35—40	10
绿萝	20—25	30—35	10
绿精灵合果芋	25—30	20—25	10
白掌	40—45	30—35	10
狼尾蕨	10—15	15—20	10
鸟巢蕨	25—30	20—25	10

（2）试验材料选择依据

根据 4.3 节的结果与分析,得出 15 种水培植物按 HCHO 净化率从高到低排列依次是白掌＞鹅掌柴＞鸟巢蕨＞绿萝＞波士顿蕨＞金边吊兰＞吊竹梅＞绿精灵合果芋＞发财树＞尖尾芋＞霓虹合果芋＞狼尾蕨＞花叶络石＞富贵竹＞豆瓣绿;根据前文结果与分析,可得出 15 种水培植物按 HCHO 抗逆能力从大到小排列依次是白掌＞尖尾芋＞绿精灵合果芋＞鹅掌柴＞狼尾蕨＞绿萝＞鸟巢蕨＞花叶络石＞发财树＞豆瓣绿＞霓虹合果芋＞波士顿蕨＞金边吊兰＞富贵竹＞吊竹梅。整合 15 种水培植物 HCHO 净化率与 HCHO 抗逆能力,筛选出白掌、鹅掌柴、鸟巢蕨、绿萝、绿精灵合果芋、狼尾蕨 6 种 HCHO 净化率较高、HCHO 抗逆能力较强的水培植物类型,同时它们涵盖了木本、草本、蕨类 3 种类型的植物。

4.4.2　试验过程

（1）试验时间与地点

2017 年 7 月 5 日—7 月 20 日,南京市玄武区龙蟠路 159 号南京林业大学图书馆五楼。

（2）试验房间

① 大小:长 7.0 m、宽 4.4 m、高 2.9 m,总容积 89.32 m³。

② 试验安排:每个处理组重复 3 个房间,取其平均值。

（3）试验处理

① 植物根系分离试验组

选用试验材料中相应规格、相应数量的 6 种水培植物,将这些植物分别放入独立、相同的塑料水培瓶中,水培瓶分别平面铺开放在房间中央地面,保证每株植物的枝叶开展,如图 4-6。

② 植物根系不分离试验组

选用试验材料中相应规格、相应数量的 6 种水培植物,将这些植物按照相同种类、相同数量、相同种植方式通过贯穿水培箱的不锈钢条分别固定在两个水培箱中,如图 4-7 所示。两个水培箱平面铺开放在房间中央地面,保证每株植物的枝叶开展。水培箱中水培液深度与体积与独立塑料水培瓶相同。

图 4-6　植物根系分离组

图 4-7　植物根系不分离组

③ 空白对照组

房间内不放置任何植物与水培液,房间不做其他处理。

④ 水对照组

放置与 1 和 2 等量体积和深度的静态水培液外,不放置任何植物,房间不做其他处理。

（4）试验进程

2016 年 6 月底,试验植物材料约提前一周进入南京林业大学图书馆五楼未装修试验房间内,以自来水为水培液进行适应性养护管理。2017 年 7 月 4 日对试验空房间空气质量状况与温度、湿度进行检测。由于各房间未进行室内装潢,且方位一致,故各房间初始空气污染物浓度检测结果在国家规定范围内,且温度、湿度值大致相等。随后,对试验房间的门窗缝隙等进行密封处理,同时关闭所有通风设备及空调。

2017 年 7 月 5 日待植物根系分离组与植物根系不分离组植物放入房间中央后,立即采取新鲜植物叶片备测。18:00 对各试验房间进行人为污染,每房间注射相同体积、质量分数为 37% 的 HCHO 溶液,使其达到重度污染标准。2017 年 7 月 6 日至 7 月 20 日,每天 18:00,检测人员佩戴防毒面罩,携带大气采集器与温湿度检测仪进入房间,将其放在房间中央高 1.5 m 处,关门进行为时 10 min 的采气与温湿度检测。10 min 后,检测人员佩戴防毒面罩再次进入房间,记录温度、湿度值并收集采气管检测数据。房间试验结束后,在生理实验室检测备测叶片叶绿素含量、可溶性糖含量、丙二醛(MDACAS)含量、甲醛脱氢酶活性、脯氨酸(Pro)含量。

（5）指标测定方法

① 温度、湿度:露点温湿度仪(DT-321S)。

② 空气中 HCHO 浓度:恒流采样仪(QC-6H)、气相色谱仪 GC112(EQ-1-100)。

③ 水中 HCHO 浓度:便携式水中 HCHO 测定仪(JQ-1A)。

④ 生理指标:叶绿素含量测定采用分光光度法,丙二醛测定采用硫代巴比妥酸显色法,甲醛脱氢酶活性测定参照黄赛花等的分光光度法,可溶性糖测定采用蒽酮比色法,脯氨酸测定采用酸性茚三酮法。

（6）统计方法

试验数据通过 Excel 2018 进行简单计算、统计分析,并利用 SPSS19.0 进行方差分析。

4.4.3 结果与分析

（1）不同植物组合方式对房间 HCHO 浓度影响

不同组合方式水培植物净化后房间内 HCHO 污染浓度如表 4-13 所示。在为期 15 d 的 HCHO 污染净化过程中,对不同时间、不同试验处理的房间内 HCHO 浓度进行方差分析,发现第 1 d 空白对照组与水对照组、植物根系不分离组、植物根系分离组之间房间 HCHO 浓度差异均极显著,而 3 种试验处理之间差异不显著,说明污染初期 3 种试验处理对 HCHO 污染净化效果无甚区别。第 2—4 d 水对照组与植物根系未分离组之间房间 HCHO 浓度差异不显著,其余试验处理之间差异均显著。因为 HCHO 易溶于水,所以水在 HCHO 污染初期对 HCHO 具有强大的吸收效果,水对照组与植物根系不分离组具有同样水平的 HCHO 净化效果,但是效果不及植物根系分离组。第 5—12 d 空白对照组与水对照组、植物根系不分离组、植物根系分离组之间房间内 HCHO 浓度差异均显著,HCHO 净化效果好坏排序为植物根系分离组＞植物根系不分离组＞水对照组＞空白对照组。因为 HCHO 溶于水达到饱和程度,所以水对照组对 HCHO 净化效果显著下降,不及植物试验组。第 13—15 d 植物根系不分离组与植物根系分离组之间房间内 HCHO 浓度差异不显著,其余试验处理之间差异均显著。因为随着时间的推移,房间内的大量 HCHO 被植物吸收,第 10 d 以后植物根系不分离组与植物根系分离组的 HCHO 浓度均达国家安全标准,所以在试验后期两组试验处理房间内 HCHO 浓度不存在显著区别。

表 4-13　不同组合方式水培植物净化后房间内 HCHO 浓度

单位:$mg \cdot g^{-1}$

时间	空白对照组	水对照组	植物根系不分离组	植物根系分离组
1 d	0.818±0.003 Aa	0.424±0.024 Bb	0.494±0.060 Bb	0.459±0.107 Bb
2 d	1.542±0.007 Aa	0.899±0.015 Bbc	1.012±0.146 Bc	0.749±0.035 bC

续表

时间	空白对照组	水对照组	植物根系不分离组	植物根系分离组
3 d	1.635 ± 0.007 Aa	0.669 ± 0.023 Bb	0.659 ± 0.037 Bb	0.547 ± 0.029 Cc
4 d	1.588 ± 0.004 Aa	0.526 ± 0.053 Bb	0.448 ± 0.028 Bb	0.353 ± 0.024 Cc
5 d	1.581 ± 0.007 Aa	0.486 ± 0.038 Bb	0.372 ± 0.037 Cc	0.266 ± 0.030 Dd
6 d	1.581 ± 0.004 Aa	0.437 ± 0.040 Bb	0.270 ± 0.041 Cc	0.132 ± 0.038 Dd
7 d	1.580 ± 0.003 Aa	0.462 ± 0.046 Bb	0.209 ± 0.049 Cc	0.058 ± 0.036 Dd
8 d	1.583 ± 0.004 Aa	0.429 ± 0.027 Bb	0.167 ± 0.053 Cc	0.042 ± 0.030 Dd
9 d	1.580 ± 0.007 Aa	0.464 ± 0.012 Bb	0.124 ± 0.060 Cc	0.031 ± 0.021 Dd
11 d	1.580 ± 0.003 Aa	0.427 ± 0.024 Bb	0.063 ± 0.046 Cc	0.000 ± 0.000 cD
12 d	1.577 ± 0.005 Aa	0.457 ± 0.027 Bb	0.046 ± 0.033 Cc	0.000 ± 0.000 cD
13 d	1.573 ± 0.005 Aa	0.452 ± 0.032 Bb	0.028 ± 0.032 Cc	0.000 ± 0.000 Cc
14 d	1.568 ± 0.001 Aa	0.462 ± 0.035 Bb	0.016 ± 0.018 Cc	0.000 ± 0.000 Cc
15 d	1.565 ± 0.003 Aa	0.478 ± 0.030 Bb	0.007 ± 0.012 Cc	0.000 ± 0.000 Cc

注:大写字母表示 $P<0.05$,差异性达显著水平;小写字母表示 $P<0.01$,差异性达到极显著水平。

不同组合方式水培植物净化房间内 HCHO 污染动态变化如图 4-8。由空白对照组房间内 HCHO 污染动态变化趋势可知,HCHO 在第 3 d 左右挥发结束,初始房间内 HCHO 浓度稳定在 1.60 mg·m⁻³左右。水对照组在第 1—4 d 对 HCHO 污染净化效果显著,而后房间内 HCHO 浓度稳定在 0.45 mg·m⁻³左右,未达国家安全标准(0.10 mg·m⁻³)。植物根系分离组在第 7 d 时,试验房间内平均 HCHO 浓度为 0.06 mg·m⁻³,达到国家安全标准;植物根系不分离组在第 10 d 时,试验房间内平均 HCHO 浓度为 0.09 mg·m⁻³,达到国家安全标准。植物根系分离组在第 15 d 时,试验房间内平均 HCHO 浓度下降至 0 mg·m⁻³;而植物根系不分离组在第 15 d 时,试验房间内平均 HCHO 浓度下降至 0.1 mg·m⁻³。因此,植物根系分离组较植物根系未分离组 HCHO 净化速率快,净化效果好。

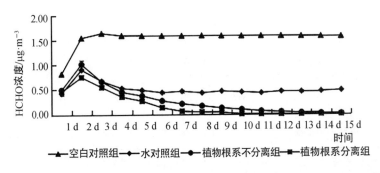

图 4-8 不同组合方式水培植物净化 HCHO 试验房间内 HCHO 浓度动态变化

(2) 不同植物组合方式对房间温度的影响

不同组合方式水培植物净化 HCHO 试验房间内温度如表 4-14 所示。在为期 15 d 的 HCHO 污染净化过程中,对不同时间、不同试验处理的房间内温度进行方差分析,发现第 1—7 d,各试验房间内平均温度均低于 30 ℃,空白对照组与水对照组、植物根系不分离组、植物根系分离组之间室内温度均存在显著差异,空白对照组室内温度明显高于其他试验处理组,说明水与植物对室内温度具有一定的调节作用。第 1 d,水对照组与植物根系不分离组、植物根系分离组室内温度存在极显著差异,水对照组室内温度明显低于植物试验组,说明试验初期,水对照组对室内温度调节作用优于植物试验组。第 2 d、3 d 水对照组与植物根系不分离组、植物根系分离组室内温度不存在显著差异。第 4—7 d,水对照组、植物根系分离组与植物根系不分离组室内温度均存在显著差异,水对照组、植物根系分离组室内温度明显低于植物根系不分离组,说明房间试验开始一段时间后,植物根系分离组对室内温度调节作用优于植物根系不分离组,与没有植物的水对照组的调节作用接近,同时能够达到净化室内 HCHO 的目的。第 8—15 d,各试验房间室内平均温度均高于 30 ℃,水对照组与空白对照组、植物根系不分离组、植物根系分离组之间室内温度差异显著,水对照组室内温度显著低于其余试验处理组,尤其第 14 d、15 d,其室内温度下降至 30 ℃以下。第 9 d、10 d、13 d,植物试验组室内温度与空白对照组无甚区别,说明在盛夏高温天气,植物调节室内温度的能力有所下降。

表 4-14 不同组合方式水培植物净化 HCHO 试验房间内温度

单位:℃

时间	空白对照组	水对照组	植物根系不分离组	植物根系不分离组
1 d	25.77 ± 0.15 Aa	23.46 ± 0.20 Cc	24.55 ± 0.59 Bb	24.53 ± 0.25 Bb
2 d	26.45 ± 0.05 Aa	24.10 ± 0.72 Bb	24.68 ± 0.23 Bb	24.55 ± 0.44 Bb
3 d	25.89 ± 0.11 Aa	24.04 ± 0.01 Bb	24.16 ± 0.07 Bb	24.22 ± 0.19 Bb
4 d	25.76 ± 0.15 Aa	23.86 ± 0.19 Cc	24.68 ± 0.23 Bb	24.04 ± 0.00 Cc
5 d	26.89 ± 0.24 Aa	24.63 ± 0.20 Cc	25.58 ± 0.39 Bc	25.19 ± 0.67 BCc
6 d	26.67 ± 0.09 Aa	24.63 ± 0.20 bC	25.71 ± 0.23 aBb	25.07 ± 0.89 bC
7 d	27.40 ± 0.20 Aa	25.81 ± 0.21 bC	26.55 ± 0.35 aBb	26.23 ± 0.60 BbC
8 d	33.68 ± 0.09 Aa	32.39 ± 0.05 Bb	32.30 ± 1.06 Bb	32.35 ± 0.24 Bb
9 d	33.64 ± 0.15 Aa	32.70 ± 0.20 aB	33.23 ± 0.56 AaB	33.15 ± 0.28 AaB
10 d	34.31 ± 0.10 Aa	33.42 ± 0.03 aB	33.98 ± 0.64 AaB	33.90 ± 0.29 AaB
11 d	35.58 ± 0.10 Aa	34.41 ± 0.03 aB	34.69 ± 0.39 aB	34.58 ± 0.27 aB
12 d	36.99 ± 0.40 Aa	34.77 ± 0.20 bC	35.41 ± 0.65 BbC	35.71 ± 0.27 BbC
13 d	36.80 ± 0.04 Aa	35.79 ± 0.13 aB	36.41 ± 0.68 AaB	36.37 ± 0.09 AaB
14 d	33.35 ± 0.39 Aa	29.93 ± 0.57 Cc	32.03 ± 0.07 Bb	30.20 ± 0.24 Cc
15 d	30.28 ± 0.09 Aa	28.34 ± 0.02 Bb	28.99 ± 0.92 Bb	26.75 ± 0.40 Cc

注:大写字母表示 $P < 0.05$,差异性达显著水平;小写字母表示 $P < 0.01$,差异性达到极显著水平。

(3) 不同植物组合方式对房间内湿度的影响

不同组合方式水培植物净化 HCHO 试验房间内湿度如表 4-15。在为期 15 d 的 HCHO 污染净化过程中,对不同时间、不同试验处理房间内湿度进行方差分析。第 1—15 d 除去第 3、6、8、13 d,植物根系不分离组与其余试验处理组室内湿度均差异显著,植物根系不分离组室内湿度明显高于其他试验处理组,说明根系不分离组植物增湿效果强于植物根系分离组或与其植物蒸腾作用较强、温度较高有关。植物根系分离组除第 3、4、10 d 与空白对照组室内湿度差异不显著外,其余时间均与空白对照组差异显著,说明植物根系分离组一定程度上具有较好的增湿作用。第 7、12、13、14、15 d,植物根系分离组与水对照组之间室内湿度差异显著,植物根系分离组室内湿度较高,其余时间植物根系不分离组与水对照组之间室内湿度均无显著差异,说明植物根系分离组增湿效果接近水对照组,甚至在一定程度上优于水对照组。

表 4-15　不同组合方式水培植物净化 HCHO 试验房间内湿度

单位:%

时间	空白对照组	水对照组	植物根系不分离组	植物根系不分离组
1 d	75.03 ± 0.15 Aa	77.49 ± 0.63 Bb	79.67 ± 1.25 Cc	79.24 ± 0.85 Cc
2 d	71.07 ± 0.17 Aa	77.83 ± 1.67 Bb	80.78 ± 1.97 bC	80.08 ± 0.66 BbC
3 d	77.65 ± 0.26 Aa	78.51 ± 1.44 Aab	81.27 ± 1.54 Bb	79.94 ± 1.25 AaBb
4 d	79.80 ± 0.15 Aa	79.91 ± 0.95 Aa	82.81 ± 1.76 Bb	80.29 ± 0.13 Aab
5 d	73.08 ± 0.12 Aa	77.41 ± 0.21 aBb	80.89 ± 0.59 bC	76.90 ± 3.17 aBb
6 d	72.52 ± 0.47 Aa	76.28 ± 0.71 aBb	79.50 ± 2.96 bC	78.65 ± 1.02 BbC
7 d	73.14 ± 0.37 Aa	77.31 ± 0.62 Bb	80.87 ± 0.73 Dd	78.88 ± 0.29 Cc
8 d	70.33 ± 0.22 Aa	75.51 ± 1.20 Bb	78.81 ± 1.32 Cc	77.25 ± 0.72 BbCc
9 d	74.19 ± 0.16 Aa	77.72 ± 0.32 Bb	82.11 ± 0.93 Cc	77.84 ± 1.17 Bb
10 d	74.64 ± 0.37 Aa	77.86 ± 1.01 Bb	81.88 ± 2.06 bC	76.86 ± 0.87 ABb
11 d	69.73 ± 0.15 Aa	74.14 ± 0.56 aBb	78.51 ± 3.33 bC	77.02 ± 0.82 Bb
12 d	68.60 ± 0.28 Aa	71.69 ± 1.17 aB	81.45 ± 2.02 cD	76.30 ± 0.89 bC
13 d	65.46 ± 0.42 Aa	70.73 ± 1.22 Bb	77.49 ± 3.27 Cc	75.64 ± 0.54 Cc
14 d	68.20 ± 0.35 Aa	69.97 ± 0.95 Aa	78.91 ± 1.45 Bb	74.38 ± 0.84 Cc
15 d	66.16 ± 0.42 Aa	70.63 ± 0.94 Bb	76.51 ± 1.08 Dd	73.91 ± 0.46 Cc

注:大写字母表示 $P<0.05$,差异性达显著水平;小写字母表示 $P<0.01$,差异性达到极显著水平。

（4）不同植物组合方式对植物生理指标的影响

① 不同植物组合方式对植物叶绿素含量的影响

测定不同组合方式水培植物净化 HCHO 试验前后植物叶绿素含量,如表 4-16 所示。植物根系不分离组 6 种植物叶绿素含量均下降,狼尾蕨降幅最大,为 64.91%,鸟巢蕨降幅最小,为 6.29%。说明在该试验处理条件下,植物叶片净化 HCHO 污染过程中,细胞内部结构遭到破坏,叶绿素合成受到抑制,叶绿素含量降低,光合作用或受影响。植物根系分离组绿萝、尖尾芋、狼尾蕨叶绿素含量下降,狼尾蕨降幅最大,为 41.08%,绿萝降幅最小,为 11.09%,3 种植物叶绿素含量降幅均小于植物根系不分离组。而绿精灵合果芋、鸟巢蕨、鹅掌柴叶绿素含量不降反升,鹅掌柴升幅最大,为 50.91%,鸟巢蕨升幅最小,为 17.24%,此种情况可能与不同水培植物在同一 HCHO 污染环境内吸收 HCHO 多少有关,也可能与水培植物本身的 HCHO 抗逆能力有关。另外,这也与植物在 HCHO 逆境下叶片失水,导致试验后叶绿素含量测定时称取的叶片质量大于试验前称取质量造成试验误差有关。

表 4-16　不同组合方式水培植物净化 HCHO 试验前后叶片叶绿素含量

植物名称	植物根系不分离组				植物根系分离组			
	试验前/U·g⁻¹ FW	试验后/U·g⁻¹ FW	变化率/%	相对变化率/%	试验前/U·g⁻¹ FW	试验后/U·g⁻¹ FW	变化率/%	相对变化率/%
绿萝	1.42	1.21	−14.75	85.21	1.77	1.58	−11.09	89.27
绿精灵合果芋	1.71	1.50	−12.64	87.72	1.25	1.70	35.74	136.00
尖尾芋	1.92	1.08	−43.67	56.25	1.89	1.24	−34.10	65.61
鸟巢蕨	1.32	1.24	−6.29	93.94	1.37	1.61	17.24	117.52
狼尾蕨	4.94	1.73	−64.91	35.02	4.89	2.88	−41.08	58.90
鹅掌柴	1.28	0.91	−29.35	71.09	1.28	1.93	50.91	150.78

② 不同植物组合方式对植物丙二醛含量的影响

测定不同组合方式水培植物净化 HCHO 试验前后植物丙二醛含量如表 4-17 所示。植物根系不分离组 6 种植物丙二醛含量均上升,绿精灵合果芋升幅最大,为 640.00%,鸟巢蕨升幅最小,为 52.08%。说明在该试验处理条件下,植物叶片净化 HCHO 污染过程中,细胞质膜结构遭到破坏,细胞膜过氧化程度高,丙二醛含量大量增加。植物根系分离组 6 种植物丙二醛含量也显著上升,绿精灵升幅最大,为 328.57%,绿萝升幅最小,为 11.76%。6 种植物丙二醛含量相对变化率均低于植物根系不分离组,说明植物根系分离组水培植物质膜氧化程度较轻,受害程度较轻。

表 4-17　不同组合方式水培植物净化 HCHO 试验前后叶片丙二醛含量

植物名称	植物根系不分离组				植物根系分离组			
	试验前/U·g⁻¹ FW	试验后/U·g⁻¹ FW	变化率/%	相对变化率/%	试验前/U·g⁻¹ FW	试验后/U·g⁻¹ FW	变化率/%	相对变化率/%
绿萝	0.019	0.071	63.16	373.68	0.017	0.019	11.76	111.76
绿精灵合果芋	0.005	0.037	640.00	740.00	0.007	0.030	328.57	428.57
尖尾芋	0.018	0.098	444.44	544.44	0.017	0.069	305.88	405.88
鸟巢蕨	0.048	0.073	52.08	152.08	0.046	0.061	32.61	132.61
狼尾蕨	0.065	0.127	95.38	195.38	0.049	0.090	83.67	183.67
鹅掌柴	0.016	0.083	418.75	518.75	0.012	0.047	291.67	391.67

③ 不同植物组合方式对植物甲醛脱氢酶活性的影响

测定不同组合方式水培植物净化 HCHO 试验前后植物甲醛脱氢酶活性如表 4-18 所示。植物根系不分离组 6 种植物甲醛脱氢酶活性均上升,鹅掌柴升幅最大,为 209.49%,绿萝升幅最小,为 3.25%。说明在该试验处理条件下,植物叶片净化 HCHO 污染过程中,甲醛脱氢酶活性上升,6 种植物细胞内部均进行了 HCHO 代谢转化过程。植物根系分离组 6 种植物甲醛脱氢酶活性也显著上升,鸟巢蕨升幅最大,为 715.18%,绿萝升幅最小,为 33.88%。6 种植物甲醛脱氢酶活性相对变化率均高于植物根系不分离组,说明植物根系分离组水培植物甲醛脱氢酶活性较高,HCHO 代谢转化能力更强。

表 4-18　不同组合方式水培植物净化 HCHO 试验前后叶片甲醛脱氢酶含量

植物名称	植物根系不分离组				植物根系分离组			
	试验前/ U·g^{-1} FW	试验后/ U·g^{-1} FW	变化率/%	相对变化率/%	试验前/ U·g^{-1} FW	试验后/ U·g^{-1} FW	变化率/%	相对变化率/%
绿萝	0.92	0.95	3.25	103.26	0.81	1.08	33.88	133.33
绿精灵合果芋	0.88	0.96	8.68	109.09	0.52	1.64	218.06	315.38
尖尾芋	1.24	1.71	37.80	137.90	0.74	1.04	40.54	140.54
鸟巢蕨	0.87	2.42	179.61	278.16	0.48	3.94	715.18	820.83
狼尾蕨	3.59	5.87	63.75	163.51	4.81	11.21	133.13	233.06
鹅掌柴	1.37	4.24	209.49	309.49	3.80	5.37	41.32	141.32

④ 不同植物组合方式对植物可溶性糖含量的影响

测定不同组合方式水培植物净化 HCHO 试验前后植物可溶性糖含量,如表 4-19 所示。植物根系不分离组 6 种植物可溶性糖含量均下降,绿精灵合果芋降幅最大,为 43.53%,鸟巢蕨降幅最小,为 11.93%。说明在该试验处理条件下,植物叶片净化 HCHO 污染过程中可溶性糖合成受到抑制,含量降低,或与叶绿素含量降低、光合作用受到影响有关,或与丙二醛含量升高、植物细胞内部结构遭受破坏有关。植物根系分离组绿精灵合果芋、尖尾芋、狼尾蕨可溶性糖含量也显著下降,绿精灵合果芋降幅最大,为 41.67%,狼尾蕨降幅最小,为 9.94%,而 3 种植物可溶性糖含量的降幅均低于植物根系不分离组。绿萝、鸟巢蕨、鹅掌柴这 3 种植物可溶性糖含量不降反升,鸟巢蕨升幅最大,为 82.36%,绿萝升幅最小,为 17.85%,此种情况可能与这 3 种水培植物在为期 15 d 的 HCHO 污染净化过程中,植物细胞内部结构未遭受严重伤害有关。细胞能够通过增加可溶性糖含量,调节细胞内外渗透势,达到适应外部 HCHO 逆境的目的。其余 3 种植物可溶性糖含量相对变化率均小于植物根系不分离组,说明植物根系分离组水培植物碳素代谢情况优于植物根系不分离组,某些植物能够发生糖基化反应,积累一定量的可溶性糖,为代谢 HCHO 奠定物质基础,HCHO 抗逆能力更强。

表 4-19　不同组合方式水培植物净化 HCHO 试验前后叶片可溶性糖含量

植物名称	植物根系不分离组				植物根系分离组			
	试验前/ U·g^{-1} FW	试验后/ U·g^{-1} FW	变化率/%	相对变化率/%	试验前/ U·g^{-1} FW	试验后/ U·g^{-1} FW	变化率/%	相对变化率/%
绿萝	0.67	0.53	−21.00	79.10	0.52	0.62	17.85	119.23
绿精灵合果芋	0.64	0.36	−43.53	56.25	0.48	0.28	−41.67	58.33
尖尾芋	0.76	0.44	−42.79	57.89	0.78	0.52	−33.05	66.67
鸟巢蕨	0.95	0.84	−11.93	88.42	0.79	1.45	82.36	183.54
狼尾蕨	2.68	1.90	−28.98	70.90	1.81	1.63	−9.94	90.06
鹅掌柴	0.88	0.51	−41.89	57.95	0.70	0.84	18.97	120.00

⑤ 不同植物组合方式对植物脯氨酸含量的影响

测定不同组合方式水培植物净化 HCHO 试验前后植物脯氨酸含量,如表 4-20 所示。

植物根系不分离组 6 种植物脯氨酸含量均上升,鹅掌柴升幅最大,为 420.05%,鸟巢蕨升幅最小,为 75.04%。说明该试验处理条件下,植物叶片在净化 HCHO 污染过程中,通过大量合成脯氨酸调节细胞内外渗透势以适应 HCHO 逆境。植物根系分离组 6 种植物脯氨酸含量也显著升高,鹅掌柴升幅最大,为 269.03%,狼尾蕨升幅最小,为 25.51%。6 种植物脯氨酸含量相对变化率均低于植物根系不分离组,说明植物根系分离组水培植物积累脯氨酸量较少,细胞受害程度较植物根系不分离组轻。

表 4-20　不同组合方式水培植物净化 HCHO 试验前后叶片脯氨酸含量

植物名称	植物根系不分离组				植物根系分离组			
	试验前/ $U \cdot g^{-1} FW$	试验后/ $U \cdot g^{-1} FW$	变化率/%	相对变化率/%	试验前/ $U \cdot g^{-1} FW$	试验后/ $U \cdot g^{-1} FW$	变化率/%	相对变化率/%
绿萝	4.09	14.22	247.68	347.68	3.12	5.50	76.39	176.28
绿精灵合果芋	18.45	43.10	133.60	233.60	16.43	23.69	44.17	144.19
尖尾芋	12.43	58.39	369.72	469.75	11.34	28.57	151.97	251.94
鸟巢蕨	13.54	23.70	75.04	175.04	14.69	20.26	37.92	137.92
狼尾蕨	18.2	36.21	98.96	198.96	17.93	22.50	25.51	125.49
鹅掌柴	7.3	37.96	420.05	520.00	5.36	19.78	269.03	369.03

⑥ 不同植物组合方式对植物生理指标影响隶属函数分析

数据分析时,先计算不同组合方式中各植物生理指标试验前后相对变化率,然后计算各生理指标相对值在不同植物类型、不同植物组合方式中的隶属值,再把同一种组合方式中各植物每个指标各隶属值相加求平均值。将不同组合方式各项指标隶属度的平均值作为其 HCHO 抗逆能力的综合评价标准来进行比较,如表 4-21 所示。植物根系不分离组隶属度平均值为 0.305,植物根系分离组隶属度平均值为 0.672,因此植物根系分离的水培植物组合方式能够显著增强植物 HCHO 抗逆能力。其中,鹅掌柴隶属度升幅最大,为 158.33%,狼尾蕨升幅最小,为 36.36%。

表 4-21　不同组合方式水培植物 HCHO 抗逆能力隶属度的综合评价

植物名称	植物根系不分离组						植物根系分离组					
	X_1	X_2	X_3	X_4	X_5	隶属度平均值	X_1	X_2	X_3	X_4	X_5	隶属度平均值
绿萝	0.43	0.58	0.00	0.18	0.44	0.326	0.47	1.00	0.04	0.49	0.87	0.574
绿精灵合果芋	0.46	0.00	0.01	0.00	0.73	0.240	0.87	0.50	0.30	0.02	0.95	0.528
尖尾芋	0.18	0.31	0.05	0.01	0.13	0.136	0.26	0.53	0.05	0.08	0.68	0.320
鸟巢蕨	0.51	0.94	0.24	0.25	0.87	0.562	0.71	0.97	1.00	1.00	0.97	0.930
狼尾蕨	0.00	0.87	0.08	0.11	0.81	0.374	0.21	0.89	0.18	0.27	1.00	0.510
鹅掌柴	0.31	0.35	0.29	0.01	0.00	0.192	1.00	0.55	0.05	0.50	0.38	0.496
不同组合方式隶属度平均值			0.305						0.672			

4.4.4 结论与讨论

（1）讨论

通过对不同试验处理的房间内 HCHO 浓度进行方差分析发现，污染初期水对照、植物根系不分离、植物根系分离 3 种试验处理对 HCHO 污染净化效果无甚区别。试验初期，HCHO 挥发不充分，因此不同试验处理组的 HCHO 净化效果并不能反映真实情况。HCHO 完全挥发后，水对照组净化效果优于植物试验组，这是由于水对照组中水直接与空气接触的面积较植物试验组大，而且 HCHO 极易溶于水，因此水吸收了大量 HCHO。徐倩研究水吸收 HCHO 作用的结果表明，水确实能够吸收一定量的 HCHO 气体，但吸收 HCHO 量少，因此利用水来净化 HCHO 污染并不现实。植物试验组由于植物遮挡，水直接与空气接触面积大大减小，另外污染初期植物处于适应性阶段，因此净化能力未充分发挥。当植物适应能力提高，水对照组 HCHO 溶于水达到饱和，各试验处理组按 HCHO 净化效果由优到劣排序为植物根系分离组＞植物根系不分离组＞水对照组，而且植物根系分离组试验房间内 HCHO 浓度率先达到国家安全标准，所以植物根系分离组净化效果较好。后期，植物试验组房间 HCHO 浓度达到国家安全标准，两种组合方式试验房间内 HCHO 浓度并不存在显著区别，而水对照组由于 HCHO 易挥发又易溶于水，所以房间内 HCHO 浓度在 0.45 mg·g^{-1} 水平上下浮动。

通过对不同试验处理的房间内温度进行方差分析发现，在房间温度低于 30 ℃时，空白对照组室内温度明显高于其他试验处理组，说明水与植物对室内温度具有一定的调节作用。试验初期，水对照组对室内温度调节作用优于植物试验组，且植物根系不分离组、植物根系分离组室内温度不存在显著差异。试验初期，植物试验组中的植物处于适应阶段，蒸腾作用不充分，降温效果不及水对照组，而水对照组中的水培液与空气接触面积大，热量交换速率大，故降温效果好。试验中期，植物根系分离组对室内温度调节作用优于植物根系不分离组，与没有植物的水对照组的调节作用接近，同时能够达到净化室内 HCHO 的目的。试验后期，由于盛夏高温，植物试验组室内温度与空白对照组无甚区别，植物降温能力下降。

通过对不同试验处理的房间内湿度进行方差分析发现，水对照、植物根系不分离、植物根系分离三种试验处理均具有一定增湿功能。整体分析，植物根系不分离组增湿功能好于其他试验处理组，因为植物根系不分离组较其余试验处理组温度高，蒸腾作用较强，产生的水蒸气更多，故而湿度更高。植物根系分离组增湿效果接近水对照组，甚至一定程度上优于水对照组。郭阿君研究发现，植物降温增湿生态功能的发挥在更大程度上取决于植物的栽培方式。因此，植物根系不分离组增湿效果明显，而植物根系分离组降温效果明显。

通过对不同试验处理条件下植物各生理指标进行方差分析发现，植物根系不分离组中 6 种植物叶绿素含量均下降，且降幅大，光合作用异常；植物根系分离组绿萝、尖尾芋、狼尾蕨叶绿素含量下降，降幅小，而绿精灵合果芋、鸟巢蕨、鹅掌柴叶绿素含量上升。这是由于植物在 HCHO 逆境下，叶片失水，导致试验后叶绿素含量测定时称取的叶片质量大于试验前称取质量而造成试验误差,但是植物根系不分离组植物也存在此现象,说明植物根系分离组植物内部叶绿素破坏小。植物根系分离组6种植物丙二醛含量降幅低于植物根系不分离组,说明植物根系分离组水培植物质膜氧化程度较轻,受害程度较轻。植物根系分离组6种植物甲醛脱氢酶活性升幅均高于植物根系不分离组,说明植物根系分离组水培植物甲醛脱氢酶活性较高,HCHO代谢转化能力更强。植物根系不分离组6种植物可溶性糖含量均下降,降幅大,可溶性糖合成受到抑制,含量降低。植物根系分离组绿精灵合果芋、尖尾芋、狼尾蕨可溶性糖含量也显著下降,降幅小。绿萝、鸟巢蕨、鹅掌柴3种植物可溶性糖含量不降反升。这是由于这3种水培植物在为期15 d的HCHO污染净化过程中,植物细胞内部结构未遭受严重伤害,因此细胞能够通过增加可溶性糖含量,调节细胞内外渗透势,达到适应外部HCHO逆境的目的。植物根系分离组6种植物脯氨酸含量升幅均低于植物根系不分离组,说明植物根系分离组水培植物积累脯氨酸量较少,细胞受害程度较植物根系不分离组轻。将不同组合方式中各项指标隶属度的平均值作为其HCHO抗逆能力的综合评价标准来进行比较,植物根系不分离组隶属度平均值为0.305,植物根系分离组隶属度平均值为0.672,因此植物根系分离的水培植物组合方式能够显著增强植物HCHO抗逆能力。

（2）结论

① 各试验处理组按HCHO净化效果由优到劣排列为植物根系分离组＞植物根系不分离组＞水对照组。

② 通过不同试验处理温湿度方差分析发现,水对照、植物根系不分离、植物根系分离3种试验处理均具有一定的降温增湿功能。植物根系分离组降温作用优于植物根系不分离组,与水对照组的降温作用接近;植物根系不分离组增湿功能好于其他试验处理组,植物根系分离组增湿效果接近水对照组,其至一定程度上优于水对照组。

③ 将不同组合方式各项指标隶属度的平均值作为其HCHO抗逆能力的综合评价标准来进行比较,植物根系分离水培的植物组合方式能够显著增强植物HCHO抗逆能力。因此,植物根系分离组不仅具有良好的降温效应、一定的增湿效应,而且能够提高HCHO抗性,无疑是科学有效的水培植物组合方式。

参考文献

［1］江浩芝,赵婉君.室内甲醛的危害及其污染现状[J].广东化工,2016,43(11)：189,201.

［2］田世爱,于自强,张宏.室内甲醛污染状况调查及防治措施[J].洁净与空调技术,2005(1)：41-43,47.

［3］俞苏蒙,陈林,高彦军,等.北京某地四栋住宅楼室内甲醛污染的调查研究[J].公共卫生与预防医学,2016,27(3)：25-27.

［4］黄宁,田艳,黄良美,等.南宁市住宅区室内空气甲醛污染及其影响因素[J].城市环境与城市生态,2015,28(6)：10-13.

［5］李晓曼,张自全,余世东.新装修室内空气中甲醛与苯系物污染调查及分析:以四川省南充市为例[J].四川环境,2015,34(6)：70-74.

［6］李彩霞.室内空气中甲醛检测采样点的研究［D］.南京：南京理工大学，2012.

［7］Hong S H, Hong J, Yu J, et al. Study of the removal difference in indoor particulate matter and volatile organic compounds through the application of plants［J］. Environmental Health & Toxicology, 2017, 32：e2017006.

［8］Song J E, Kim Y S, Sohn J Y. A Study on the seasonal effects of plant quantity on the reduction of VOCs and formaldehyde［J］. Journal of Asian Architecture & Building Engineering, 2011, 10（1）：241-247.

［9］吴平.几种植物对室内污染气体甲醛的净化能力研究［D］.南京：南京林业大学，2006.

［10］周晓晶.室内观赏植物净化甲醛效果的研究［D］.北京：北京林业大学，2007.

［11］胡红波,李景广,沈嗣卿,等.室内盆栽观赏植物对空气净化能力的研究［C］//中国城市科学研究会,中国绿色建筑委员会,北京市住房和城乡建设委员会.第六届国际绿色建筑与建筑节能大会论文集.北京,2010：6.

［12］蔡宝珍.环境因子对盆栽植物净化甲醛性能的影响研究［D］.杭州：浙江农林大学，2011.

［13］李浩亭,刘艳红,方戍元,等.几种观赏蕨类植物对室内环境中甲醛及 TVOC 的净化研究［J］.中国园艺文摘,2016,32(12)：34-36, 41.

［14］高志慧.3 种蕨类植物对甲醛的净化能力［J］.环境工程报,2017，11(6):3722-3725.

［15］刘栋.几种室内观赏植物对甲醛的抗性与吸收能力研究［D］.保定：河北农业大学，2011.

［16］张鑫鑫.几种室内观赏植物甲醛吸收特性研究［D］.泰安：山东农业大学，2013.

［17］闫红梅.部分室内植物受甲醛污染胁迫净化能力和响应机制的研究［D］.济南：山东建筑大学，2016.

［18］孟国忠.几种室内植物对苯和甲醛复合污染响应的研究［D］.南京：南京林业大学，2013.

［19］梁诗,沈海燕,陈鑫辉,等.室内观赏植物吸收甲醛和苯能力的比较研究［J］.安全与环境学报,2013, 13(1)：57-62.

［20］范丽娟.五种室内观赏植物对甲醛吸收与抗性的研究［D］.哈尔滨：东北林业大学，2008.

［21］景荣荣.7 种室内耐阴观叶植物对甲醛污染的耐胁迫能力及净化能力研究［D］.济南：山东建筑大学,2017.

［22］何婉璐,孟艳琼,邰文卉,等.几种室内观赏植物对甲醛净化效果的研究［J］.安徽农业科学,2009, 37(27)：13056-13057.

［23］宋岚.7 种观叶植物净化室内甲醛效果的研究［D］.大连：辽宁师范大学，2010.

［24］杨玉想.8 种室内观赏植物对甲醛净化作用的分析［J］.河北林业科技,2009(6)：38-39.

［25］刘娜.八种室内观叶植物对环境的改善作用研究［D］.雅安：四川农业大学，2008.

［26］李娟,穆肃,丁曦宁.绿色植物对室内空气中甲醛、苯、甲苯净化效果研究［J］.科技资讯,2009(28)：119-120.

［27］裴翡翡.室内甲醛污染的植物生态修复技术研究［D］.济南：山东建筑大学，2012.

［28］石碧清,刘湘,闾振华.室内甲醛污染现状及其防治对策［J］.环境科学与技术,2007(6)：49-51.

［29］罗洪镁.室内甲醛污染来源、危害及防治技术进展［J］.化工管理,2016(26)：288-290.

［30］王文超,周仕学,姜瑶瑶,等.室内甲醛污染治理技术的研究进展［J］.环境科学与技术,2006(9)：106-108,121.

［31］宫菁,刘敏.甲醛污染对人体健康影响及控制［J］.环境与健康杂志,2001(6)：414-415.

［32］王利英,杨振德.甲醛环境危害研究综述［J］.安徽预防医学杂志,2006(3)：178-181.

［33］ Ao C H，Lee S C. Combination effect of activated carbonwith TiO$_2$ for the photodegradation of binary pollutants at typical indoor air level［J］. Journal of Photochemistry and Photobiology，2004，161：131-140.

［34］ 齐虹.光催化氧化技术降解室内甲醛气体的研究［D］.哈尔滨：哈尔滨工业大学，2007.

［35］ 鹿院卫，马重芳，夏国栋，等.室内污染物甲醛的光催化氧化降解研究［J］.太阳能学报，2004（4）：542-546.

［36］ Sekine Y. Oxidative decomposition of formaldehyde by metal oxides at room temperature［J］. Atmospheric Environment，2002，36：5543-5547.

［37］ Sekine Y，Nishimura A. Removal of formaldehyde from indoor air by passive type air–cleaning materials［J］. Atmospheric Environment，2001，35：2001-2007.

［38］ Sekine Y，Oikawa D，Butsugan M. Determination of uptake rate of sensitive diffusion sampler for formaldehyde in air［J］. Applied Surface Science，2004，238：14-17.

［39］ 金荷仙，史琰，王雁.室内植物对人体健康影响研究综述［J］.林业科技开发，2008（5）：14-18.

［40］ Wolverton B C. Foliage plants for improving indoor air quality national foliage foundation interiorscape［C］. Hollywood：National Foliage Foundation Interiorscape Seminar，1988.

［41］ 王丽萍.不同水培植物及其组合对甲醛污染响应的研究［D］.南京：南京林业大学，2018.

［42］ 徐倩.室内空气中甲醛污染的监测与去除方法研究［D］.济南：山东大学，2007.

［43］ 郭阿君，岳桦，王志英.9种室内植物蒸腾降温作用的研究［J］.北方园艺，2007（10）：141-142.

［44］ 马霄华，韩炜.鹅掌柴对室内空气的净化作用研究［J］.环境科学与管理，2017，42（8）：78-82.

［45］ 王先丛.六种室内观叶植物净化甲醛污染的研究［D］.南京：南京林业大学，2012.

［46］ 皮东恒，徐仲均，王京刚，等.盆栽吊兰净化空气中的甲醛研究［J］.环境工程学报，2011，5（2）：383-386.

［47］ 李合生.植物生理生化实验原理和技术［M］.北京：高等教育出版社，2001.

［48］ Dionisio–See M，Tobita S. Antioxidant responses of rice seeding to salinity stress［J］. Plant Science，1998，135：1-9.

［49］ 黄赛花，苏流坤，张浩原，等.霉菌甲醛脱氢酶活性的分光光度法测定［J］.分析测试学报，2009，28（8）：985-988.

［50］ 肖家欣.植物生理学实验［M］.合肥：安徽人民出版社，2010.

第 5 章

园林植物降噪功能研究

5.1 基于降噪功能的园林植物筛选

5.1.1 试验样地与数据采集

（1）试验样地

① 试验地区概况

A. 汤泉镇

汤泉镇位于江苏省南京市浦口区西北部，南依老山，与老山林场搭界，北临滁河，与安徽省滁州市毗邻，西连汤泉农场，西南与星甸镇接壤；312 国道、江星桥线穿境而过。总面积约 45 km²，人口 2.1 万人，自然资源丰富，素以温泉、苗木著称，有"十里温泉带、百亩九龙湖、千年古银杏、万只白鹭林、亿株雪松田"等生态资源和秀美景观。

此外，汤泉镇地势南高北低，南部山岭起伏，北部圩区平坦，中部为一带状岗地。气候温和湿润，雨量充沛，日照充足，土壤酸碱度适中，适宜发展苗木生产。雪松、圆柏（*Juniperus chinensis*）、玉兰、广玉兰等观赏苗木和花卉覆盖汤泉镇，使其成为闻名全国的"苗木之乡"。

B. 星甸镇

星甸镇位于江苏省南京市浦口区西郊，东北紧临南京老山森林公园和汤泉旅游风景区，并与安徽接壤。宁合高速公路与南京绕城公路穿镇而过，水路南有长江、北依滁河，公路在镇内纵横交错。全镇总面积 133 km²，人口 4.13 万人。

星甸镇属典型的北亚热带湿润气候区，年平均气温 12.5 ℃，日照 2 000 h，降雨量 1 030 mm，全年无霜期 227 d。全镇山清水秀，闻名遐迩的老山国家森林公园绵延数十里，有千年古刹兜率寺、九峰寺，有名胜古迹斩龙桥、晾夹庙，更有仙人玉带飘动的神奇传说，令人心旷神怡，遐想万千，流连忘返。

星甸镇农业发达，素有"南京市郊小粮仓"之称，广袤的腹地更适宜发展种植业和养殖业。农业和农副业产品主要有水稻、小麦、油料、蔬菜、茶叶、蚕桑、干鲜果、家禽、特种水产等。

C. 南京市老山林场

老山林场位于南京市浦口区中北部，于 1916 年建立。老山系淮阳山脉余脉，横贯浦口，具有近百座大小各异的山峰，东西长 35 km，南北宽 15 km，总面积 7 493.33 hm²，山林面积 6 666.67 hm²，林木蓄积量 47.4×10⁴ m³。老山地区自然条件优越，雨量充沛，土壤肥沃，森林茂密，万林竞秀，特别是由落叶树、常绿阔叶树和针叶树组成的块状混交林，使群山吐翠，达到"山以林为衣，林以山为体"的林海奇观。最著名的有千年银杏、百年松林、古朴枫香（*Liquidambar formosana*）以及挺拔秀美的湿地松（*Pinus elliottii*）、火炬松（*Pinus taeda*）等。

1991 年国家林业部批准建立"老山国家森林公园"。园中有寺、墓、泉、洞，自然景观与人文景观融为一体。公园素以"林美、泉清、石怪、洞幽"四绝著称，具有秀、美、俊、奇之特色。动植物资源非常丰富,植物有马尾松(*Pinus massoniana*)、金桂(*Osmanthus fragrans* var. *thunbergii*)、枫杨、枫香、银杏等 148 科 726 种,动物有中华虎凤蝶、白鹭、牙獐、蟒蛇等 200 余种。区域内环境优美,空气清新,空气中负氧离子含量高出市区 500 倍,被称为"天然氧吧""森林浴场"。

D. 南京中山陵园苗圃场

南京市中山陵园苗圃场位于南京市闻名遐迩的中山陵园风景区内,是中山园林建设公司的大型苗木基地。中山陵苗圃场于 1928 年建立,现有育苗基地 1.57 km² 及现代化玻璃温室 2 km²,种植有各种苗木品种 160 多个,有着近百年的生产经营管理经验,是华东地区一流大型国营苗圃之一。以生产大中规格的高大乔木为主,主要有雪松、金钱松(*Pseudolarix amabilis*)、马褂木(*Liriodendron chinense*)、香樟、樱花杜鹃(*Rhododendron cerasinum*)、榉树、乌桕、黄山栾树、广玉兰、白玉兰、龙柏(*Sabina chinensis*)等苗木品种,另外还有石楠、海桐、小叶女贞(*Ligustrum quihoui*)、桂花、茶花(*Camellia japonica*)、丁香、海棠等。

② 试验点选取原则

所选试验点均为平地,远离嘈杂环境,试验场地背景噪声保持在(35±5)dB(A),以减少环境噪音对数据采集过程的干扰。此外,根据声环境质量标准相应规定,试验点距离任何反射物(地面除外)至少 3.5 m。

要求被测定林带的枝干、树叶等植物结构完整,长势良好。结合前人试验方法,并综合考虑苗圃林带的现状,每个试验点均测定 25 m 宽林带的降噪值。

③ 试验点植物绿化结构特征

根据上述试验点选取原则,笔者课题组经过全面实地调查后,在南京市浦口区汤泉镇、星甸镇、老山林场及中山陵园苗圃场选取了 11 种植物,同时测量了林带的长度、宽度、高度、枝下高等参数。各测定点植物的绿化结构特征详见表 5-1。

表 5-1　降噪测定林带的特征

编号	植物名称	林带长度×宽度/m×m	平均高度/m	平均枝下高/m	平均间距/m×m	平均胸径/cm	平均冠幅/m	地面覆盖物	测定点位置
1	枫香	50×20	7.00	2.2	2.0×2.0	9.4	3.4	野生草本	星甸镇
2	马褂木	60×40	9.70	1.8	1.2×1.2	9.0	2.2	野生草本	星甸镇
3	雪松	43×30	4.52	0.3	0.7×1.6	4.6	1.7	裸露土壤	星甸镇
4	广玉兰	25×20	5.30	1.8	2.3×1.6	8.7	2.4	裸露土壤	星甸镇
5	石楠	35×20	2.70	0.7	2.8×1.7	5.2	2.1	野生草本	南京中山陵园苗圃场
6	无患子	45×15	3.50	1.9	0.8×1.0	5.1	0.8	野生草本	南京市老山林场
7	木莲	40×20	4.50	2.6	0.9×1.3	8.0	2.8	野生草本	南京市老山林场
8	白玉兰	25×8	6.05	2.7	1.4×1.1	6.5	2.2	裸露土壤	汤泉镇
9	圆柏	40×25	9.00	0.4	1.3×1.4	8.6	2.4	裸露土壤	汤泉镇
10	女贞	30×6	4.50	1.5	0.8×1.1	4.6	2.1	裸露土壤	汤泉镇
11	紫薇	29×10	3.20	1.9	1.2×1.3	4.14	1.7	裸露土壤	汤泉镇

（2）试验仪器与数据采集

① 试验仪器

A. 测量仪器及工具

本研究中对噪声的测定全部使用国营红声器材厂嘉兴分厂生产的 HS6288B 型噪声频谱分析仪（HS6020 型声校准器）。HS6288B 型噪声频谱分析仪集积分、噪声统计、噪声采集等几种功能于一体，主要性能指标符合 IEC61672 标准和《声级计检定规程》（JJG188—2002）对 2 级声级计的规定要求。

HS6288B 型噪声频谱分析仪具有时钟设置、自动测量并存储测量数据等特点，最多可存储 500 组单组数据、4 组整时数据和 50 组滤波器自动测量数据，并且可以通过 RS-232C 接口把数据传输给 HS4784 打印或传输给计算机进行处理。仪器使用塑压成型的上下机壳，内侧喷涂导电漆形成屏蔽层，具有良好的抗电磁干扰性。外形为尖头，可减少声反射。进行数据采集前需要将声级校准器（94 dB,1 kHz）配合在传声器上，不振不晃，开启校准器电源，分析仪计权设置为 A、C 或 Lin,声压级读数应为 93.8 dB,否则调节右侧面的灵敏度调节电位器，校准完成后取下校准器。试验中测定时将仪器固定在三脚架上，并使用防风罩（图 5-1）。

图 5-1　试验用噪声频谱分析仪

HS6288B 型噪声频谱分析仪的主要技术指标：传声器为 1/2 英寸驻极体测试电容传声器（HS14423）；测量范围为 30—130 dB(A)、35—130 dB(C)、40—130 dB(Lin)；频率计权为 20—10 kHz；时间计权为 F(快)、S(慢)两种；滤波器为 1/1 倍频程。该仪器工作环境为温度 10—50 ℃、相对湿度 20%—90%。

其余测量工具为树木测高器、3 m 钢卷尺、2 m 测树钢围尺、30 m 手摇式卷尺等，用于测量供试验植物的绿化结构特征。

B. 噪声源

首先录制实际的交通噪声并制作音频。于 2011 年 7 月初录制音频作为未编辑的噪声源，分别为龙蟠中路交通高峰期的数车行驶声、数车鸣笛声、SANTANA 的发动机声、SANTANA 的发动机声与鸣笛声四种。GoldWave5.58 是一款集声音编辑、播放、录制和转换功能为一体的音频处理软件，内含丰富的音频处理特效，从一般特效如多普勒、回声、混响、降噪到高级的公式计算等均包括在内。使用 GoldWave 软件消除四段声源的背景噪声，然后截取其中声压级比较高、音质比较清晰的一段音频，将其多次复制，得到 30 min 时长的音频。

然后进行音频的筛选。根据对南京市各路段实际交通噪声的监测结果及文献资料，距

声源 2 m 处的等效声级平均值为 73.5 dB(A)，并对其进行频
谱分析。于户外用音箱分别播放编辑过的四段音频，在 2 m
外测定等效声级，调制音量，使其达到 73.5 dB(A)后，再使用
HS6288B 型噪声频谱分析仪进行滤波器自动测量，将频谱分
析结果与实际交通噪声相比较，选择最为相近的 SANTANA
发动机音频作为试验用的模拟交通噪声。

用声美特(MT-51AU)音箱播放预先制作的音频作为试
验用噪声源。声美特(MT-51AU)音箱可播放 U 盘或 SD 卡
中 MP3 格式的音频，并且具有方便移动等优点，机身采用内
置大容量可充蓄电池供电，中等音量情况下可使用 3—6 h，
基本满足试验要求(图 5-2)。

② 试验数据采集条件

图 5-2　试验用音箱

A. 气象条件

参见《声环境质量标准》(GB 3096—2008)中相应规定，测量应在无雨雪、无雷电天气，
风速 5 m/s 以下时进行。

B. 时间条件

在枝叶比较茂盛的夏季开始采集数据，但为了防止夏季蝉叫声对数据收集过程产生干
扰，正式试验于 2011 年 9 月开始持续进行。此外，每日避开早晚交通量比较大的时间段进
行监测。

③ 试验数据处理

在对试验林带进行长时间测定后，将噪声频谱分析仪存储的数据传输于计算机，输出
L_{eq}(等效连续 A 声级)、L_{AE}(声暴露级)、SD(标准偏差)、L_{max}(最大声级)、L_{min}(最小声级)、
累积百分声级 L_{95}、L_{90}、L_{50}、L_{10}、L_5。每处林带先记录 3 组背景噪音的声压级，每一测定点
均记录 5 组数据，将平均值作为进一步统计分析的基础数值，以降低误差。主要使用 Excel
2010 软件筛选数据、制作图表、统计分析。运用 SPSS 19.0 统计分析软件进行方差分析，绘
制聚类树状图，进行因子分析。

④ 统计分析方法

A. 方差分析

其基本思想为通过分析研究不同来源的变异对总变异的贡献大小，从而确定可控因素
对研究结果影响力的大小。本章主要运用单因变量多因素方差分析，分析多个因素在其他
条件不变的情况下对试验结果是否存在显著影响和作用。

B. 回归分析

变量之间的关系可分为函数关系和相关关系两类，相关关系是变量间的某种非确定
的依赖关系。相关关系虽不确定，但在大量统计资料的基础上，可以找出相关关系变量
之间的规律性，并借助相应的函数来表达这种规律性，对应的函数称为回归函数。这种
用函数的形式来描述与推断现象之间的相关关系的分析方法，称为回归分析。在 Excel

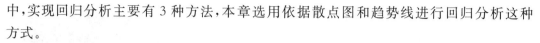

中,实现回归分析主要有 3 种方法,本章选用依据散点图和趋势线进行回归分析这种方式。

C. 聚类分析

聚类分析是根据事物本身的特性研究个体分类的方法。其基本思想是认为研究的样本或指标之间存在着程度不同的相似性。根据一批样本的多个观测指标,具体找出一些能够度量样本或指标之间相似程度的统计量,以这些统计量为划分类型的依据,把一些相似程度较大的样本(或指标)聚合为一类,把另外一些彼此之间相似程度较大的样本(或指标)又聚合为另一类,关系密切的聚合到一个小的分类单位,关系疏远的聚合到一个大的分类单位,直到把所有的样本(或指标)都聚合完毕,把不同类型一一划分出来,形成一个由小到大的分类系统。最后再把整个分类系统画成一张谱系图,把所有的样本(或指标)间的亲疏关系表示出来。

D. 因子分析

因子分析是从研究相关矩阵内部的依赖关系出发,把一些具有错综复杂关系的变量归结为少数几个综合因子的一种多变量统计分析方法。它的基本思想是根据相关性大小把变量分组,使得同组内的变量之间相关性较高,而不同组的变量之间相关性较低。每组变量代表一个基本结构,这个基本结构称为公共因子。对于所研究的问题就可试图用最少个数的不可测的所谓公共因子的线性函数与特殊因子之和来描述原来观测的每一分量。

5.1.2 不同植物在不同声源环境中的降噪效果

(1) 试验设计

本研究以枫香、马褂木、雪松、广玉兰、石楠、无患子(*Sapindus mukurossi*)、木莲(*Manglietia fordiana*)、白玉兰(*M.denudata*)、圆柏(*Juniperus chinensis*)、女贞、紫薇 11 种植物为研究对象。试验林带中央设置一条长度为 25 m 的测定样线,将样线起点处设为 0 m,噪声频谱分析仪 A 放置于 0 m 距地面 1.2 m 高处,在 25 m 距地面同样高处放置另一噪声频谱分析仪 B,噪声源放置于林带前 2 m,距地面 1.2 m 高处,在水平方向,两个噪声频谱分析仪位于同一条直线上。

开启音箱,调节音量,使噪声频谱分析仪 A 分别显示 60 dB(A)、65 dB(A)、70 dB(A)、75 dB(A)、80 dB(A)、85 dB(A)、90 dB(A)。待仪器稳定后,两台分析仪 A、B 正对着声源同时测量(为减小风等气候因素导致的误差)。时间计权为 F(快反应),每样点定时测量时间为 10 s,每个测定点监测记录 5 组数据。

(2) 结果与分析

根据试验设计进行室外数据采集工作,在声源环境等效声级不同的情况下,11 种林带对模拟交通噪声的衰减效果详见表 5-2。需要说明的是,试验样地的背景噪声值为(35±5) dB(A),较为安静,除试验用噪声源外无其余噪声,所以在这种环境中 0 m 处噪声频谱分析仪 A 显示的数值可视为声源环境的等效声级。

表 5-2　11 种林带的噪声衰减值

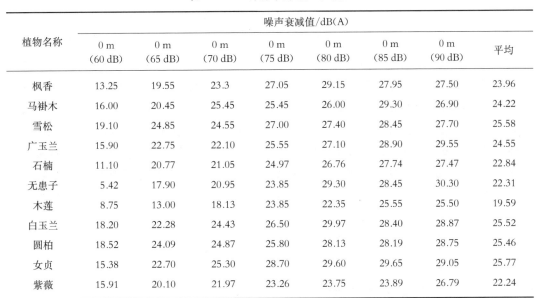

植物名称	噪声衰减值/dB(A)							
	0 m (60 dB)	0 m (65 dB)	0 m (70 dB)	0 m (75 dB)	0 m (80 dB)	0 m (85 dB)	0 m (90 dB)	平均
枫香	13.25	19.55	23.3	27.05	29.15	27.95	27.50	23.96
马褂木	16.00	20.45	25.45	25.45	26.00	29.30	26.90	24.22
雪松	19.10	24.85	24.55	27.00	27.40	28.45	27.70	25.58
广玉兰	15.90	22.75	22.10	25.55	27.10	28.90	29.55	24.55
石楠	11.10	20.77	21.05	24.97	26.76	27.74	27.47	22.84
无患子	5.42	17.90	20.95	23.85	29.30	28.45	30.30	22.31
木莲	8.75	13.00	18.13	23.85	22.35	25.55	25.50	19.59
白玉兰	18.20	22.28	24.43	26.50	29.97	28.40	28.87	25.52
圆柏	18.52	24.09	24.87	25.80	28.13	28.19	28.75	25.46
女贞	15.38	22.70	25.30	28.70	29.60	29.65	29.05	25.77
紫薇	15.91	20.10	21.97	23.26	23.75	23.89	26.79	22.24

① 同一林带在不同声源环境中的降噪效果

由表 5-2 可以看出,11 种林带都对模拟交通噪声产生了衰减作用。枫香林带在声源环境等效声级为 80 dB(A)时降噪效果最佳,噪声衰减值为 29.15 dB(A),在声源环境等效声级为 60 dB(A)时降噪效果最差,噪声衰减值为 13.25 dB(A);马褂木林带在声源环境等效声级为 85 dB(A)时降噪效果最好,噪声衰减值为 29.30 dB(A),与最低噪声衰减值相差 13.30 dB(A);雪松林带在声源环境等效声级为 85 dB(A)时噪声衰减值可达 28.45 dB(A),在声源环境等效声级为 90 dB(A)的噪声衰减值次之,为 27.70 dB(A);广玉兰林带、无患子林带、圆柏林带和紫薇林带均在声源环境等效声级为 90 dB(A)时降噪效果最佳,噪声衰减值分别为29.55 dB(A)、30.30 dB(A)、28.75 dB(A)和 26.79 dB(A);石楠林带的最大噪声衰减值为27.74 dB(A),在其余声源环境中的降噪效果依次降低,最低噪声衰减值为 11.10 dB(A)。木莲林带在声源环境等效声级为 85 dB(A)、90 dB(A)时降噪效果相近,噪声衰减值可达 25.55 dB(A)和 25.50 dB(A);白玉兰林带的最大噪声衰减值为 29.97 dB(A),最小噪声衰减值为 18.20 dB(A),相差 11.77 dB(A);女贞林带于声源环境等效声级为 80 dB(A)、85 dB(A)时降噪效果比较好,噪声衰减值分别为 29.60 dB(A)、29.65 dB(A)。

在本试验测定范围[60—90 dB(A)]内,广玉兰林带、圆柏林带以及紫薇林带的噪声衰减值随声源环境的等效声级增大总体呈增加趋势,占试验林带总数的 27.3%;27.3% 的试验林带,即枫香、石楠和女贞林带对模拟交通噪声的衰减值先随声源环境等效声级的增大而增加,而后随其增大而减小。11 种林带的最小降噪值均出现在声源环境等效声级为 60 dB(A)时,45.5% 的林带在声源环境等效声级为 85 dB(A)时的降噪效果最好,36.4% 的林带在声源环境等效声级为 90 dB(A)时降噪效果最佳。可见车速、车流量越大,路面宽度越小,则植物降噪的效果越明显。

② 不同林带在同一声源环境中的降噪效果

根据表 5-2 中数据,将 11 种林带在相同声源环境中的噪声衰减值制成折线图。

由图 5-3 所示,声源环境等效声级为 60 dB(A)、65 dB(A)时,雪松林带的降噪效果最好,无患子林带和木莲林带的降噪效果较差;声源环境等效声级为 70 dB(A)时,马褂木林带的降噪效果最佳,比噪声衰减值最小的木莲林带高 7.32 dB(A);声源环境等效声级为 75dB(A)时,女贞林带的降噪效果最佳,噪声衰减值为 28.70 dB(A);声源环境等效声级为 80 dB(A)时,白玉兰林带的噪声衰减值为 29.97 dB(A),与其余林带相比,降噪效果最好;声源环境等效声级为 85 dB(A)时,女贞林带的降噪效果最佳,马褂木林带次之,噪声衰减值为 29.30 dB(A);声源环境等效声级为 90 dB(A)时,无患子林带和广玉兰林带的降噪效果较好,噪声衰减值分别为 30.30 dB(A)、29.55 dB(A)。

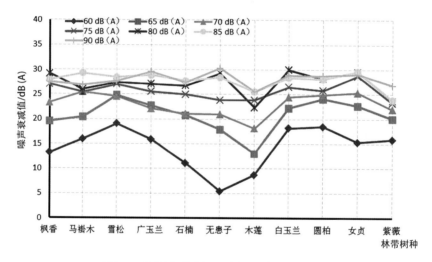

图 5-3 不同林带在同一声源环境中的降噪量

③ 声源环境的等效声级对植物降噪效果的影响

对 11 种林带在不同声源环境中的噪声衰减值进行方差分析(见表 5-3)。由结果可知,关于因素"植物种类"的检验,$F = 6.932\ 768 > F_{crit} = 1.992\ 592$,$Sig. = 0.000 < 0.05$,枫香、马褂木、雪松、广玉兰、石楠、无患子、木莲、白玉兰、圆柏、女贞、紫薇林带的降噪效果差异显著。关于因素"声源环境"的检验,$F = 73.517\ 51 > F_{crit} = 2.254\ 053$,$Sig. = 0.000 < 0.05$,声源环境的等效声级对噪声衰减值的影响显著。此外,偏 $Eta^2_{植物种类} <$ 偏 $Eta^2_{声源环境}$,可认为两个因素对总变异的贡献是因素"植物种类" < 因素"声源环境"。

表 5-3 11 种林带在不同声源环境中噪声衰减值的方差分析

差异源	SS	df	MS	F	Sig.	F_{crit}	偏 Eta^2
植物种类	258.229 1	10	25.822 910	6.932 768	0.000	1.992 592	0.536
声源环境	1 643.011 0	6	273.835 200	73.517 510	0.000	2.254 053	0.880
误差	223.485 7	60	3.724 762				
总计	2 124.726 0	76					

注:显著性水平为 0.05。

对林带的降噪效果与声源环境声压级之间的关系进行回归分析。以声源环境等效声级为自变量(x),不同声源环境中植物的平均噪声衰减值为因变量(y),选择合适的模型进行曲线拟合,结果以二次多项式的拟合优度最高,R^2为 0.985 7,拟合方程为 $y = -0.490\ 5x^2 + 6.053\ 1x + 9.419\ 4$(表 5-4)。

表 5-4　植物噪声衰减拟合模型参数

模型	模型参数			
	a	b	c	R^2
$y = ax + b$	2.129 3	15.305 0	—	0.850 3
$y = ax^2 + bx + c$	-0.490 5	6.053 1	9.419 4	0.985 7
$y = a\ln(x) + b$	7.214 5	15.036 0	—	0.981 0
$y = a \times b$	15.308 0	0.344 5	—	0.954 3

④ 不同植物的降噪效果评价

根据表 5-2 中数据,利用 SPSS 19.0 统计分析软件对 11 种试验林带在 7 种声源环境中的降噪效果进行聚类分析,结果见聚类树状图(图 5-4)。

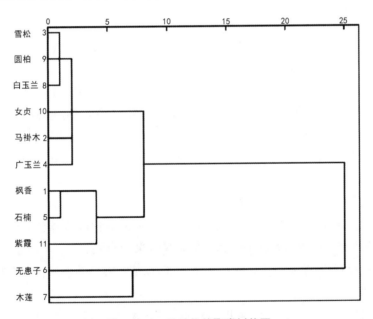

图 5-4　11 种植物的聚类树状图

在本试验中,按 11 种植物在不同声源环境中降噪能力的强弱可分为四类。第一类为雪松、圆柏、白玉兰;第二类为女贞、马褂木、广玉兰;第三类为枫香、石楠、紫薇;第四类为无患子、木莲。夏季针叶林带的降噪效果优于阔叶林带,这与袁玲、王选仓等人的试验结果相似。

(3) 结论与讨论

① 11 种林带对模拟交通噪声都产生了衰减作用。声源环境不同时,同一林带对模拟交

通噪声的衰减值不同。11 种林带的最小噪声衰减值均出现在声源环境等效声级为 60 dB(A)时,81.8%试验林带在声源环境等效声级为 85 dB(A)和 90 dB(A)时降噪效果最佳。车速、车流量越大,路面宽度越小,则植物的降噪效果越明显。

② 声源环境的等效声级和植物种类均对林带的降噪效果产生一定影响,声源环境对林带降噪能力的影响程度大于植物种类。模型拟合不同声源环境中植物的平均噪声衰减值,以二次多项式拟合优度最高,植物的降噪效果与声源环境的等效声级大小呈非线性关系。

③ 11 种试验林带按照降噪能力强弱分为四类。第一类为雪松、圆柏、白玉兰;第二类为女贞、马褂木、广玉兰;第三类为枫香、石楠、紫薇;第四类为无患子、木莲。雪松的降噪效果最佳,木莲的降噪效果最弱。

5.2 不同植物群落降噪效果比较

5.2.1 研究内容

(1) 南京市区主干道主要植物群落调查

对南京市区主干道绿化做整体调研,在调查的基础上,总结其总体现状、绿化树种、主要建群种、绿化宽度等,从中选取多种(10—20 种)有代表性的群落作为降噪测定点。选择的有代表性的群落应该能够反映南京市区主干道整体绿化特征;测定点绿化具有一定的面积,具有可测性;噪声源以交通噪声为主,且周边有休闲区、景区或者噪声敏感建筑物(指医院、学校、机关、科研单位、住宅等需要保持安静的建筑物);选取的植物群落主要建群种不同,植物具有一定的层次,且植物长势良好,地势平坦。

(2) 不同植物群落林带前后降噪效果的比较

在天气相似、测量工具相同等前提下,对选取的多种植物群落林带前后的降噪效果进行测量,同时测量空白处噪声衰减值作为群落降噪效果的对照。

① 所测主干道噪声是否达到国家声环境标准,经植物群落的衰减作用在相距噪声源多远处达到了标准。

② 测量植物群落噪声衰减值,得出群落的绝对衰减值,通过与空白处的对照,得出群落的相对衰减值。

③ 通过噪声衰减值的比较,对测定的群落降噪效果进行排序,方差分析群落间降噪效果的差异显著性。

5.2.2 研究方法

(1) 测量仪器

根据《声环境质量标准》(GB 3096—2008)的规定,用于城市区域环境的噪声测量的仪

器精度为 Ⅱ 型及 Ⅱ 型以上的积分平均声级计或环境噪声自动监测仪器。本研究选用 HS6288B 型噪声频谱分析仪(HS6020 型声校准器)。HS6288B 型噪声频谱分析仪由主机 (声级计部分)与打印机两部分组成,它集积分、噪声统计、噪声频谱、噪声采集等几种功能 于一体,具有自动量程、大屏幕液晶显示、1/1 频谱分析、时钟设置、自动测量存储等效连续 声级、统计声级等特点,并且主机与微机可以通过 RS-232C 接口实现通信,对数据进行进一 步处理、分析。

频谱分析仪由传声放大部分、滤波器、检波显示部分等组成。传声放大和检波显示部 分的功能与声级计相似,滤波器则是对频率具有选择性的仪器和构件。

主要技术指标如下:

① 传声器:为 1/2 英寸驻极体测试电容传声器(HS14423)。

② 测量范围:30—130 dB(A)、35—130 dB(C)、40—130 dB(Lin)。

③ 频率计权:20 Hz—10 kHz。

④ 时间计权特性:F(快)、S(慢)、最大值保持。

⑤ 滤波器特性:1/1 倍频程中心频率,31.5 Hz、63 Hz、125 Hz、250 Hz、500 Hz、1 kHz、 2 kHz、4 kHz、8 kHz。

⑥ 自动测量功能:L_{eq}、L_{AE}、SD、L_N(L_{95}、L_{90}、L_{50}、L_{10}、L_5)、L_{max}、L_{min}、L_{dn}、L_d、L_n。

⑦ 测量时间设定:Man、10 s、1 min、5 min、10 min、15 min、20 min、1 h、8 h、24 h、24 h 整时测量。

⑧ 工作环境:温度 -10—50 ℃,相对湿度 20%—90%。

(2) 测量方法

测量方法遵从《声环境质量标准》(GB 3096—2008)的要求。

① 气象条件:按照《声环境质量标准》(GB 3096—2008)的要求,测量选择在无雨雪、无 雷电天气,风速 5 m/s 以下时进行。

② 测量时间:测量选在 2010 年夏季的 9 月进行,测量时间为正常上班日的上下班高峰 期,如 8:30—9:30、17:00—18:00,避开节假日交通不规律的现象。

③ 测定点布置:监测方法参照《声环境质量标准》(GB 3096—2008)和《城市区域环境噪 声测量方法》(GB/T 14623—93)中的相应规定。对同一植物群落,噪声分析仪 Ⅰ 和 Ⅱ 同时 测量监测点噪声,测量中声级计距地面的垂直距离控制为 1.2 m,时间计权为 F(快反应),测 量时传声器加防风罩。测量获得监测数据:倍频程中心频率、L_{eq}、L_{AE}、SD、L_N(L_{95}、L_{90}、 L_{50}、L_{10}、L_5)、L_{max}、L_{min}、L_{dn}、L_d、L_n,用于统计分析。

(3) 数据表述方法

测量过程中产生大量数据,为方便分析,有必要对本试验中出现的数据加以定义。

① 噪声总衰减值[dB(A)]:指本试验中用 A 计权网络测得的交通噪声在植物群落前后 等效连续 A 声级的差值,是没有减去距离对声音衰减作用的绝对值。

② 相对等效 A 声级衰减值[dB(A)]:指绝对等效 A 声级衰减值减去距离对声音的衰减 作用后的相对值,体现出植物群落对于减弱噪声的净作用。

③ 平均等效 A 声级衰减值[dB(A)·m⁻¹]：试验中所测量的植物带宽度互不相同，为了将它们的降噪效果进行比较，将噪声总衰减值加以平均，换算为每米宽度群落对噪声的衰减量。

④ 倍频程声级衰减值(dB)：对倍频程各频段的中心频率声级衰减值进行记录和分析时，由于这些值为仪器测得的实时声压级，未经过任何计权网络加以过滤，因此表述为倍频程声级衰减值，与噪声总衰减值一样表示植物带对声音的绝对衰减作用。

⑤ 相对声级衰减值(dB)：对倍频程各频段的声压级的衰减值进行记录和分析时使用，意义与相对等效 A 声级衰减值相同。

⑥ 平均倍频程声级衰减值(dB/m)：对倍频程各频段的声压级的衰减值进行记录和分析时使用，意义与平均等效 A 声级衰减值相同。

5.2.3　南京市主干道主要植物群落调查

（1）南京市道路绿化特征

南京市城区面积为 6 516 km²，共有道路 445 条，其中主干道 75 条，次干道 77 条，支路303 条，总长 734 km，已绿化 670.1 km，道路绿化率为 91.29%。

作为国家首批生态园林城市，南京市的道路绿化基础较好，在距今 1 700 年前就隐约可见行道树之雏形，其后的千余年时间内经历了从槐（*Styphnolobium japonicum*）、柳（*Salix babylonica*）到木棉（*Bombax malabaricum*）到棕榈（*Trachycarpus fortune*）、梧桐（*Firmiana platanifolia*）再到悬铃木（*Platanus orientalis*）的几次历史变迁，如今已有几十个品种，绿化水平走在全国前列，且道路绿化享有"绿色隧道"之称。

南京地处暖温带与亚热带的过渡地带，属于中国现代植物资源最丰富、植物种类最繁多的地区之一。南京在江苏省的植物分布区划上，属于长江南北平原丘陵区，由落叶阔叶林逐步过渡到落叶阔叶、常绿阔叶混交林地区。调研发现，南京市主干道绿地植物群落具有一定的地带性特征，表现为常绿落叶阔叶混交林、落叶阔叶林、常绿阔叶混交林、常绿阔叶林、落叶针叶林，其中常绿落叶阔叶混交林居多。纵观道路绿地各组成部分，绿化特征主要体现在行道树绿带和路侧绿带两方面。

① 行道树绿化带特征

目前南京市主城区主要干道行道树绝大多数为二球悬铃木、香樟、银杏和女贞，品种较单一。由于行道树绿带狭窄，所以树种配置结构缺少层次变化。如中山路、中央路、集庆门大街、雨花路、云南路、幕府西路等路段人行道林下缺乏层次搭配，虽然树木冠大荫浓，但是缺少灌木层植物，较为单一，如图 5-5 和图 5-6。新城区的行道树则增加了绿篱的种植，将人行道与非机动车道有效分隔，提高了功能性。

② 路侧绿化特征

路侧绿带是指在道路侧方，布设在人行道边缘至道路红线之间的绿带。城市道路的路侧绿带与其他绿带相比宽幅变动性较大，与道路红线有关。因此，根据路侧绿带的有无以及绿带地形有无起伏可将主干道绿化分为如下几类：

图 5-5　幕府西路行道树绿带

图 5-6　集庆门大街行道树绿带

A. 无路侧绿带

当道路红线与建筑线重合时,道路绿地无路侧绿带,如商业性道路。中央路、中山路作为南京的商业性道路,因其绿化面积的限制,缺少路侧绿带。

B. 路侧绿带有地形起伏

路侧地形起伏较大,地形的营造一方面有利于景观上层次的变化,另一方面犹如一道绿色屏障,更能发挥植物的生态功能性,如除尘降噪,如图 5-7。

C. 路侧绿带无地形起伏

此路侧绿带地形无起伏或微地形,景观层次完全由不同形态的植物组成,如图 5-8。

图 5-7　花神大道路侧绿带地形处理

图 5-8　龙蟠中路路侧绿带无地形处理

(2) 测量点及测量对象

① 测量点的选择原则

对南京市主城区内各大区总体进行调研,包括玄武区、原白下区、原秦淮区、建邺区、原鼓楼区、原下关区、雨花台区、栖霞区、浦口区(调研时南京区划还未做调整),在综合调查的基础上,从中选取有代表性的多种群落(10—20种)作为降噪测定点。选取的植物群落应遵循以下原则:选取的群落应该能够反映南京市区主干道整体绿化特征;测定点绿化具有一定的面积,具有可测性;噪声源以交通噪声为主,且周边有休闲区、景区或者噪声敏感建筑物(指医院、学校、机关、科研单位、住宅等需要保持安静的建筑物);植物群落主要建群种不同,植物具有一定的层次,且植物长势良好,地势平坦。

② 测量对象的绿化结构特征

根据上述选取原则,从中选取10处主干路道路绿地的15种植物群落作为测定点,地点涉及原鼓楼区、玄武区、原白下区、建邺区、雨花台区。设测定点植物群落编号为 Q_n,分别为龙蟠路 Q1、Q2、Q3 群落,太平北路 Q4 群落,北京东路 Q5、Q6 群落,北京西路 Q7 群落,草场门大街 Q8、Q9 群落,龙蟠中路 Q10 群落,建邺路 Q11、Q12 群落,中山门大街 Q13 群落,水西门大街 Q14 群落和雨花南路 Q15 群落(本试验中研究对象为以上15种植物群落)。各植物群落配置结构详见表 5-5。同时测量记录群落的基本结构特征,详见表 5-6。测量工具有 30 m 卷尺、CGQ-1 型直读式测高器和测树钢围尺。

表 5-5　测定点植物群落配置详细结构

编号	群落类型	植物组成结构
Q1	香樟+银杏+女贞群落 C.camphora,G. biloba,L. lucidum comm	(香樟+银杏+女贞+榉树+紫叶李)-(桂花+野蔷薇+夹竹桃+孝顺竹)-(木槿+紫荆+碧桃)-圆柏球-马尼拉 (C.camphora + G. biloba + L. lucidum + Z. schneideriana + Prunus cerasifera)-(O. fragrans + Rosa multiflora + Nerium indicum + Bambusa multiplex)-(Hibiscus syriacus + Cercis chinensis + Prunus persica)- S. chinensis - Zoysia matrella
Q2	香樟+银杏+雪松群落 C.camphora,G. biloba,C. deodara comm	(香樟+银杏+雪松)-(紫叶李+白玉兰+桂花)-紫薇-(红花檵木+珊瑚树+刺柏球)-(小叶女贞+紫叶小檗)-(马蹄金+马尼拉) (C.camphora + G. biloba + C.deodara)-(P.cerasifera + M.denudata + O. fragrans)-L. indica-(Loropetalum chinense var. rubrum + Viburnum awabuki + Juniperus formosana)-(L. quihoui + Berberis thumbergii f. atropurpurea)-(Dichondra repens + Z.matrella)
Q3	银杏+加杨群落 G. biloba,Populus × canadensis comm	加杨-(银杏+杜仲+紫叶李+桂花)-(小蜡+木槿+紫薇)-(红花檵木+珊瑚树)-(金边黄杨+紫叶小檗+刺柏球)-(马蹄金+马尼拉) P×canadensis-(G. biloba + Eucommia ulmoides + P.cerasifera + O. fragrans)-(Ligustrum sinense + H. syriacus + L. indica)-(L. Chinense var. rubrum + V. awabuki)-(Euonymus Japonicus + B. Thumbergii f. atropurpurea + J. formosana)-(D. repens + Z.matrella)
Q4	水杉+薄壳山核桃群落 Metasequoia glyptostroboides,Carya illinoensis comm	(水杉+薄壳山核桃+枫杨)-(柳杉+槐)-(女贞+紫叶李)-(海桐球+檵木+八角金盘)-(红花檵木+瓜子黄杨+洒金珊瑚+海桐篱+雀舌黄杨+杜鹃)-沿阶草 (M.glyptostroboides + C. illinoensis + Pterocarya stenoptera)-(Cryptomeria fortunei + Styphnolobium japonicum)-(L. lucidum + P.cerasifera)-(Pittosporum tobira + Lorpetalum chinense + Fatsia japonica)-(L.chinense var. rubrum + Buxus microphylla + Aucuba japonica + P.tobira + Buxus harlandii + Rhododendron simsii)-Ophiopogon japonicu
Q5	雪松+水杉+毛白杨群落 C.deodara,M. glyptostroboides,Populus tomentosa comm	(雪松+水杉+毛白杨)-(珊瑚树+桂花)-(山茶+八角金盘)-洒金珊瑚-沿阶草 (C.deodara + M.glyptostroboides + P. tomentosa)-(V. awabuki + O. fragrans)-(C. japonica + F. japonica)-A. japonica - O. japonicus

编号	群落类型	植物组成结构
Q6	雪松 + 水杉群落 *C.deodara*，*M.glyptostroboides* comm	(雪松 + 水杉) − 珊瑚树 − (棕榈 + 石楠球 + 构骨) − (洒金珊瑚 + 金森女贞 + 小叶黄杨 + 海桐球) − 沿阶草 (*C.deodara* + *M.glyptostroboides*) − *V. awabuki* − (*Trachycarpus fortunei* + *P. serrulata* + *Ilex cornuta*) − (*A. japonica* + *Ligustrum japonicum* 'Howardii' + *Buxus sinica* + *P. tobira*) − *O. japonicus*
Q7	雪松 + 银杏群落 *C.deodara*，*G.biloba* comm	(雪松 + 银杏 + 薄壳山核桃) − (珊瑚树 + 龙柏 + 棕榈) − (梅 + 紫薇) − (海桐 + 小叶女贞 + 小叶黄杨 + 小蜡) − 狗牙根 (*C.deodara* + *G. biloba* + *C. illinoensis*) − (*V. awabuki* + *Juniperus chinensis* + *T. fortunei*) − (*Prunus mume* + *L. indica*) − (*P. tobira* + *L. Quihoui* + *B. sinica* + *L. sinense*) - *Cynodon dactylon*
Q8	悬铃木 + 槐群落 *Platanus orientalis*，*S. japonicum* comm	(悬铃木 + 枫杨) − 槐 − (桂花 + 樱花 + 紫叶李 + 荚蒾 + 木槿) − (珊瑚树 + 紫藤) − (红花檵木 + 海桐 + 金叶女贞) − 沿阶草 (*P. orientalias* + *P. stenoptera*) − *S. japonicum* − (*O. fragrans* + *Prunus serruiata* + *P.cerasifera* + *Viburnum dilatatum* + *H. syriacus*) − (*V. awabuki* + *Wistaria sinensis*) − (*L.chinense* var. *rubrum* + *P. tobira* + *Ligustrum × vicaryi*) − *O. japonicus*
Q9	加杨 + 臭椿 + 广玉兰群落 *Populus × canadensis*，*Ailanthus altissima*，*Magnolia grandiflora* comm	加杨 − (臭椿 + 广玉兰) − (桂花 + 珊瑚树) − 马尼拉 *Populus × canadensis* − (*A. altissima* + *M.grandiflora*) − (*O. fragrans* + *V. awabuki*) − *Z.matrella*
Q10	香樟 + 悬铃木群落 *C.camphora*，*P. orientalis* comm	(香樟 + 悬铃木) − 女贞 − (桂花 + 紫叶李) − (紫薇 + 贴梗海棠) − (珊瑚树 + 小叶黄杨) − 沿阶草 (*C.camphora* + *P. orientalis*) − *L. lucidum* − (*O. fragrans* + *P.cerasifera*) − (*L. indica* + *Chaenomeles speciosa*) − (*V. awabuki* + *B. sinica*) − *O. japonicus*
Q11	香樟 + 雪松群落 *C.camphora*，*C.deodara* comm	(香樟 + 雪松 + 槐 + 枫杨) − (紫叶李 + 夹竹桃 + 鸡爪槭 + 珊瑚树 + 紫薇) − (木槿 + 山茶 + 苏铁 + 无刺构骨) − (洒金珊瑚 + 红花檵木 + 紫叶小檗 + 龟甲冬青 + 小叶女贞 + 南天竹 + 凤尾兰) − 沿阶草 (*C.camphora* + *C. Deodara* + *S. japonicum* + *P. stenoptera*) − (*P. Cerasifera* + *N. indicum* + *Acer palmatum* + *V. awabuki* + *L. indica*) − (*H. syriacus* + *C. japonica* + *Cycas revoluta* + *Ilex cornuta* var. *fortunei*) − (*A. japonica* + *L.chinense* var. *rubrum* + *B. Thumbergii* f. *Atropurpurea* + *Ilex erenata* var.*convexa* + *L. quihoui* + *Nandina domestica* + *Yucca gloriosa*) − *O. japonicus*
Q12	槐 + 香樟群落 *S. japonicum*，*C.camphora* comm	(槐 + 香樟) − (樱花 + 桂花 + 紫玉兰) − (海桐 + 杜鹃 + 小叶女贞 + 小叶黄杨) − 红花酢浆草 (*S. japonicum* + *C.camphora*) − (*Prunus serrulata* + *O. fragrans* + *Magnolia liliflora*) − (*P. ceraifera* + *R. simsii* + *L. quihoui* + *B.microphylla*) − *Oxalis corniculata*
Q13	榉树 + 雪松群落 *Z. schneideriana*，*C.deodara* comm	(榉树 + 枫杨) − (雪松 + 构树) − (桂花 + 梅 + 红叶石楠) − 圆柏 − (阔叶麦冬 + 熊掌木) (*Z.schneideriana* + *P. stenoptera*) − (*C.deodara* + *B. papyrifera*) − (*O. fragrans* + *P. mume* + *Photinia serrulata*) − *S.chinensis* − (*Liriope palatyphylla* + *Fatshedera lizei*)
Q14	香樟 + 合欢群落 *C.camphora*，*Albizia julibrissin* comm	(香樟 + 合欢) − 桂花 − (红枫 + 紫薇) − (小叶黄杨 + 金叶女贞 + 构骨球) − 马尼拉 (*C.camphora* + *A. julibrissin*) − *O. fragrans* − (*Acer palmatum* 'Atropurpureum' + *L. indica*) − (*B.microphylla* + *Ligustrum × vicaryi* + *Ilex cornuta*) − *Z.matrella*

续表

编号	群落类型	植物组成结构
Q15	悬铃木＋香樟＋雪松＋加杨＋朴树群落 *P. orientalis*，*C.camphora*，*C. deodara*，*Populus* × *canadensis*，*Celtis tetrandra* ssp.*sinensis* comm	加杨－（悬铃木＋香樟＋雪松＋朴树）－（夹竹桃＋紫薇）－（圆柏球＋海桐球＋小叶黄杨）－（月季＋鸢尾＋马蹄金＋马尼拉） *Populus* × *canadensis* －（*P. Orientalis* ＋ *C.camphora* ＋ *C.deodara* ＋ *C. tetrandra* ssp. *sinensis*）－（*N. indicum* ＋ *L. indica*）－（*S.chinensis* ＋ *P. ceraifera* ＋ *B.microphylla*）－（*Rosa chinensis* ＋ *Iris tectorum* ＋ *D. repens* ＋ *Z. matrella*）

注：＋表示植物位于同一层次，－表示植物位于不同层次。

表 5-6　降噪测定植物群落的结构特征

单位：m

结构特征	编号							
	Q1	Q2	Q3	Q4	Q5	Q6	Q7	Q8
间距	2.2—6.0	2.5—6.5	2.0—5.5	1.5—5.5	1.5—6.0	1.5—8.0	2.0—7.0	2.5—6.0
树木高度	0.4—9.0	2.2—6.5	0.5—18	0.4—18	0.8—21	0.5—15	0.6—13	0.6—9.5
枝下高	0.4—3.5	0.4—2.5	1.5—6.5	1.2—6.5	0.5—6.0	0.6—3.5	0.4—3.0	0.6—3.0
冠幅	1.0—3.0	0.8—3.0	1.2—7.5	1.2—7.5	0.6—8.0	1.4—6.0	1.0—7.0	2.5—6.0

5.2.4　不同植物群落降噪效果比较

（1）不同植物群落林带前后噪声衰减效果比较

对 15 种植物群落进行林带前后噪声声级测量，测量结果如表 5-7 所示。表中林带前等效声级数据显示，所选测量的主干道所测时间点内噪声值几乎都超过《声环境质量标准》（GB 3096—2008）中规定的 4a 类声环境功能区环境噪声限值（70 dB）。说明噪声污染在南京市内已经成为一种普遍现象，亟待解决。早期国内外对噪声烦恼度的调查结果表明，中国因公路、铁路运行造成的社区烦恼度定义为 20% 较为适宜，相应的昼间限值为 65 dB。从所测得的林带后等效声级数据可见，除了 Q8 群落的数据略高外，其他群落均低于 65 dB。

表 5-7　15 种植物群落林带前后降噪效果比较

植物群落	群落宽度/m	林带前等效 A 声级/dB	林带后等效 A 声级/dB	噪声总衰减值/dB	平均等效 A 声级衰减值/dB・m⁻¹
Q1	17.8	73.71	57.53	16.18	0.91
Q2	32.9	78.00	60.16	17.84	0.54
Q3	20.3	74.98	63.48	11.50	0.57
Q4	19.7	73.02	59.69	13.33	0.68
Q5	19.7	73.50	60.39	13.11	0.67
Q6	23.2	74.20	64.26	9.94	0.43
Q7	16.9	71.88	61.68	10.20	0.60
Q8	22.2	72.13	65.08	7.05	0.32

植物群落	群落宽度/m	林带前等效 A 声级/dB	林带后等效 A 声级/dB	噪声总衰减值/dB	平均等效 A 声级 衰减值/dB·m⁻¹
Q9	23.1	74.84	62.80	12.04	0.52
Q10	23.4	74.54	63.83	10.71	0.46
Q11	34.6	70.66	60.68	9.98	0.28
Q12	30.6	71.07	60.07	11.00	0.36
Q13	21.5	74.00	60.94	13.06	0.61
Q14	50.5	69.40	54.70	14.70	0.29
Q15	40.5	71.40	58.88	12.52	0.31

从表中数据可以看出,植物群落林带前后降噪效果与林带宽度并非呈简单的线性关系,如 Q1 群落,林带宽度为 17.8 m,等效 A 声级噪声总衰减值为 16.18 dB,平均每米降噪贡献值为 0.91 dB;而 Q14 群落,林带宽度为 50.5 m,等效 A 声级噪声总衰减值为 14.7 dB,平均每米降噪贡献值只有 0.29 dB。Q14 群落宽度远远大于 Q1 群落,但是降噪效果却完全相反;Q6 和 Q9 群落两者宽度几乎相等,但是降噪效果却有差别。这说明,植物群落降噪效果的优劣不仅与群落宽度有关,与群落内部结构特征(植物种类、种植间距、枝下高、植物高度等)也有着直接的关系,城市道路降噪群落的建设不应该仅仅考虑林带建设宽度的问题,还应该重视林带群落形态结构的建设,这样才能在有限的绿化范围内收获最大的生态效益。

由表 5-7 中平均等效 A 声级衰减值可以得出,降噪效果最好的为 Q1 群落,其次为 Q4 群落,降噪效果最差的为 Q11 群落。所测的 15 种植物群落平均等效 A 声级衰减值介于 0.28—0.91 dB·m⁻¹ 之间,以 0.5 dB·m⁻¹ 为分界点可将 15 种群落分为两个区段,位于分界点之上的依次是 Q1、Q4、Q5、Q13、Q7 群落,分界点之下的依次是 Q3、Q2、Q9、Q10、Q6、Q12、Q8、Q15、Q14 和 Q11 群落。15 种植物群落按每米降噪贡献值由大到小排序,依次为:Q1、Q4、Q5、Q13、Q7、Q3、Q2、Q9、Q10、Q6、Q12、Q8、Q15、Q14、Q11。

(2) 不同植物群落林带前后倍频程频谱结果与比较

通过分析 15 种植物群落对倍频程中心频率声压级的衰减值和倍频程频谱图(表 5-8、图 5-9)不难发现,15 种群落对各个频率段的声音衰减特性表现出较高的一致性:在 31.5—250 Hz 的低频段,植物群落在三个中心频率段降噪贡献值相差不大,且降噪能力并不突出,偶尔会出现负衰减值;在 500 Hz—2 kHz 的中频段,降噪能力明显上升,大部分群落的降噪贡献值在此区间段出现峰值,尤其是在 500 Hz 频率,绝大多数群落降噪贡献值达到最大值;而在 4—8 kHz 频率段内,只有 Q13 群落在 4 kHz 中心频率出现倍频程中心频率声压级的衰减值的峰值,而其他群落的倍频程中心频率声压级的衰减值几乎均低于中频段。

总结表 5-8 和图 5-9 中数据,可以得出如下结论:现有的 15 种植物群落,对道路交通中高频段噪声的衰减效果尤为突出。

表 5-8 15 种植物群落对倍频程中心频率声压级的衰减值

单位:dB

植物群落	频率								
	31.5 Hz	63 Hz	125 Hz	250 Hz	500 Hz	1 kHz	2 kHz	4 kHz	8 kHz
Q1	11.4	6.6	9.8	13.7	14.9	16.6	12.9	7.9	14.8
Q2	2.1	8.6	7.6	8.4	14.3	14.5	6.2	13.4	12.2
Q3	2.3	3.3	10.1	7.3	15.2	11.2	12.3	2.2	8.3
Q4	0.7	− 0.1	− 0.3	12.0	11.9	13.6	6.9	10.8	4.8
Q5	5.6	9.1	9.5	13.9	19.4	6.0	1.1	− 14.1	2.7
Q6	4.0	3.2	1.6	7.4	6.4	8.8	2.9	6.2	4.7
Q7	3.0	4.7	0.9	0.3	8.0	15.6	10.5	4.8	7.1
Q8	4.1	− 1.4	5.8	5.5	12.3	7.4	5.6	8.5	1.5
Q9	2.7	9.1	6.1	17.0	12.7	14.8	11.0	− 0.3	7.4
Q10	3.4	2.7	7.5	10.1	11.0	9.7	2.8	− 2.1	4.5
Q11	1.4	6.9	12.9	5.8	5.6	10.8	6.5	5.9	10.2
Q12	7.2	7.2	5.2	3.6	14.6	10.6	7.9	3.8	6.3
Q13	4.0	6.2	10.6	7.5	9.5	17.7	4.8	19.7	8.1
Q14	5.6	1.5	3.9	8.5	12.6	9.5	11.4	9.4	4.3
Q15	3.7	3.9	1.9	6.9	16.8	8.7	10.1	8.5	10.5

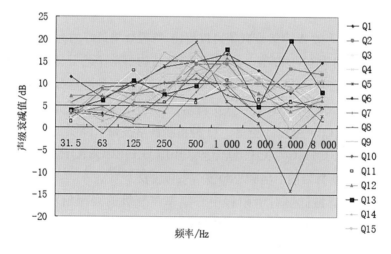

图 5-9 15 种植物群落频谱分析图

为进一步明确 15 种植物群落对不同频率噪声的衰减效果,将表 5-8 中 15 种植物群落对倍频程中心频率声压级的衰减值按照低、中、高 3 个频段分别加以平均,得到低频、中频、高频 3 个频率平均降噪值,分别表述为 f_1、f_2、f_3,再结合综合评价法对 15 种植物群落进行频率衰减效果的研究。

综合评价法是运用多个指标对多个参评单位进行评价的方法,称为多变量综合评价方法,简称综合评价法。其基本思想是将多个指标转化为一个能够反映综合情况的指标来进行评价。综合评价法的关键要素在于评价者、评价对象、评价指标和权重系数的确定。根据上文对测定点和测定对象的描述,可知本试验中评价对象都是乔、灌、草相结合的稳定结构群落,且评价指标都为低、中、高 3 种频率。道路交通车流量虽然处于时刻变化的状态,但也不免呈现出一定的规律性。此处考虑权重取值的自身复杂性,采用常用的经验累加取值法,设定权重系数低频、中频、高频都为 1。综合评价得到如表 5-9 中的结果。

表 5-9　15 种植物群落对低、中、高三个频段噪声的平均衰减值

单位:dB

植物群落	不同频率平均衰减值			
	低频段平均衰减值 (f_1)	中频段平均衰减值 (f_2)	高频段平均衰减值 (f_3)	三频段累加值 ($f_1 + f_2 + f_3$)
Q1	10.375	14.800 00	11.35	36.525 00
Q2	6.675	11.667 00	12.80	31.142 00
Q3	5.750	12.900 00	5.25	23.900 00
Q4	3.075	10.800 00	7.80	21.675 00
Q5	9.525	8.833 33	−5.70	12.658 33
Q6	4.050	6.033 33	5.45	15.533 33
Q7	2.225	11.366 70	5.95	19.541 70
Q8	3.500	8.433 33	5.00	16.933 33
Q9	8.725	12.833 30	3.55	25.108 30
Q10	5.925	7.833 33	1.20	14.958 33
Q11	6.750	7.633 33	8.05	22.433 33
Q12	5.800	11.033 30	5.05	21.883 30
Q13	7.075	10.666 70	13.90	31.641 70
Q14	4.875	11.166 70	6.85	22.891 70
Q15	4.100	11.933 30	9.50	25.533 30

表 5-9 中的数据进一步证实,植物群落对中频率噪声的衰减效果很明显,绝大多数群落对高频率噪声的衰减效果要优于对低频段噪声的衰减效果。综合低、中、高 3 个频段的平均衰减值,可依照表 5-9 中的数据将 15 种植物群落按倍频程三个频段声级衰减累加值由高到低进行排序,依次为:Q1、Q13、Q2、Q15、Q9、Q3、Q14、Q11、Q12、Q4、Q7、Q8、Q6、Q10、Q5。

(3) 15 种植物群落降噪效果分析

聚类分析对象为 15 种植物群落,采用 Q 型聚类分析,用距离来测度群落间的亲疏程度;评价指标为 15 种群落林带前后平均等效 A 声级衰减值和低、中、高 3 频段经验累加值($f_1 + f_2 + f_3$);聚类方法采用系统聚类中的离差平方和法。评价体系建立如表 5-10 所示。

结合系统聚类分析法和表 5-10 中的评价体系,借助 DPS 统计软件,绘制如图 5-10 所示聚类谱系图。

表 5-10　15 种植物群落聚类分析评价体系

植物群落	平均等效 A 声级衰减值/dB·m⁻¹	$f_1 + f_2 + f_3$/dB	植物群落	平均等效 A 声级衰减值/dB·m⁻¹	$f_1 + f_2 + f_3$/dB
Q1	0.91	36.525 00	Q9	0.52	25.108 30
Q2	0.54	31.142 00	Q10	0.46	14.958 33
Q3	0.57	23.900 00	Q11	0.28	22.433 33
Q4	0.68	21.675 00	Q12	0.36	21.883 30
Q5	0.67	12.658 33	Q13	0.61	31.641 70
Q6	0.43	15.533 33	Q14	0.29	22.891 70
Q7	0.60	19.541 70	Q15	0.31	25.533 30
Q8	0.32	16.933 33			

由图 5-10 聚类分析结果可以将 15 种群落按降噪等级分为四类:第一类包括 3 个群落,为 Q1、Q2、Q13;第二类包括 4 个群落,为 Q3、Q9、Q4、Q7;第三类包括 4 个群落,为 Q5、Q6、Q10、Q8;第四类包括 4 个群落,为 Q11、Q14、Q12、Q15。根据系统聚类图,可将 15 种群落按照降噪效果从优到劣进行排序,依次为:Q1、Q2、Q13、Q3、Q9、Q4、Q7、Q5、Q6、Q10、Q8、Q11、Q14、Q12、Q15。

因此,南京市 10 处主干道道路边缘处等效声级平均值最高为 76 dB,最低为71.3 dB,均超出《声环境质量标准》(GB 3096—

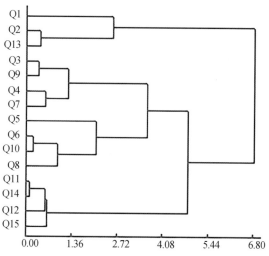

图 5-10　15 种植物群落系统聚类分析法树状图

2008)中规定的 4a 类声环境功能区标准。与声源距离相同的不同植物群落降噪效果不同,这与植物群落的类型及群落的组成和结构特征有关,包括主要建群种、乔灌木高度、种植间距、枝下高、冠幅、种植形式和地被等。降噪植物群落以乔木、灌木、草本植物相结合,落叶与常绿、针叶与阔叶树种合理配置,层次丰富,各层枝叶交错的结构为佳。实际应用中城市道路降噪植物群落临界宽度应根据具体群落的类型加以确定。

道路绿地中的植物群落相对无绿化空旷区,在视觉、降噪方面具有一定的优势。与声源距离相同的不同植物群落降噪效果不同,纵向上各层枝冠相接、横向上枝叶交错的植物群落降噪效果最佳。植物降噪并不单纯取决于植物数量,植物群落层次越丰富,降噪效果越好。植物唯有经过适当组合配置,才能达到预想的效果,因此须进一步加强对植物配置模式和降噪植物群落构建的研究。

5.3　城市交通降噪林带的构建

城市道路景观降噪林体系是指在一个自然地理单元(或一个行政单元)范围内,以各类城市道路绿化林带为组成要素,与城市道路交通噪声状况、周边环境、地形相结合,在保证交通安全的前提下,以降低噪声和景观效果为主,兼顾净化空气、调节道路小气候等生态功能的多树种、多植物群落、多功能的复合型森林植被系统。城市道路降噪林体系的建设应以"保证交通安全、满足降噪功能、减少环境污染、丰富道路景观"为主要目标。

5.3.1 理论基础

林带之所以能减弱噪声,是由于当声波碰到林带时,部分声能被吸收和反射。具体有 3 条途径:①当声波入射到树叶和树干表面时,一部分声能在低频范围内变为树叶和树干固有振动频率的振动声能,另一部分声能被树叶和树皮吸收;②地面或草皮的反射和吸声引起的声衰减;③由树林垂直温度梯度引起的声衍射。绿化林带减弱噪声的效果与树种及不同树种的搭配(林带结构)、林带宽度、树冠高度、种植间距以及季节、气象变化等因素有关。

（1）宽度设计

林带声衰减量与距声源点距离有关,林带宽度大,声传播过程中距离衰减也大。若不考虑高度、密度影响,林带宽度可按下式粗略估算:

灌草地:

$$\Delta L_{\text{shrub}} = 10 \lg(r_n/r_0) + (0.18 \log f - 0.31)(r_n - r_0)$$

树林:

$$\Delta L_{\text{fores}} = 10 \lg(r_n/r_0) + 0.01 f^{1/3}(r_n - r_0)$$

式中:ΔL 指林带噪声衰减值(dB);r_n 指测量点到声源的距离(m);r_0 指声源到最近林带边缘的距离(m);f 指声波频率。

林带宽度为:

$$\Delta r = r_n - r_0$$

式中第一项表示声源与接收者间因距离的增加而产生的声衰减;第二项为树林或灌木(草)丛反射、散射和吸收引起的声衰减。声波在传播时,还会受到空气吸收而衰减,声波频率不同,衰减值不一样,频率越高,衰减值越大。

（2）密度设计

林带正向遮蔽度与冠幅、株间距、行间距、最低分枝高度有关。当林带不能达到降噪目标,或增加林带宽度有困难时,可适当增大植物冠幅,使得冠幅/株间距=1,尽可能降低株间距和最低分枝高度。

（3）高度设计

林带的声程差大小与其高度有着密切的关系,在一定范围内影响到林带的顶部绕射声衰减的大小,林带绕射声衰减的计算可参照声屏障计算公式 $N = 2\delta/\lambda$,可用声程差确定 $\delta - h$ 关系:

$$\delta = (A + B + W) - d$$

式中:λ 指声波波长(m),d 指声源与受声点间的直线距离(m),A 指声源至林带前缘顶端的距离(m),B 指受声点至林带后缘顶端的距离(m),W 指林带宽度(m)。

随着林带高度增加,其声衰减的值也越来越大,参照声屏障高度设计原则,根据声屏障衰减 Meakawa(米卡瓦)理论可知,若声屏障最大声衰减为 24 dB,当以交通噪声等效频率500 Hz,噪声源离声屏障的距离为 4 m 代入计算公式可得,声屏障顶端离噪声源与受声点连线垂直距离(有效高度)大于 3.8 m 时,声屏障声衰减将达到最大值,此时再通过增加声屏障的高度来增加绕射声衰减值将得不到理想的效果。实际工程中,根据经验,林带的高度在种植期不应低于路面标高以上 3—5 m,成熟期不应低于路面标高以上 7—8 m,这一高度在公路林带设计与施工中容易实现。

(4)林带降噪值参考

按区域的使用功能特点和环境质量要求,《声环境质量标准》(GB 3096—2008)将声环境功能区分为以下五种类型:

0 类声环境功能区:指康复疗养区、高级别墅区、高级宾馆区等特别需要安静的区域。

1 类声环境功能区:指以居民住宅、医疗卫生、文化教育、科研设计、行政办公为主要功能,需要保持安静的区域。

2 类声环境功能区:指以商业金融、集市贸易为主要功能,或者居住、商业、工业混杂,需要维护住宅安静的区域。

3 类声环境功能区:指以工业生产、仓储物流为主要功能,需要防止工业噪声对周围环境产生严重影响的区域。

4 类声环境功能区:指交通干线两侧一定距离之内,需要防止交通噪声对周围环境产生严重影响的区域,包括 4a 类和 4b 类两种类型。4a 类为高速公路、一级公路、二级公路、城市快速路、城市主干路、城市次干路、城市轨道交通(高架段)、内河航道两侧区域;4b 类为铁路干线两侧区域。

各类声环境功能区适用表 5-11 规定的环境噪声等效声级限值。

表 5-11　环境噪声限值

单位:dB(A)

类别	时段	
	昼间	夜间
0	50	40
1	55	45
2	60	50
3	65	55
4a	70	55
4b	70	60

5.3.2 建设的原则

（1）保证交通安全

城市道路降噪林体系建设最基本的原则就是保障道路交通安全,道路一切附属工程都要建立在交通安全的基础之上。降噪林带的设计要符合行车视线要求和行车净空要求,在道路交叉口视距三角形范围内和弯道内侧的规定范围内不得种植高于最外侧机动车车道中线处路面标高1 m树木,以免影响驾驶员的视线通透性,保证安全停车距离,同时还应考虑植物的防眩和视线诱导功能。

（2）植物合理配置

根据前几小节对城市道路降噪林带不同季节降噪效果试验的分析总结,常绿树种和落叶树种在不同的季节对交通噪声表现出不同的衰减效果。通过对常绿树种和落叶树种进行合理配置,二者互为补充,发挥盛叶期和落叶期不同树种对噪声的不同衰减效果,可使降噪林带无论在盛叶期还是落叶期都能达到最好的降噪效果。

（3）营建层次丰富的植物群落

植物林带的降噪作用主要是利用了植物枝叶对声波的反射和吸收作用,单株或稀疏的植物对声波的反射和吸收很少,当植物形成郁闭的群落时,则可有效地反射声波,犹如一道隔声障板。不同形态植物的降噪能力差异很大,植物群落的降噪效果差异更大,其不仅和组成群落的植物的形态有关,更是复杂的群落内部结构(如层次、高度、冠幅)影响的结果。降噪林带建设设计时,应对各种乔木、灌木、藤本植物、草本等地被植物进行科学合理的配置,尽量使各种形态不同、习性各异的植物合理搭配,形成多层复合结构的植物群落,有效提高城市道路绿地单位面积的植物绿量,增强道路绿地在保护环境、改善气候、平衡生态等方面的功能,达到最佳降噪效果。

（4）与道路设施相协调

道路中存在各种市政管道设施,有电信、电力、给排水、燃气管道等,降噪林带设计建设时要处理好这些设施与道路林带的关系,以免相互冲突。根据《城市道路绿化规划与设计规范》中相关规定,要处理好降噪林带和道路设施关系。如在分车带和行道树绿带的上空不宜设置架空线,必须设置时应该保证架空线下有不小于9 m的树木生长空间;架空线下配置的乔木应选择开放形树冠或耐修剪的树种等。

（5）降噪效益与其他效益相结合

城市道路景观降噪林带是集环境效益、生态效益、景观效益和安全效益等为一体的效益综合体,因此,在降噪林带建设设计过程中,在保证其降噪效果的同时,必须考虑其滞尘、净化空气、生态修复、景观多样性、休闲及其他功能,使城市道路绿地在有限的空间内发挥最大的综合效益。例如,为丰富道路沿线景观,减轻驾驶员在行车过程中的视觉疲劳,林带设计过程中注意不同季节的形态、色彩的变化等,使林带在不同的季节均有较好的景观效果。

（6）近期效果与长期效益相结合

植物既有一年中的萌芽、发枝、开花、结果等年周期变化,又有一生中的幼年期、壮年期、老年期、死亡等生命周期变化。植物特有的生长规律使不同树种在生命周期的不同阶段形态出现一定的差异，这样林带的降噪功能和景观效果就会随时间变化而变化。同时，树木因生长速度不同分为速生树种和慢生树种，由速生树种组成的降噪林带见效快，但整个林带的衰老也快；慢生树种生长慢但寿命长，所组成的林带能保持长久的降噪和景观效果。在降噪林带建设中，若采用速生树种，虽然效果明显，但树木生长到一定时期后，易衰老凋残，而更换树种后又需要一段时间才能达到预期效果。从长远的效益考虑，慢生树种和速生树种应合理配置，使降噪林带既能充分发挥功能，又能在树木生长壮年保持良好的景观效益，使近期效果和远期效益真正结合起来。

5.3.3 城市道路景观降噪林体系建设程序

（1）确定建设目标

每个城市的道路绿地概况、道路交通噪声状况和经济发展条件都会有各自不同的特点与存在的问题，所以城市道路降噪林体系建设工作首先要对规划范围内的现状特点以及存在的主要问题进行分析、归纳，在城市绿地系统规划的基础上，针对不同道路类型、交通噪声状况及周边环境功能区制定规划目标，作为对体系建设的指导。比如不同的道路绿化带宽度、不同的道路断面形式（"一板两带"、"两板三带"、"三板四带"、"四板五带"、立交道路以及轨道交通地面段等）、不同的噪声防护环境功能区（居民住宅、医疗卫生、文化教育、行政办公以及商业金融等区域）。在确定城市道路降噪林体系建设目标时，必须注重城市差异性，突出科学性和现实可操作性。

（2）收集资料与现场调研

主要收集城市道路景观降噪林体系建设的相关规划指导和依据等资料，如城市总体规划，控制性、修建性详细规划，城市绿地系统规划等主要规划材料和文本、《声环境质量标准》（GB 3096—2008）、《中华人民共和国环境噪声污染防治法》、《城市道路设计规范》（CJJ37—90）、《城市道路绿化规划与设计规范》（CJJ75—97）等相关法律法规、设计规范、最新城市地形图、卫星航片、主要乡土树种和地带性植物分布情况等。相关资料收集齐全后，进入现场调研阶段，此阶段主要对城市道路整体环境做详细调查和研究，也对所收集的资料进行验证和补充，通过相关资料从整体上、宏观上对城市的自然和人文细部情况和特点，如城市建设环境、气候气象、水文土壤、道路绿地分布、规划和建设情况等进行把握，对景观降噪林带设计和建设中可能具有重要作用的因素做进一步直观、详细的了解。

（3）确定代表受声点和降噪目标值

在前期调研资料分析的基础上，按照"从面到线、从线到点"的梯度层次设计方法，即先从整个景观降噪林体系层面进行宏观把握，再过渡到每条道路特有的线形景观降噪林带，然后针对每条道路路段交通噪声状况、防护对象的位置以及地形地貌确定噪声最严重的敏感点作为代表受声点。根据实测或预测受声点处的道路交通噪声值、受声点的背景噪声值以及环境噪声标准值的大小确定降噪目标值。如果受声点的背景噪声值等于或低于功能区的环境噪声标准值，则设计目标值可以由道路交通噪声值（实测或预测）减去环境噪声标

准值来确定。降噪林带降噪范围采用如下公式进行计算：

$$L_{林带} \geqslant L_{声源} - L_{环境max}$$

式中：$L_{林带}$ 为林带降噪值；$L_{声源}$ 为林带前的噪声值；$L_{环境max}$ 为林带后声环境功能区昼间噪声最大限值。

（4）确定林带种植方案

根据景观降噪林带建设树种选择的原则，结合风景园林学、植物群落学、园林美学、生态学等相关学科知识确定降噪树种。林带配置形式的确定主要考虑植物群落降噪效果、绿地景观需要以及与周围环境的关系等因素。林带位置和配置形式的选择原则是林带靠近声源或者靠近受保护对象，可以结合园林微地形，力求以较少的工程量达到设计所需要的噪声衰减量。降噪林带设计方案的关键是确定林带的宽度、密度、长度和高度等参数。当采用林带控制交通环境噪声技术却依然不能达到环境噪声标准时，应根据实际情况考虑采用声屏障降噪等其他降噪措施。

景观降噪林带设计方案通过后，进入详细种植设计阶段，在此阶段中应该用植物材料使种植方案中的构思具体化，这包括详细的种植配置平面、植物的种类和数量、种植间距等。详细设计中确定植物应从植物的形状、色彩、质感、季相变化、生长速度、生长习性、配置在一起的效果等方面去考虑，以满足种植方案中的各种要求。

在种植设计完成后就要着手准备绘制种植施工图和为施工图添加标注说明。种植平面是种植施工的依据，其中应包括植物的平面位置或范围、详尽的尺寸，植物的种类和数量，苗木的规格、详细种植方法、管理和栽后保质期限等图纸与文字内容。

（5）建设实施与保障

实施与保障就是采用各种手段和政策实现规划建设的目标及内容。城市道路景观降噪林体系建设主要内容是以宏观战略性的指导为主体，对于具体的道路景观降噪林带起到指导性作用，具体建设实施则是通过后期每条道路景观降噪林带的设计和建设实现整个城市的景观降噪林体系的落成。在后期逐条道路景观降噪林带实施过程中很有可能发生局部与整个体系的冲突，以及出现后期养护管理方面的问题等。因此，为了避免这些问题的发生，不仅要在整个体系建设的初级阶段找出解决的途径，还要明确职能部门的责任，加强实施过程中的监督管理，科学制定一系列的法律和法规，确保景观降噪林体系建设内容的实施。

（6）降噪效果评价和完善

此项工作可以贯穿降噪林带设计、施工、养护和建成后长期养护管理的全过程。在施工前的阶段性评价中，主要依据现场交通噪声测量或预测值、植物的生态学习性，对植物林带配置方案的今后趋势以及其与环境的关系进行预测和分析，从而评价其科学性和合理性。而对于景观降噪林带建成后的降噪效果和景观效果的评价则是一项长期的工作，这主要是因为植物的生长需要一定时间和过程。评价内容包括林带降噪后是否能达到环境噪声标准，植物能否正常生长和发育，植物之间能否和谐相处，一段时间后植物景观是否达到当初设计所希望的效果,有无不良景观倾向等。景观降噪林带降噪和景观效果的完善,是建立在降噪效果评价的基础上,这需要长期跟踪调查和分析降噪情况,逐步进行。

综上所述,城市道路景观降噪林体系建设工作可以分为确定建设目标、收集资料与现场调研、确定代表受声点和降噪目标值、确定林带种植方案、建设实施与保障、降噪效果评价和完善等6个主要工作阶段。

5.3.4　降噪树种选择

(1) 选择原则

① 乡土树种为主、外来树种为辅原则

乡土树种一般是指未经人类作用引进,长期生长于当地,自然分布、自然演替,已适应并融入当地自然生态系统,在当地极端恶劣气候条件、病虫侵袭等自然灾害条件下仍然能够健康生长的树种。乡土树种对气候和土壤条件有较强的适应性,抗御各种灾害能力很强,容易形成稳定的植物群落,若能很好地利用乡土树种,不但可以充分表现出植物林带的降噪功能和景观效果,也能够节约成本。同时为了适应城市道路复杂的环境和要求,避免城市道路降噪林带树种单调乏味的问题,在降噪林带设计过程中,应该适当引进外来优良树种,补充树种的数量,以满足不同空间和立地条件降噪林带的建设要求,使外来树种与乡土树种相配合,地域性植物景观与异域性植物景观和谐统一,营造更加丰富多彩的城市道路绿地景观。但在引入外来树种的过程中,应特别注重对其入侵危害的判别,要通过试验和驯化,观察其适应能力和在道路绿地生态系统中的作用。同时在外来植物种引入过程中还应把好苗木的检疫关。

② 适地适树原则

适地适树是指根据气候、土壤等生境条件来选植能够健壮生长的树种。在选择降噪林带树种时应将城市道路周边立地条件与树种特性相结合,因地制宜,把城市的自然条件(如气候、土壤、水文等)和局部小环境条件(如小地形、小气候等)作为前提,考虑树种的生态学习性及形态特征,以适应道路周边环境、抗逆性强的乡土树种为主,筛选的外来树种则应经过科学驯化,直至其能够较好地适应当地气候,这样可以有效降低树种的死亡率,提高城市道路景观降噪林体系建设的可操作性,节约经济成本。

③ 经济节约性原则

不应单一追求规模、加大树种的规格,在能满足功能和景观效果的同时尽量选择小规格苗木。大规格树种除了价格较高外,移植成活率相对较低,易造成树种资源和经济的浪费。

(2) 树种规格要求

丁亚超的研究表明不同树龄树木组成的道路绿带降噪效果存在差异性。景观降噪林带建设应用不同树龄和不同规格的树木进行合理搭配,既可以增强降噪和景观效果,又可以避免树龄相同导致的降噪林带同一时间老龄化和更新等问题,使林带的生态效益和防护效益更加稳定。

（3）主要降噪树种

余树勋在"面向 21 世纪首都绿化学术研讨会"上的发言中综合了国外对植物降噪效果的一些研究材料提出，植物重叠的叶片可以改变噪声声波的方向，形成乱反射，使透过枝叶空隙射入人居环境中的噪声减弱 20%—30%。从声学角度来讲，植物吸声和消声能力与绿量及单位吸声量密切相关，张庆费等在《降噪绿地：研究与营造》一文中提出最好选择常绿、枝叶浓密、树叶厚革质、树体高大、冠幅宽大的植物，浓密的枝叶有助于提高绿地消声量，并根据初步调查测定，列出 36 种降噪效果较好的植物，其中包括 19 种常绿植物和 17 种落叶植物。郑思俊等选择上海市典型的树种和人工植物群落进行试验测量，分析不同植物群落的降噪效果及其影响因子，研究结果表明，植物反射和吸收声波的主要部位为枝和叶，不同植物隔声性能有差异，这与植物的植株大小、叶面积、叶量等自身的形态特征有关，而影响植物隔声性能最主要的因素是植株的叶面积和叶量。刘佳妮研究表明：叶片面积较大、宽度较大且质地厚的阔叶植物对噪声的衰减作用最强，同时植物减弱声音主要是靠枝叶在声波传播途径上的反射作用；叶片面积较大的植物，对波长较短的高频声波有着较大的反射面积，从而改变高频声波的传播方向。根据前人对植物降噪的研究结果，综合杜丹等本课题科研小组成员四年来对南京市城市道路植物林带降噪效果的研究，总结出如下适合城市道路景观降噪林体系建设的树种：

常绿乔木：雪松、龙柏（*S. chinensis*）、深山含笑（*Michelia maudiae*）、乐昌含笑（*Michelia chapensls*）、广玉兰、香樟、枇杷、杜英（*Elaeocarpus sylvestris*）、桂花、女贞。

落叶乔木：银杏、水杉、加拿大杨、垂柳、枫杨、薄壳山核桃（*Carya illinoensis*）、朴树、榉树、鹅掌楸、白玉兰、悬铃木、木瓜（*Chaenomeles sinensis*）、东京樱花、紫叶李、碧桃、梅花、合欢、槐、臭椿、盐肤木（*Rhus chinensis*）、三角枫（*Acer buergerianum*）、五角枫（*Acer mono*）、鸡爪槭、红枫、七叶树（*Aesculus chinensis*）、无患子、黄山栾树等。

常绿灌木：铺地柏、十大功劳、阔叶十大功劳（*Mahonia bealei*）、南天竹、海桐、石楠、红叶石楠、大叶黄杨、金边黄杨（*E. japonicus var. aureo-marginatus*）、无刺构骨（*I. cornuta var. fortunei*）、龟甲冬青、茶梅（*Camellia sasangua*）、八角金盘、红花檵木等。

落叶灌木：蜡梅（*Chimonanthus praecox*）、八仙花（*Hydrangea macrophylla*）、贴梗海棠、棣棠（*Kerria japonica*）、紫穗槐（*Amorpha fruticosa*）、木芙蓉（*Hibiscus mutabilis*）、木槿（*H. syriacus*）、迎春（*Jasminum nudiflorum*）、小叶女贞（*L. quihoui*）。

藤本植物：络石（*Trachelospermum jasminoides*）、常春藤（*Hedara helix*）、扶芳藤（*Euonymus fortunei*）、野蔷薇（*Rosa multiflora*）、木香（*R. banksiae*）、五叶地锦（*Parthenocissus quinquefolia*）。

竹类：孝顺竹（*B. multiplex*）、凤尾竹（*Bambusa multiplex*）。

地被植物：白三叶（*Trifolium repens*）、紫花苜蓿、马蹄金、蒲苇（*Cortaderia selloana*）、鸢尾（*Iris tectorum*）、萱草、麦冬（*Liriope spicata*）、吉祥草（*Reineckea carnea*）、红花酢浆草、葱兰（*Zephyranthes candida*）、美人蕉（*Canna indica*）、狗牙根、高羊茅（*Festuca arundinacea*）、马尼拉。

5.3.5　景观降噪林带营建模式

根据对南京市城市道路绿化林带树种结构的调查、15 种绿化林带对交通噪声的衰减效果的分析研究，以及对降噪效果较好的林带进行景观综合评价，从降噪效果和景观功能相协调的原则出发，对不同道路形式的绿化林带进行优化设计，形成以下适合不同道路断面形式的景观降噪林带营建模式，并探讨提升城市道路绿化林带的降噪效果和景观质量的方案，从而为今后城市道路景观降噪林体系的建设提供一定的实践经验。

（1）"一板两带"式

"一板两带"式是道路绿地中比较常用的一种布置形式，在车行道两侧人行道分割线上种植行道树。本试验研究的范围是具有路侧绿化带的一板两带式道路绿地。以调查的板仓街样点 D_1 为例，对降噪林带进行优化设计，得到一板两带式道路景观降噪林带营建模式。具体植物结构和平面图如下：

行道树绿化带：香樟列植成行，种植间距为 6 m，树池种植麦冬（L. spicata）。

路侧绿带：宽 16 m，上层种植三排落叶色叶树种银杏，间距为 3 m，林带后密植一排广玉兰；中层桂花和红叶石楠球列植在银杏树下，垂丝海棠三五成丛种植在林带边缘，大叶黄杨球点缀其中，既丰富了林带层次，增加了降噪效果，又提升了竖向观赏视线；下层红花檵木、珊瑚树（Viburnum awabuki）、金叶女贞（Ligustrum california）修剪成规则式的绿篱，宽度为 3 m，广玉兰和垂丝海棠下分别种植常春藤和鸢尾作为地被层。种植形式如图 5-11 所示。

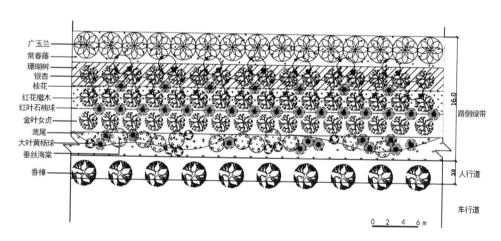

图 5-11　"一板两带"式种植平面图

（2）"三板四带"式

"三板四带"即利用两条分隔带把车行道分成 3 条，中间为机动车道，两侧为非机动车道，连同车道两侧的行道树绿带共有 4 条绿带。适用于路幅较宽，机动车、非机动车流量大的主要交通干道。根据对南京各道路类型的调查，发现三板四带道路绿带平均宽度在 25 m 左右，满足较好的降噪绿带宽度。具体植物结构和平面图如下：

两侧分车绿带:宽 1.5 m,石楠、垂丝海四五株交错间隔列植,大叶黄杨、红叶石楠间隔密植成绿篱,沿阶草镶边。

行道树绿化带:宽 3 m,银杏列植成行,种植间距为 6 m,树池种植麦冬。

路侧绿带:宽 18.5 m,上层交错种植两排香樟形成密集的背景林;中层丛植白玉兰、紫叶李、桂花;其下金边黄杨、红花檵木、大叶黄杨按照高低次序修剪成带状绿篱,中间点缀红叶石楠球;樱花(*P. serrulata*)和木槿成丛种植于绿篱外缘,增加春季和夏季观赏效果;地被层为马尼拉草坪。种植形式如图 5-12 所示。

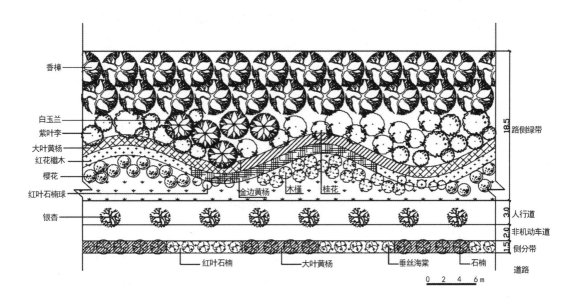

图 5-12 "三板四带"式种植平面图

(3)"四板五带"式

"四板五带"式是指利用 3 条分隔带将车道分为 4 条,共有 5 条绿带,它比三板四带多 1 条机动车道和 1 条中间分车绿化带。用地面积较大,适用于大城市的交通干道。四板五带式道路绿带平均宽度为 29 m 左右,接近于最佳的 27 m 宽度。具体植物结构和平面图如下:

中间分车绿带:宽 2.0 m,上层桂花和红枫交错间隔列植,下层红叶石楠、海桐间隔密植成绿篱,沿阶草镶边。

两侧分车绿带:宽 1.5 m,木槿 - 红花檵木 + 龟甲冬青 - 沿阶草。

行道树绿化带:宽 3 m,香樟(*C.camphora*)列植成行,种植间距为 6 m,树池种植麦冬。

路侧绿带:宽 18.5 m,上层交错种植两排女贞,靠近人行道一侧种植一排黄山栾树,种植间距为 6 m;中层丛植梅花(*P. mume*)和桂花,红枫点缀其中,黄山栾树之间列植花石榴 (*Punica granatum*);其下珊瑚树、红叶石楠、大叶黄杨按照高低次序修剪成带状绿篱,中间点缀红花檵木球;地被层为红花酢浆草。种植形式如图 5-13 所示。

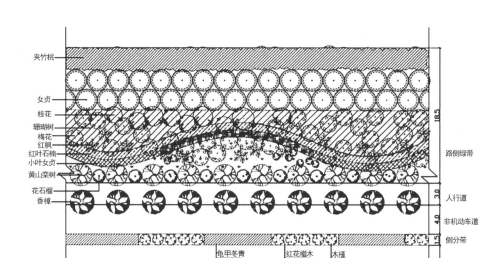

图 5-13 "四板五带"式种植平面图

（4）立交道路

立交道路是立体交叉桥的简称,它是在城市重要交通交汇点建立的上下分层、多方向行驶、互不相扰的现代化陆地桥。一般来说,立交道路的周边都会有大块绿带,用于降噪、防尘等,植物也可以对多层立交道路硬环境进行软化,增加景观效果,减少司机视觉疲劳。

以凤台路样点为例(图 5-14、图 5-15),对降噪林带进行优化设计,得到立交道路景观降噪林带营建模式。具体植物结构和平面图如下:

图 5-14 凤台路绿化现状 1

图 5-15 凤台路绿化现状 2

两侧分车绿带:宽 2.5 m,上层紫薇和樱花交错间隔列植,下层红叶石楠、海桐间隔密植成绿篱,沿阶草镶边。

行道树绿化带:宽 3.5 m,上层雪松列植成行,种植间距为 5 m,下层金森女贞(*L. japonicum* 'Howardii')、杜鹃(*R. simsii*)、海桐间隔密植成绿篱。

路侧绿带:宽 14 m,上层林带间交错种植乔木合欢(*A. julibrissin*)和枫杨,林带后紧密种植一排雪松;中层丛植垂丝海棠、桂花、紫薇等;其下珊瑚树(*V. awabuki*)、红叶石楠、大叶黄杨按照高低次序修剪成带状绿篱,中间点缀红叶石楠球和海桐球。种植形式如图 5-16 所示。

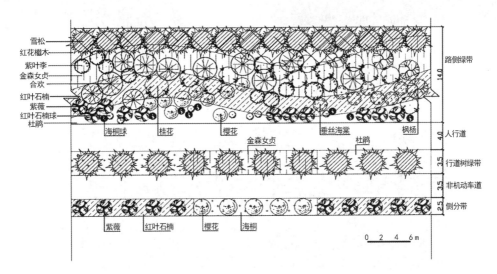

图 5-16 立交道路种植平面图

(5)轨道交通(高架段)

轨道交通(高架段)与立交道路相似,与其他城市交通干道运输系统重叠、交叉。因车流量小,且在噪声敏感区域设置了声屏障,所以在对 15 个样地林带测量时,发现轨道交通(高架段)噪声污染相对于其他道路类型要小。

以应天大街样点为例,对降噪林带进行优化设计,得到轨道交通(高架段)景观降噪林带营建模式。应天大街林带的现状如图 5-17 和图 5-18 所示,该绿化林带宽 20 m,林带净衰减值最小,分析主要原因为乔灌木种植比较分散,乔木树种较少,林带郁闭度较小,没有形成上中下多层次复合林带。

针对以上问题,对应天大街的林带进行优化设计,具体植物结构和平面图如下:

行道树绿化带:香樟列植成行,种植间距为 5 m。

路侧绿带:宽 14 m,在林带前侧,上层增加乔木榉树和黄山栾树,增加林带郁闭度和层次丰富度,林带后侧,在原有构树(*Broussonetia papyrifera*)株间种植常绿树种雪松,形成最后一道绿色隔声屏障;中层增加梅花、紫叶李、红叶石楠球的数量,增加景观观赏性;春季开花的二月蓝(*Orychophragmus violaceus*)作为地被层。种植形式如图 5-19 所示。

图 5-17 应天大街绿化现状 1	图 5-18 应天大街绿化现状 2

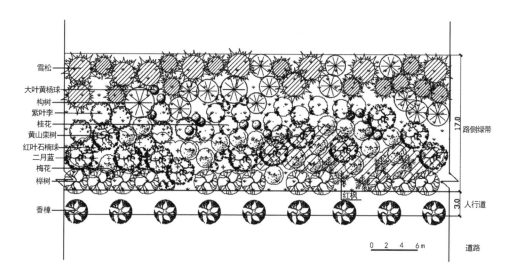

图 5-19 轨道交通(高架段)种植平面图

5.3.6 结论与讨论

正如独木不成林,绿化降噪也需要乔灌草携手、地形配合。从前面章节测量结论中也能发现,植物群落层次越丰富,复合形态越连续,就越容易形成紧密的绿化隔声屏障,从而降噪效果也越好。景观林带降噪能否达到实用、经济、美观的效果,在很大程度上取决于对园林植物的选择和配置。

园林植物种类繁多,形态各异,有高逾百米的巨大乔木,也有矮至几厘米的草坪及地被植物;有直立的,也有攀缘的和匍匐的。树形也各异,如圆锥形、卵圆形、伞形、圆球形、拱垂形等。植物的叶、花、果更是色彩丰富,绚丽多姿。同时,园林植物作为活体材料,在生长发育过程中呈现出鲜明的季节性特色和兴盛、衰亡的自然规律。如此丰富多彩的植物在合理配置成降噪林带的同时,也营造了精美的园林景观。因此,要同时提高绿化林带的降噪功

能和景观质量,必须要按照一定的原则对道路绿化林带进行精心设计,根据工作程序逐步
实施。

参考文献

[1] 崔凯杰.城市交通噪声污染的影响及控制[J].噪声振动与控制,2007,11(S1):116-119.

[2] 杜振宇,刑尚军,宋玉民,等.高速公路绿化带对交通噪声的衰减效果研究[J].生态环境,2007,16(1):31-35.

[3] 杜丹.城市道路植物群落的降噪效果及其优化研究[D].南京:南京林业大学,2011.

[4] 彭海燕.北京平原公路绿化带降噪效果及配置模式研究[D].北京:北京林业大学,2010.

[5] 孙翠玲.树木减噪的模拟研究[J].林业科学,1985,21(2):132-139.

[6] 田雪琴,胡羡聪,吴小英,等.珠三角现代城市森林景观降噪树种配置模式的初步研究[J].环境,2006(S2):26-27.

[7] 余树勋.北方城市噪声如何减弱:在"面向 21 世纪首都绿化学术研讨会"上的发言[J].中国园林,2000(2):16-18.

[8] 袁玲,王选仓,武彦林,等.夏冬季公路林带降噪效果研究[J].公路,2009(7):355-358.

[9] 张邦俊,胡芬,黄有兴,等.绿化带对交通噪声的衰减及对主观反应的影响[J].环境污染与防治,1994,16(1):31-35.

[10] 张庆费,郑思俊,夏檑,等.上海城市绿地植物群落降噪功能及影响因子[J].应用生态学报,2007,18(10):2295-2300.

[11] 张周强,郑远,杜豫川,等.绿化带对道路交通噪声的影响实测与分析[J].城市环境与城市生态,2007,20(6):17-19.

[12] Fang C F,Ling D L. Investigation of the noise reduction provided by tree belts[J].Landscape and Urban Planning, 2003,63(4):187-195.

[13] Cook D I, Haverbeke D F V. Tree, shrubs and Landforms for Noise Control[J]. Journal of Soil and Water Conservation, 1972,27(6):259-261.

[14] Martinez-Sala R,Rubio C, Garcia-Raffi L M, et al. Control of noise by trees arranged like sonic crystals[J]. Journal of Sound and Vibration, 2006,291(1/2):100-106.

[15] 王浩,谷康,等.城市道路绿地景观规划[M].南京:东南大学出版社,2005.

[16] 胡长龙.园林规划设计[M].2 版.北京:中国农业出版社,2002.

[17] 韩笑.植物对模拟交通噪声的衰减研究[D].南京:南京林业大学,2012.

[18] 李宁.南京城市道路景观降噪林体系的建设研究[D].南京:南京林业大学,2012.

[19] 丁亚超.公路交通噪声预测及绿化带对交通噪声衰减的效果研究[D].武汉:华中科技大学,2005.

[20] 张庆费,肖姣姣.降噪绿地:研究与营造[J].市政工程,2004(21):30-31.

[21] 郑思俊,夏檑,张庆费.城市绿地群落降噪效应研究[J].上海建设科技,2006(4):33-34.

[22] 刘佳妮.园林植物降噪功能研究[D].杭州:浙江大学,2007.

第 6 章

园林植物保持水土功能研究

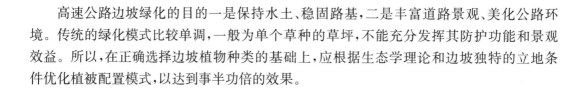

高速公路边坡绿化的目的一是保持水土、稳固路基,二是丰富道路景观、美化公路环境。传统的绿化模式比较单调,一般为单个草种的草坪,不能充分发挥其防护功能和景观效益。所以,在正确选择边坡植物种类的基础上,应根据生态学理论和边坡独特的立地条件优化植被配置模式,以达到事半功倍的效果。

6.1 材料与方法

6.1.1 试验地概况

邳州市地处江苏省苏北平原北部,地势开阔,地形平坦。该地气候温和、四季分明、雨量充沛、春秋季短、冬寒夏热,年平均气温 15℃左右,年平均降雨量 800—900 mm。夏秋季降水集中,常出现暴雨,因此对高速公路边坡危害较大。而徐连高速公路在此以京杭大运河为界,运河以东土壤主要为黏土,运河以西土壤主要为粉沙土且多呈松散状态。

6.1.2 坡立地条件

徐连高速公路邳州段边坡由人工堆积而成,自然土壤结构遭到彻底破坏,边坡坡度比为 1∶1.5,路堤高度为 1.5—7 m。试验段均为填土路基,坡面无表土层,板结,土壤有机质含量 3.1—11.2 g·kg^{-1},虽有残存的土壤微生物活动,但数量极少。另外,由于含有大量粉煤灰和石灰,土壤 pH 呈碱性,最高可达 12.18。由此可见,边坡立地条件恶劣,植被的自然恢复力很差。

针对试验段气候及土壤条件,选择黏土与粉沙土两个试验段。在路堤边坡坡长为 7 m 的黏土路段和坡长为 7 m 及 3 m 的粉沙土路段采取植被防护与工程防护相结合的措施。

6.1.3 植物材料

植物种类共有 11 种,其中草坪草(草皮)3 种,即狗牙根草坪、马尼拉草坪和大穗结缕草(*Zoysia Japonica*)草坪;地被植物 3 种,为沿阶草(*Ophiopogon japonicus*)、葱兰(*Zophyranthes candida*)和红花酢浆草(*Oxalis rubra*);草种 3 种,为狗牙根、高羊茅和多年生黑麦草。灌木种类有迎春、金钟(*Forsythia viridissima*)和金叶女贞。

6.1.4 辅助设备与材料

肥料:NH_4HCO_3、$(NH_4)_2HPO_4$、复合肥(N、P、K 各 15%)。
药剂:德立邦、景岗霉素、百菌清。其他工具如遮阴网、稻草、稀草垫、水车等。

6.1.5 试验方法

在徐连高速公路邳州段,边坡工程防护共有单衬砌拱、双衬砌拱、单衬砌拱＋六角形空心预制块和浆砌片石网格等 4 种类型,采用工程防护与植物防护相结合的形式。本试验欲研究在边坡坡长、边坡防护形式和排水形式、边坡立地条件相同的情况下植物配置模式的优化。为此,在各类防护形式的边坡上,分别选择沙土和黏土两种类型的边坡(长各为500 m 左右),设置试验段,在边坡上分别做试验。各试验段长均为 50 m,设简单种植和混合种植两种类型,另设对照地,种植时间为 2001 年 7 月 5 日—2001 年 7 月 15 日。具体布置如下:

(1) 对照为不种任何植被。

(2) 单一种植:只种植 1 种植物,在不同防护形式的边坡上,设置 9 种种植模式的试验段。①种草:设置 6 类试验段,分别是满铺(狗牙根、马尼拉、大穗结缕草)、点铺(马尼拉和狗牙根)和播种(狗牙根),播种量均为 20 g·m⁻²。②地被植物:设置 3 类试验段,分别为沿阶草、葱兰和红花酢浆草,种植株行距均为 10 cm×10 cm。

(3) 混合种植:在同一试验段上种植两种或两种以上的植物,在不同防护形式的边坡上,设置 5 种种植模式的试验段。①草种混播:设置 1 类试验段,为狗牙根、高羊茅和多年生黑麦草按 1∶1∶1 混播,播种量 20 g·m⁻²。②草灌结合:设置 4 类试验段,在沙土段和黏土段分别栽植迎春、金钟(*Forsythia viridissima*)和金叶女贞,沙土段种植株行距分别为30 cm×30 cm、30 cm×30 cm 和 50 cm×50 cm,黏土段种植株行距分别为 50 cm×50 cm、1 m×1 m 和 50 cm×50 cm。在沙土段金叶女贞下同时栽植沿阶草,其他灌木下均为栽植后播种狗牙根。

(4) 黏土包坡方法:用 20 cm 黏土覆盖沙土段坡面。

植被种植后,定期观测植物生长情况,如覆盖率、高度、冠幅、病虫害情况等。

6.1.6 土壤侵蚀状况测定方法

用侵蚀针法观测坡面土壤侵蚀情况。

6.2 不同植物配置模式的抗冲刷能力

6.2.1 沙土段不同植物配置模式的抗冲刷能力

(1) 集中下水段

① 不同植物配置模式下单衬砌拱坡面的土壤侵蚀状况及植被覆盖率

在沙土段集中下水段采用单衬砌拱工程护坡,坡长 7 m,使用 8 种不同的植物配置模式,经过 5 年观测,得出坡面土壤侵蚀量及植被覆盖率的平均值(表 6-1)。

表 6-1 沙土段不同植物配置模式下集中下水单衬砌拱坡面的土壤侵蚀状况及植被覆盖率

样地号	植被类型	土壤侵蚀针读数平均值/mm			植被覆盖率平均值/%		
		1 周后	1 年后	3 年后	1 年后	3 年后	5 年后
1	点铺马尼拉	2.5	3.5	3.5	95	100	100
16	点铺狗牙根	2.5	3.5	4.0	85	85	85
3	满铺狗牙根	0	4.5	5.4	75	80	80
7	满铺大穗结缕草	0	0	0	100	100	100
10	满铺马尼拉	0	0	0	100	100	100
4	播种狗牙根	细沟侵蚀深 25.0	8.5	9.6	90	65	45
17	狗牙根＋高羊茅＋多年生黑麦草混播	细沟侵蚀深 25.0	8.0	9.0	60	50	35
5	沿阶草	3.0	4.3	4.8	85	85	100
6	葱兰	3.0	3.7	4.5	80	80	95
8	红花酢浆草	2.5	3.2	10.2	15	20	8
18	迎春＋播种狗牙根	3.5	6.0	7.0	70	95	100
19	金钟＋播种狗牙根	3.5	6.5	7.8	80	85	100

从表 6-1 中可以看出,沙土段边坡集中下水段在种植初期,除了满铺草皮外,无论是播种还是混合种植,由于植物根系尚未长成,其抗冲刷能力都很低,都存在着不同程度的土壤侵蚀,但各地段差异较大。随着时间的推移,1 年、3 年和 5 年后,部分路段的植被出现衰退现象。

A. 点铺草块对坡面土壤侵蚀状况及植被覆盖率的影响

采用点铺马尼拉和点铺狗牙根的方式,在点铺初期,因部分坡面裸土受雨滴溅蚀和坡上径流的冲刷作用,产生土壤侵蚀,尽管程度比较轻但带走了养分和细小的土壤颗粒并使土壤板结,不利于草块(条)与草块(条)之间根系的生长,植物难以很快连为一体,条与条之间裸土普遍受到冲刷,形成一条条横向的浅水平沟,沟深 0.5—1.0 cm。当有路面来水时侵蚀沟深达 30 cm、长度达 2.0 m 以上,如 1 号样地在暴雨作用下,草块(条)与草块(条)之间普遍受到冲刷,形成不少侵蚀沟和浅水平沟,即使在一年后草块与草块也未"愈合"。但 3 年和 5 年后马尼拉草皮长满并覆盖整个坡面,能有效防止土壤侵蚀,且较为稳定。相比之下,狗牙根固土能力较马尼拉次之,但也具有较好的固土能力。

B. 满铺草块对坡面土壤侵蚀状况及植被覆盖率的影响

在沙土段采用集中下水且满铺的方式,土壤侵蚀不明显,比如 7 号和 10 号样地分别满铺大穗结缕草和马尼拉,没有土壤侵蚀现象,而且 5 年后也很稳定。3 号样地尽管坡长达 7 m 左右,采用单衬砌拱的工程防护,由于满铺狗牙根,在暴雨径流作用下并无土壤侵蚀现象,1 年后有轻微的土壤侵蚀;3 年和 5 年后其植被覆盖率较 7 号和 10 号样地低,主要是因为坡长长且中间无任何分隔,边坡上部植物分布不均匀,边坡下部植物覆盖率较高,且整个边坡的狗牙根受杂草侵入较为严重。

C. 播种对坡面土壤侵蚀状况及植被覆盖率的影响

在沙土段播种狗牙根和混播狗牙根、高羊茅、多年生黑麦草,总体上效果均不好。播种后尽管覆盖薄层麦秆,但还是产生细沟侵蚀,1 个月后平均深 2—3 cm,坡下局部地段有小面积滑坡,石灰土露出,且土壤侵蚀现象 5 年内逐年递增。如 4 号样地坡长达 7 m,播种狗牙根后土壤侵蚀以面蚀为主,坡面有细小的侵蚀沟,3 年和 5 年后其植被覆盖率逐年下降,主要是因为坡长长且中间无任何分隔,边坡上部的狗牙根受杂草侵入较为严重。

D. 地被覆盖对坡面土壤侵蚀状况及植被覆盖率的影响

在 5 号和 6 号样地,地被植物沿阶草和葱兰分生能力较强,坡面有轻微土壤侵蚀,能够满足防护的要求。3 年后仍有土壤侵蚀现象,主要是因为杂草侵入和疏于管理。第 3 年观测发现此现象后,进行了一次杂草清理,此时边坡土层稳定,两种地被植物很快布满坡面,防护效果较好。另外,北坡葱兰覆盖率低于南坡,有轻微土壤侵蚀。在 8 号样地,地被植物红花酢浆草长势差,覆盖率低且覆盖不均匀,1 年后土壤侵蚀严重,3 年和 5 年后仍有土壤侵蚀现象,若不被杂草侵入,土壤侵蚀更为严重。

E. 灌草结合对坡面土壤侵蚀状况及植被覆盖率的影响

18 号样地和 19 号样地结果表明,在沙土段采用单衬砌拱工程防护措施下,先栽植灌木迎春和金钟,再播种狗牙根,种植初期因坡面未完全覆盖,有轻微的土壤侵蚀现象。也因土壤质地的原因,1 年和 3 年后仍有土壤侵蚀现象,但对边坡并未造成大的危害,5 年后灌木完全覆盖坡面,能够发挥良好的固土护坡功能。尤其是迎春,3 年后能完全满足护坡要求。

对沙土段不同植物配置模式下单衬砌拱坡面的土壤侵蚀程度的变化进行不考虑交互作用的双因素方差分析(见表 6-2)。

表 6-2　沙土段不同植物配置模式下集中下水单衬砌拱坡面的土壤侵蚀程度方差分析表

差异源	SS	df	MS	F	$F_{0.05}$	$F_{0.01}$
模式	280.09	11	25.463	11.130	2.28	3.19
时间	26.78	2	13.394	5.854	3.44	5.72
误差	50.33	22	2.288			
总计	357.21	35				

方差分析表明,不同植物配置模式对集中下水单衬砌拱坡面的土壤侵蚀深度有极显著影响($F > F_{0.01}$),表明正确选择植物配置模式的重要性。和配置模式因素相类似,3 年内时间变化对集中下水单衬砌拱坡面的土壤侵蚀程度也有极显著影响($F > F_{0.01}$),3 年内随时间推移,土壤侵蚀深度也有逐步增大的趋势,只有满铺草皮的边坡土壤侵蚀量较小,且较为稳定。

对沙土段不同植物配置模式下单衬砌拱坡面的植被覆盖率的变化,进行不考虑交互作用的双因素方差分析(见表 6-3)。

方差分析表明,不同植物配置模式对集中下水单衬砌拱坡面的植被覆盖率有极显著的影响($F > F_{0.01}$),也表明了正确选择植物配置模式的重要性。但 3 年内时间变化对集中下水单衬砌拱坡面的植被覆盖率无显著影响($F < F_{0.05}$)。

表 6-3 沙土段不同植物配置模式下集中下水单衬砌拱坡面的植被覆盖率方差分析表

差异源	SS	df	MS	F	$F_{0.05}$	$F_{0.01}$
模式	20 521.22	11	1 865.566	17.125 2	2.28	3.19
时间	9.388 889	2	4.694 444	0.043 093	3.44	5.72
误差	2 396.611	22	108.936 9			
总计	22 927.22	35				

② 不同植物配置模式下单衬砌拱 + 六角块坡面的土壤侵蚀状况及植被覆盖率

在沙土段集中下水段采用单衬砌拱 + 六角块工程护坡,坡长 7 m,使用 2 种不同的植物配置模式,经过 5 年观测,得出坡面土壤侵蚀量及植被覆盖率的平均值(见表 6-4)。

表 6-4 沙土段灌草结合模式下集中下水单衬砌拱十六角块坡面的土壤侵蚀状况及植被覆盖率

样地号	植被类型	土壤侵蚀针读数平均值/mm			植被覆盖率平均值/%		
		1 周后	1 年后	3 年后	1 年后	3 年后	5 年后
2	金叶女贞 + 沿阶草	0.5	1.0	3.0	100	45	20
11	金叶女贞 + 播种狗牙根	1.5	1.9	5.8	80	60	50

从表 6-4 可以看出,2 号和 11 号样地均采用单衬砌拱 + 六角块工程防护,分别采用金叶女贞 + 播种狗牙根、金叶女贞 + 沿阶草配置模式,该类植被种植初期和 1 年后在边坡上表现良好,能迅速起到防护作用。然而经过 3 年和 5 年后,植被覆盖率逐年降低,防护效果渐差。

对表 6-4 中灌草结合模式下集中下水单衬砌拱 + 六角块坡面的土壤侵蚀程度的变化进行不考虑交互作用的双因素方差分析(方差分析表略),结果表明不同灌草结合模式对集中下水单衬砌拱 + 六角块坡面的土壤侵蚀深度无显著影响($F < F_{0.05}$)。和植物配置模式因素相类似,3 年内时间变化对集中下水单衬砌拱 + 六角块坡面的土壤侵蚀程度也无显著影响($F < F_{0.05}$)。

对表 6-4 中灌草结合模式植被覆盖率的变化进行不考虑交互作用的双因素方差分析(方差分析表略),结果表明不同灌草结合模式对集中下水单衬砌拱 + 六角块坡面的植被覆盖率无显著影响($F < F_{0.05}$)。和植物配置模式因素相类似,3 年内时间变化对集中下水单衬砌拱 + 六角块坡面的植被覆盖率也无显著影响($F < F_{0.05}$)。

③ 同一植物配置模式下不同工程防护坡面上土壤侵蚀状况及植被覆盖率的比较

在沙土段集中下水段,把狗牙根分别播种在采用单衬砌拱工程护坡和黏土包坡护坡的坡面上,坡长均为 7 m,经过 5 年观测,得出坡面土壤侵蚀量及植被覆盖率的平均值(见表 6-5)。

表 6-5 沙土段同一配置模式下不同工程防护坡面上土壤侵蚀状况及植被覆盖率

样地号	工程防护类型	土壤侵蚀针读数平均值/mm			植被覆盖率平均值/%		
		1 周后	1 年后	3 年后	1 年后	3 年后	5 年后
4	单衬砌拱	细沟侵蚀深 25.0	8.5	9.6	90	65	45
9	黏土包坡	0.8	2.3	4.8	95	94	80

从表 6-5 中可以看出,4 号样地播种狗牙根后土壤侵蚀以面蚀为主,坡面有细小的侵蚀沟,3 年和 5 年后其覆盖率逐年下降。在坡长 7 m 的黏土包坡上采用集中下水,播种狗牙根,播后覆薄层麦秆,土壤侵蚀以面蚀为主,坡底有细沟但轻微,说明黏土抗冲刷能力强。3 年后坡面平均植被覆盖率 94%,5 年后坡面平均植被覆盖率 80%,几乎没有水土流失,说明黏土包坡护坡播种狗牙根降低了边坡土壤侵蚀量。

对表 6-5 中同一植物配置模式下不同工程防护坡面上的土壤侵蚀程度的变化进行不考虑交互作用的双因素方差分析(方差分析表略),结果表明同一植物配置模式对不同工程防护坡面上的土壤侵蚀深度有显著影响($F > F_{0.05}$)。但 3 年内时间变化对不同工程防护坡面上的土壤侵蚀深度无显著影响($F < F_{0.05}$)。

对同一植物配置模式下不同工程防护坡面上植被覆盖率的变化进行非交互作用的双因素方差分析(方差分析表略),结果表明同一植物配置模式对不同工程防护坡面上植被覆盖率无显著影响($F < F_{0.05}$);和植物配置模式因素相类似,3 年内时间变化对不同工程防护坡面上的植被覆盖率也无显著影响($F < F_{0.05}$)。

(2)漫流段

沙土段不同植物配置模式在漫流坡面的土壤侵蚀状况及植被覆盖率变化分析如下:

在沙土段采用无工程护坡的漫流坡面上,坡长 2.5—4.5 m,使用 4 种不同的植物配置模式,得出坡面土壤侵蚀量及植被覆盖率的平均值(见表 6-6)。

表 6-6　沙土段不同植物配置模式下漫流坡面的土壤侵蚀状况及植被覆盖率

样地号	植被类型	坡面长度/m	土壤侵蚀针读数平均值/mm			植被覆盖率平均值/%		
			1 周后	1 年后	3 年后	1 年后	3 年后	5 年后
12	播种狗牙根	2.5—4.0	每 3—5 m 侵蚀沟深 250.0	—	—	—	—	—
13	迎春 + 播种狗牙根	2.5	细沟侵蚀深 25.0	—	—	—	—	—
14	点铺马尼拉	2.5	3.0	—	—	—	—	—
15	满铺马尼拉	2.5—4.5	细沟侵蚀深 32.0	—	—	—	—	—

从表 6-6 中可以看出,在漫流段选择试验的边坡长度最长为 4.5 m,4 个样地播种狗牙根、迎春 + 播种狗牙根、点铺马尼拉和满铺马尼拉,由于路面大量来水,均会产生严重的土壤侵蚀。在试验段每隔 3—5 m 就有一条大侵蚀沟,沟底直达坚硬的石灰土。如 12 号样地坡长只有 2.5—4.0 m,即使在播种后覆盖麦秆,经过中等强度(10—20 mm)降雨的冲刷后也会产生明显的沟蚀,在 78.8 mm 降雨的冲刷下土壤侵蚀十分严重,100 m 长的坡面具有大侵蚀沟(沟长超过 2.0 m,沟深达 30 cm)18 条之多,侵蚀沟底直达坚硬的石灰土层。15 号样地坡长 2.5—4.5 m,尽管满铺马尼拉,但坡面仍然被冲得支离破碎。总的说来,在沙土段播种植草易引起土壤侵蚀,且易造成植物分布不均,高低参差不齐。

综上所述,对于沙土段高速公路边坡的绿化,在集中下水的条件下,满铺草坪可避免水土流失,效果最好;点铺草坪难以连结成片,有一定的土壤侵蚀产生,但 3 年后较为稳定;地被覆盖式应注意植物品种的选择；除黏土包坡外，播种易引起水土流失，且对施工要求高，效果最差；六角块中种草或栽灌木，初期土壤侵蚀程度轻，但随着时间的推移植被衰退较明显。

6.2.2 黏土段不同植物配置模式的抗冲刷能力

（1）集中下水段

① 不同配置模式在单衬砌拱坡面的土壤侵蚀状况及植被覆盖率变化

在黏土集中下水段采用单衬砌拱工程护坡，坡长 7 m，使用 9 种不同的植物配置模式，经过 5 年观测，得出坡面土壤侵蚀量及植被覆盖率的平均值（见表 6-7）。

表 6-7　黏土段不同植物配置模式下单衬砌拱坡面的土壤侵蚀状况及植被覆盖率

样地号	植被类型	土壤侵蚀针读数平均值/mm			植被覆盖率/%		
		1 周后	1 年后	3 年后	1 年后	3 年后	5 年后
9	点铺狗牙根	0	少量冲刷沟 45.0	0	99	100	100
22	点铺马尼拉	0.5	1.0	1.0	100	100	100
7	满铺狗牙根	0.9	1.4	1.6	100	98	98
11	满铺马尼拉	0	0	0	100	100	100
23	满铺大穗结缕草	0.5	1.0	1.0	98	100	100
8	播种狗牙根	1.1	1.1,偶有侵蚀沟 35.0	5.8	92	92	95
3	沿阶草	3.0	4.0,少量冲刷沟 25.0	5.0	70	85	100
4	葱兰	0	4.5,少量侵蚀沟 60.0	4.8	90	80	100
5	红花酢浆草	3.0	5.5,少量侵蚀沟 45.0	6.5	80	30	10
6	迎春＋播种狗牙根	0.9	2.7	2.7	100	100	100
10	金钟＋播种狗牙根	1.5	1.7	1.7	100	100	100
24	金叶女贞＋沿阶草	3.0	4.5	5.8	70	80	95
25	金叶女贞＋播种狗牙根	3.5	5.0	5.8	60	75	70

从表 6-7 中可以看出，黏土段边坡无论是集中下水段还是漫流段，土壤侵蚀普遍较沙土段轻，且随着时间的推移，1 年、3 年和 5 年后，大部分路段的坡面植被未出现衰退现象，但仍应注意植物种类的选择。

A. 点铺草块对坡面土壤侵蚀状况及植被覆盖率的影响

在采用单衬砌拱工程防护措施且集中下水的情况下，点铺狗牙根和点铺马尼拉取得了良好的水土保持效果，且非常稳定。

B. 满铺草块对坡面土壤侵蚀状况及植被覆盖率的影响

7 号、11 号和 23 号样地结果表明，在采用单衬砌拱工程防护措施且集中下水的情况下，满铺狗牙根、马尼拉和大穗结缕草都能取得良好的水土保持效果，且较为稳定。

C. 播种对坡面土壤侵蚀状况及植被覆盖率的影响

8 号样地结果表明，在坡长 7 m 左右的集中下水段，播种狗牙根后覆盖草帘，1 个月后土壤侵蚀不明显，但在路面来水冲击处沟蚀严重。3 年后观测，土壤侵蚀较严重，每隔 3 m

左右就有一条平均深达 28 cm 的大侵蚀沟。所以,与前述沙土段相比,无论是否采用工程防护措施,如播种狗牙根,在种植初期都有一定的土壤侵蚀,侵蚀形式以面蚀为主,但以采用单衬砌拱工程防护措施为佳。在无工程防护措施下,改用狗牙根、高羊茅和多年生黑麦草混播的方式,虽在前期效果较差,但 3 年后防护效果较单播狗牙根好,坡面抗冲刷能力有很大提高。

D. 地被覆盖对坡面土壤侵蚀状况及植被覆盖率的影响

在采用单衬砌拱工程防护措施且集中下水的情况下,栽植地被植物沿阶草、葱兰和红花酢浆草,其植被覆盖率差异较大,土壤侵蚀程度也不一。其中,沿阶草表现较好且稳定。葱兰在南坡和北坡差异显著,4 号样地地处坡南,植被覆盖率较高,无土壤侵蚀现象。红花酢浆草在单衬砌拱工程防护措施的南坡,初期有一定的防护效果,但 3 年后植株稀少,5 年后植被覆盖率仅有 10%,土壤侵蚀较重。

E. 灌草结合对坡面土壤侵蚀状况及植被覆盖率的影响

6 号样地和 10 号样地结果表明,在采用单衬砌拱工程防护措施下,先栽植灌木迎春和金钟,再播种狗牙根,种植初期因坡面未完全覆盖,有轻微的土壤侵蚀现象,但一年后则能取得良好的水土保持效果,未见土壤侵蚀现象;3 年及 5 年后,坡面灌木根系交错,坡面愈加稳定。24 号样地和 25 号样地结果表明,坡面上栽植金叶女贞,灌木下再栽植沿阶草,以及栽植金叶女贞后再播种狗牙根,这两种组合固土能力均一般,这主要是因为金叶女贞在坡面上长势不佳,根系不发达。但与表 6-4 相比,金叶女贞长势又远远好于沙土段。所以,在坡面植物选择中,应因地制宜,并根据坡面土质情况和当地的苗源情况来决定苗木的种类。

对黏土段不同配置模式下单衬砌拱坡面的土壤侵蚀程度的变化进行不考虑交互作用的双因素方差分析(见表 6-8)。

表 6-8 黏土段不同植物配置模式下单衬砌拱坡面的土壤侵蚀程度方差分析表

差异源	SS	df	MS	F	$F_{0.05}$	$F_{0.01}$
模式	109.324 10	12	9.110 342	8.629 977	2.18	3.03
时间	22.450 77	2	11.225 380	10.633 500	3.40	5.61
误差	25.335 90	24	1.055 662			
总计	157.110 80	38				

方差分析表明,不同植物配置模式对集中下水单衬砌拱坡面的土壤侵蚀深度有极显著的影响($F > F_{0.01}$);和植物配置模式因素相类似,3 年内时间变化对集中下水单衬砌拱坡面的土壤侵蚀深度也有极显著影响($F > F_{0.01}$)。

对不同植物配置模式在单衬砌拱坡面的植被覆盖率的变化进行不考虑交互作用的双因素方差分析(表 6-9)。

方差分析表明,不同植物配置模式对集中下水单衬砌拱坡面的植被覆盖率有极显著影响($F > F_{0.01}$);但 3 年内时间变化对植被覆盖率无显著影响($F < F_{0.05}$)。

表 6-9 黏土段不同植物配置模式下在单衬砌拱坡面的植被覆盖率方差分析表

差异源	SS	df	MS	F	$F_{0.05}$	$F_{0.01}$
模式	11 138.26	12	928.19	6.080	2.18	3.03
时间	31.44	2	15.72	0.103	3.40	5.61
误差	3 663.90	24	152.67			
总计	14 833.59	38				

② 不同植物配置模式下浆砌片石网格坡面的土壤侵蚀状况及植被覆盖率变化

在黏土集中下水段采用浆砌片石网格工程护坡,坡长 7 m,使用 3 种不同的植物配置模式,分别植于北坡和南坡,经过 5 年观测,得出坡面土壤侵蚀量及植被覆盖率的平均值(见表6-10)。

表 6-10 黏土段不同植物配置模式下浆砌片石网格坡面的土壤侵蚀状况及植被覆盖率

样地号	坡向	植被类型	土壤侵蚀针读数平均值/mm			植被覆盖率/%		
			1 周后	1 年后	3 年后	1 年后	3 年后	5 年后
12	北坡	葱兰	0	3.8	—	0	—	—
13	南坡	葱兰	0	1.8	1.8	90	100	100
14	南坡	沿阶草	0.9	1.5	1.5	87	100	100
19	北坡	沿阶草	0.9	1.6	1.8	86	100	100
20	南坡	红花酢浆草	3.0	5.0	6.0	75	25	15
21	北坡	红花酢浆草	4.0	6.5	—	0	—	—

从表 6-10 可以看出,在采用浆砌片石网格工程防护措施且集中下水的情况下,于不同坡向的坡面上栽植地被植物沿阶草、葱兰和红花酢浆草,其植被覆盖率差异较大,土壤侵蚀程度也不一。其中,沿阶草在南北坡表现均较好。结合表 6-7 可以看出,沿阶草在单衬砌拱和浆砌片石网格两种工程防护形式中表现均较好且稳定,并以浆砌片石网格防护形式土壤侵蚀程度较小。

葱兰在单衬砌拱和浆砌片石网格两种工程防护形式中的南坡和北坡差异显著,4 号样地和 13 号样地地处坡南,植被覆盖率较高,3 年后在浆砌片石网格工程防护措施中葱兰覆盖率 100%,无土壤侵蚀现象;12 号样地表明,处于北坡的葱兰栽植初期因全部覆盖土壤,无土壤侵蚀现象,但一年后全部死亡,主要是因为受到了冻害。红花酢浆草在单衬砌拱和浆砌片石网格工程防护措施的南坡,初期均有一定的防护效果,但后期植株逐渐死亡,土壤侵蚀严重。

(2)漫流段

黏土段不同植物配置模式下漫流坡面的土壤侵蚀状况及植被覆盖率变化分析如下:

在黏土段采用无工程护坡的漫流坡面,坡长 7 m,使用 5 种不同的植物配置模式,得出坡面土壤侵蚀量及植被覆盖率的平均值(见表6-11)。

表 6-11 黏土段不同植物配置模式下漫流坡面的土壤侵蚀状况及植被覆盖率

样地号	植被类型	土壤侵蚀针读数平均值/mm			植被覆盖率/%		
		1 周后	1 年后	3 年后	1 年后	3 年后	5 年后
15	播种狗牙根	2.5,下坡沟蚀 15.0 7.1,少量侵蚀沟 25.0		7.1	100	100	98
2	狗牙根 + 高羊茅 + 多年生黑麦草混播	2.5	3.0	4.8	60	92	95
16	点铺狗牙根	3.5	4.5	4.8	85	93	95
17	点铺马尼拉	3.0	3.0	4.5	90	95	98
18	满铺马尼拉	0.7	1.0	1.5	100	100	100

从表 6-11 可以看出,在黏土段采用无工程护坡的漫流坡面上单播和混播草种,以及点铺和满铺草坪,虽在保持水土方面有一定的差异,在不同程度上也存在土壤侵蚀,但总体来说均能达到稳定边坡的目的,尤其是 3 年以后 5 种植物配置模式的植被均生长较好,较为稳定。如 15 号样地在初期形成少量深达 30—50 cm、长 3—4 m 的侵蚀沟,但后期土壤侵蚀程度较轻,植物串根快,很快连成一体,发挥固土护坡作用。

对黏土段不同植物配置模式下漫流坡面上的土壤侵蚀程度的变化进行不考虑交互作用的双因素方差分析(见表 6-12)。

表 6-12 黏土段不同植物配置模式下漫流坡面的土壤侵蚀程度方差分析表

差异源	SS	df	MS	F	$F_{0.05}$	$F_{0.01}$
模式	32.287	4	8.072	7.521	3.85	7.01
时间	11.201	2	5.601	5.219	4.46	8.65
误差	8.585	8	1.073			
总计	52.073	14				

方差分析表明,不同植物配置模式对漫流坡面的土壤侵蚀深度有极显著影响($F > F_{0.01}$);和植物配置模式因素相类似,3 年内时间变化对漫流坡面的土壤侵蚀深度也有显著影响($F > F_{0.05}$)。

对不同植物配置模式下漫流坡面上的植被覆盖率的变化进行不考虑交互作用的双因素方差分析(见表 6-13)。

表 6-13 黏土段不同植物配置模式下漫流坡面的植被覆盖率方差分析表

差异源	SS	df	MS	F	$F_{0.05}$	$F_{0.01}$
模式	623.6	4	155.90	2.339	3.85	7.01
时间	310.8	2	155.40	2.332	4.46	8.65
误差	533.2	8	66.65			
总计	1 467.6	14				

方差分析表明,不同植物配置模式对漫流坡面的植被覆盖率无显著影响($F < F_{0.05}$);和配置模式因素相类似,3 年内时间变化对漫流坡面的植被覆盖率也无显著影响($F < F_{0.05}$)。

综上所述,对于黏土段高速公路边坡的绿化,在集中下水的条件下,若植物选择得当,满铺草坪、点铺草坪、地被覆盖、灌草结合和单一或混合播种草种,均可取得良好的护坡效果;在漫流段,点铺草坪和播种草种在种植初期有一定的水土流失,但后期效果较好。

因此,与沙土段高速公路边坡的绿化相比,黏土段的植物配置模式可以更加多样,土壤侵蚀程度较小。

6.3 不同配置模式的植物生长及景观效果

6.3.1 单一种植模式的植物生长情况及景观效果

（1）草块铺植式的植物生长情况及景观效果

边坡满铺马尼拉草和结缕草草皮,在粉沙土与黏土路段单衬砌拱、浆砌片石网格护坡中均表现很好,植被覆盖率从种植初期到 5 年后始终保持在 100%,长势良好,且能够在较短的时间内达到防护和景观效果;边坡满铺狗牙根草皮,在黏土路段单衬砌拱护坡中表现较好,在粉沙土路段单衬砌拱护坡中表现中等,两种路段在 1 年、3 年和 5 年后均有植物入侵现象,其中,粉沙土路段杂草入侵较严重,影响景观效果。

点铺马尼拉草皮与狗牙根草皮,在黏土路段无工程防护的边坡和单衬砌拱护坡中生长良好,在 2—3 月内能基本覆盖坡面,在 1 年、3 年和 5 年后景观效果较好。点铺马尼拉草皮,在沙土段无工程防护的边坡和单衬砌拱护坡中初期效果一般,但 1 年后景观效果较好。点铺比满铺节约草皮材料,从经济角度看可有效降低工程造价,实践中可根据具体情况选用铺设方式。

（2）草种播种式的植物生长情况及景观效果

① 沙土段播种对植物生长情况及景观效果的影响

在集中下水和漫流的沙土段播种狗牙根,其长势较差。3 年后观测集中下水的单衬砌拱护坡,杂草繁多,参差不齐,植被覆盖率为 65%,鳞状侵蚀明显,景观效果差;5 年后观测,植被覆盖率降至 45%。在黏土包坡上播种狗牙根,3 年后坡面平均植被覆盖率为 94%,植被繁茂,长势良好,5 年后植被覆盖率有所降低,景观效果较差。

② 黏土段播种对植物生长情况及景观效果的影响

在坡长 7 m 左右的集中下水段,播种狗牙根 1 年后植被覆盖率为 95%,3 年后植被覆盖率为 75%,5 年后植被覆盖率为 90%,这种波动的覆盖率与管理措施有关,其总体景观效果较差。

在坡长 2.5—5.0 m 的漫流段,播种狗牙根,1 年后和 3 年后植被覆盖率均达 100%,长势良好、密集,5 年后植被覆盖率也接近 100%,景观效果良好。

（3）地被覆盖式的植物生长情况及景观效果

在沙土段和黏土段单衬砌拱及浆砌片石网格护坡边坡中,地被植物沿阶草和葱兰分生能力较强,长势整齐,适应性强。在种植初期,由于管护措施得力,沿阶草和葱兰生长状况较好,覆盖率为 80%—90%,景观效果较好,但葱兰在北坡长势差,1 年后北坡的葱兰全部死亡。

3 年后,沙土段的沿阶草和葱兰生长差,覆盖不均匀,覆盖率为 40%—45%;黏土段的沿阶草和生长于南坡的葱兰表现一般,覆盖率为 50%—60%,且杂草较多,植被总覆盖率达 90% 左右。

5 年后,在沙土段和黏土段边坡,沿阶草和葱兰的覆盖率除了沙土段的葱兰为 95%,其他均达到 100%,景观效果较好。这主要是因为在种植 3 年后(观测后)实施了两次人工除草措施,进一步增强了这两种植物在边坡上的分生能力。

红花酢浆草在沙土段和黏土段边坡表现较差,5 年内虽辅以一定的人工养护措施,但随着时间的推移还是逐步衰退,5 年后保存率只有 10% 左右。种植于黏土段南坡的红花酢浆草 1 年内表现出一定的分生能力,1 年后的覆盖率虽然有 80%,但 3 年后降到 30%,5 年后降到 10%;种植于两种类型北坡的红花酢浆草在当年冬季结束后全部死亡。所以,红花酢浆草在沙土段和黏土段边坡适应性差。

因此,将这 3 种地被植物用于高速公路边坡,其长势和景观效果因边坡土壤质地和坡向而有较大的差异,黏土段好于沙土段,南坡好于北坡;红花酢浆草不耐寒,保存率低,不宜在边坡上种植。

6.3.2 混合种植的植物生长情况及景观效果

(1) 草种混播式的植物生长情况及景观效果

狗牙根、高羊茅和多年生黑麦草混播,发芽情况良好。由于狗牙根为暖季型草坪草,而高羊茅和多年生黑麦草为冷季型草坪草,其生态习性有很大差异。1 年后,虽然高羊茅和多年生黑麦草的保存率只有 60% 左右,但与狗牙根可以互为补充,景观效果较好。为保证暖季型草坪冬季也有绿色,采用混播的方式较为合适。

在黏土段边坡,由于初期坡面为稻草覆盖,土壤侵蚀状况一般较轻,中后期一旦成坪,植被覆盖率大幅度上升;沙土段边坡则不然,在暴雨时极易发生严重的土壤侵蚀,有时甚至出现屡种屡毁的现象,种植成本大大增加,也无景观效果可言。草种相对草皮来说,价格便宜,成本可相应减少。因此,在高速公路黏土段边坡,可用草种混播的方式护坡,但沙土段不宜采用。

(2) 灌草混植式的植物生长情况及景观效果

在种植初期,金叶女贞 + 播种狗牙根及金叶女贞 + 沿阶草配置模式在边坡上表现良好,无论沙土段还是黏土段边坡,金叶女贞长势旺盛,枝繁叶茂,但不适合沙土漫流段边坡。迎春 + 播种狗牙根及金钟 + 播种狗牙根两种模式下,由于狗牙根均为播种种植,覆盖率低,水土保持效果差,但侵蚀以面蚀为主,也有细沟侵蚀(深度 2—3 cm,个别可达 10 cm)。在粉沙土路段,由于土壤抗冲刷性能差,故灌木株行距为 50 cm×50 cm;在黏土路段,灌木株行距 1 m×1 m 且呈"品"字形种植。灌木与草种或草坪的组合使草本植物在生长初期得到一定程度的遮蔽,促进了生长,能迅速起到防护作用。

3年以后,迎春+播种狗牙根及金钟+播种狗牙根两种配置模式植物完全覆盖坡面,覆盖率达到100%,且长势旺盛,充分起到了保持水土和美化环境的作用,生态和景观效果较好。金叶女贞+播种狗牙根及金叶女贞+播种沿阶草这两种配置模式均是工程防护(单拱十六角块)与植物防护相结合的形式,初期效果好,然而经过3年后,灌木长势差、生长不良,草本植物狗牙根在六角块中覆盖率只有40%—50%,不能覆盖整个坡面,因而与种植初期相比,生态和景观效益都比较差。这主要是因为,衬砌拱或拱圈中的六角块种植草本植物再配以灌木,块与块之间被人为阻隔,植物根系无法伸展,因此草本植物参差不齐,灌木长势也不好。金叶女贞在种植初期生长良好,但后期生长不良,这与植物根系活动范围小、营养不足有关。

5年以后,迎春+播种狗牙根及金钟+播种狗牙根两种配置模式,灌木根系纵横交错,盘根错节,植物覆盖率达100%,长势旺盛,景观效果较好。金叶女贞+播种狗牙根及金叶女贞+播种沿阶草两种配置模式,植物长势较差,覆盖率进一步降低,景观效果较差。

6.3.3　综合评价

运用目前对植物景观及高速公路景观评价的一般方法,对供试验的14种灌草单一及混合多种植物配置模式进行综合评价(表6-14、表6-15)。由表6-14、表6-15可知:经过5年生长,在坡面各种植物配置形式中,以满铺综合效果好,点铺效果次之,地被植物效果不良;不加工程防护的灌草混合种植综合效果好,值得推广,而空心六角块加植物防护效果不好。草种混播式配置模式的后期效果与何玉琼等的研究结论基本一致。

表6-14　植被生长及防护综合评价(沙土段)

配置模式		植被名称	生长情况	防护效果	景观效果	综合评价
单一种植模式	草块铺植式　满铺	马尼拉	优	优	优	优
		狗牙根	中	中	中	中
		结缕草	优	优	良→优	优
	点铺	马尼拉	优	良→优	良→优	优
		狗牙根	优	良	中→良	良
	草种播种式	狗牙根	中→差	差	差	差
	地被覆盖式	沿阶草	良→优	良	良→优	良
		葱兰	良→优	良	良→优	良
		红花酢浆草	差	差	差	差
混合种植模式	草种混播式	狗牙根+高羊茅+多年生黑麦草	差	差	差	差
	灌草混植式	迎春+播种狗牙根	优	中→良→优	良→优	优
		金钟+播种狗牙根	优	中→良→优	良→优	优
		金叶女贞+播种狗牙根	中→差	中→差	差	差
		金叶女贞+沿阶草	优→差	良→差	差	差

表 6-15 植被生长及防护综合评价(黏土段)

配置模式		植被名称	生长情况	防护效果	景观效果	综合评价
单一种植模式	草块铺植式 满铺	马尼拉	优	优	优	优
		狗牙根	良	良	良	良
		结缕草	优	优	良→优	优
	点铺	马尼拉	优	优	良→优	优
		狗牙根	优	优	良→优	优
	草种播种式	狗牙根	良→优	良→优	良	良
	地被覆盖式	沿阶草	良→优	良→优	良→优	良
		葱兰	良→优	良	良→优	良
		红花酢浆草	差	差	差	差
混合种植模式	草种混播式	狗牙根+高羊茅+多年生黑麦草	中→良	中→良	中→良	良
	灌草混植式	迎春+播种狗牙根	优	良→优	良→优	优
		金钟+播种狗牙根	优	良→优	良→优	优
		金叶女贞+播种狗牙根	中	中→良	中	中
		金叶女贞+沿阶草	良	中→良	良	良

6.4 结论与讨论

(1)植物配置模式对于边坡的植被覆盖率和保持水土的效果及景观效果起到至关重要的作用,实践中应根据边坡的土壤条件选择适当的植物配置模式。黏土边坡的可选植物配置模式比沙土边坡丰富。

(2)在高速公路边坡防护中,采用混合种植模式总体上优于简单种植。草块铺植式能够很快满足生态防护和绿化景观的要求,但景观效果比较单一。在草种混播模式中,不同生态学特性草种的组合可满足季相变化的需要,但在发芽期间容易发生水土流失,景观效果差。

(3)在采用集中下水的沙土边坡上,满铺草皮可避免水土流失,效果最好;点铺草皮难以连结成片,会发生一定程度的土壤侵蚀,但 3 年后较为稳定。

(4)在沙土边坡,无论采取何种排水方式,均不宜采用播种的种植方式;六角块中种草或栽灌木,生态防护效果差,随时间推移植被衰退也较明显。

(5)在采用集中下水的黏土边坡,若植物选择得当,满铺草坪、点铺草坪、地被覆盖、灌草结合和单一或混合播种草种均可取得良好的护坡效果;黏土漫流段边坡,点铺草坪和播种草种,在种植初期有一定的水土流失,但后期效果较好,且草种相对草皮价格便宜,绿化成本可相应减少。

（6）地被覆盖式配置模式用于边坡防护时，防护和景观效果因植物种类、坡面土壤质地和坡向等有很大差异，应注意植物品种的选择。沿阶草（*O. japonicus*）、葱兰（*Z. candida*）、红花酢浆草（*O. rubra*）等3种地被植物用于边坡，其长势和景观效果因边坡土壤质地和坡向而有较大的差异，黏土段好于沙土段，南坡好于北坡。红花酢浆草（*O. rubra*）不宜用于边坡防护。

（7）在供试验的14种灌草单一及混合种植模式中，以满铺综合效果好，点铺效果次之，地被植物效果不良，不加工程防护的灌草混合种植综合效果好，值得推广。

（8）灌草结合模式应注意植物品种的选择与搭配，迎春＋播种狗牙根及金钟＋播种狗牙根两种配置模式生态防护综合效果较好。金叶女贞＋播种狗牙根及金叶女贞＋沿阶草两种配置模式综合效果较差。

（9）草灌结合模式将近期与远期的防护和景观功能紧密结合起来，保证了防护功能的长期性与稳定性。种植初期，由于草本植物能在短时间内成坪覆盖坡面，可迅速起到防止土壤侵蚀的作用。同时，灌木经过一段时间的生长，地面枝叶生长繁茂、覆盖率高，根系日益发达，防护功能大大加强。另外，灌木群落的季相变化和层次变化打破了简单种植的呆板形式，使边坡绿化的科学性和艺术性结合起来。

参考文献

［1］苟文龙,白史且,张新全.高速公路边坡绿化技术的探讨[J].草原与草坪,2002(3):34-35.

［2］魏永幸.植被护坡技术发展趋势初探[J].路基工程,2004(1):41-43.

［3］王慧芳,罗承德.高等级公路边坡绿化植物材料选择初探[J].四川草原,2004(3):53-55.

［4］张华君,吴曙光.边坡生态防护方法和植物的选择[J].公路交通技术,2004(2):84-86,110.

［5］路瑞娥.公路边坡植草防护技术浅谈[J].内蒙古公路与运输,2002(3):47-48.

［6］邹胜文,饶黄裳,等.高等级公路边坡生物防护方式浅析[J].公路,2000(4):50-52.

［7］唐东芹,杨学军,等.园林植物景观评价方法及其应用[J].浙江林学院学报,2001,18(4):394-397.

［8］夏惠荣.高速公路环境景观评价的研究[J].环境保护科学,2001,6:42-43.

［9］Riple B D. Spectral analysis and the analysis of pattern in plant communities [J]. Journal of Ecology, 1998, (66): 965-981.

［10］Shirazi A M, Dunn C P. The expressway partnership: Greening Chicago's highways Hortscience. 2005, (7): 1042.

［11］何玉琼.高速公路边坡防护与景观生态建设[J].林业建设,2004(2):24-26.

［12］李庆锋.边坡生态防护技术研究和应用[J].西部探矿工程,2006,18(10):274-275.

［13］文小松.高速公路边坡生态防护浅析[J].广西城镇建设,2006(8):80-81.

［14］祝遵崚.高速公路边坡生态修复及景观重建[D].南京:南京林业大学,2007.

第 7 章

植物富集土壤重金属功能研究

7.1 重金属污染的来源与影响因素

7.1.1 重金属污染的来源

国内外许多学者的研究表明,公路路域土壤和植物已经受到了不同程度的镉(Cd)、锌(Zn)、铅(Pb)、铜(Cu)、铬(Cr)、镍(Ni)等重金属的污染。

公路路域重金属污染主要来自交通运输,包括燃料的燃烧(汽车尾气)、轮胎的磨损、机动车零部件的老化、车身的磨损掉漆以及含重金属的发动机机油的泄漏。Mohammad W. Kadi 在研究道路污染物的化学组成与交通的关系时得出 Zn 和 Pd 与交通条件有很大相关性,Zn 可能主要来源于汽车轮胎磨损。C. L. Ndiokwere 研究发现,叶片上的重金属污染物可以用去离子水清洗去除,即清洗后的叶片重金属含量明显减少,推断路旁植物叶片内重金属主要是来自机动车排放到空气中的尾气中的重金属微粒。N. F. Y. Tam 等对香港城市道路旁的植物叶片、表层土的重金属的测定表明,道路旁样品重金属含量明显高于相对清洁点,且与交通量有密切关系,清洗叶片能减少叶内重金属含量,指出重金属污染可能主要源于机动车尾气排放造成的空气污染沉积物。马建华等在研究郑汴公路路旁重金属分布时指出,汽车尾气排放、汽车机件间以及车轮与路面间磨损产生的颗粒物是导致路面粉尘、路沟底泥和路旁土壤重金属积累的主要因素,其中 Cd、Cr 和 Pb 是最主要的公路源污染元素。

路旁土壤中重金属除源于交通污染外,与其他因素如土壤形成的母质成分也有关系。A. A. Olajire 等对尼日利亚一座城市不同区域的路旁土壤和草中的重金属进行测定,发现交通量与重金属的平均含量间并无显著的相关性($P<0.10$),说明路边土壤和植物中的重金属还有除了汽车因素以外的其他来源。Dilek G. Turer 等对美国州际高速公路路边的土壤重金属含量进行了测定,推断高含量 Ba、Cu、Pb、Zn 源于机动车辆的交通影响,Cr 和 Ni 归因于土壤自然形成过程。

大气沉降和路面径流是交通污染作用于路域土壤与植物的重要途径。汽车尾气排进空气以后,废气中的某些污染物(包括部分重金属微粒)在空中飘浮一定距离后会沉降下来,落在路面及附近土壤,或附在周围植物体表面。郁建桥等以京沪高速公路新沂至扬州段为研究对象,经分析得出,道路两侧的重金属污染源主要是交通车辆轮胎磨损和尾气排放,道路两侧重金属污染的传递介质主要为气态颗粒物。甘华阳等研究指出,公路表面机动车辆在交通活动中的尾气排放、刹车片和轮胎的磨损以及部件的腐蚀等能够产生大量的重金属,这些重金属在干燥期累积,在降雨时将通过在路面产生的雨水径流的溶解和冲洗而迁移,造成受纳水体或公路周边土壤的重金属污染。胡星明等在研究城市交通大气与土壤重金属对小蜡生物富集作用的影响时,得出公路绿化植物小蜡叶片富集的 Cu、Zn、Pb、Cd

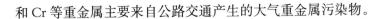

和 Cr 等重金属主要来自公路交通产生的大气重金属污染物。

7.1.2 重金属污染的影响因素

公路环境下土壤及植物受重金属污染的影响因素繁多,主要有交通量、机动车类型、通车年限、路面类型、路基高度等交通状况,风向、空气湿度、降水等气候状况,以及土壤理化性质、植物种类等因素。

国外一些学者对影响路旁土壤及植物重金属污染的因素做了相关研究,这些因素涉及地块离道路的远近、道路交通密度、天气状况等方面。M. Rodríguez-Flores 认为,路旁土壤和植被重金属含量与距道路远近及风向有关,高速公路沿线土壤和植被中 Pb、Cd 水平受交通密度影响,风向影响 Pb 的分布,Pb、Cd 累积影响范围约为道路外 33 m 内。C. L. Ndiokwere 研究表明,重金属浓度随着距高速公路垂直距离的增加而降低,高浓度的积累主要存在于离道路较近的植被和土壤样品。M. Piron-Frenet 等研究了道路沿线 Pb 积累与天气因素的关系,发现表土 Pb 水平随车流量的增加而增加,车流量高的道路 Pb 水平较高;雨和风是影响交通污染的两个重要参数,雨天污染物通过径流扩散至道路附近土壤,晴朗干燥有风时微粒污染物会扩散至 500 m 之外。Paul Johan Hol 等收集路边杜鹃(*Rhododendron simsii*)的叶子分析 Pb 与 Cd 的含量,得出 Pb 与车流量有密切关系,杜鹃(*R. simsii*)是良好的 Pb 污染指示植物,而 Cd 则没有表现出和车流量密切的相关性,表明交通不是其主要来源。

国内在道路重金属污染的影响因素方面也做了不少研究,主要集中在污染的空间距离和污染范围上。鲁光银等研究了岩溶地区公路两侧土壤中的 Pb、Zn、Cd 等重金属元素的含量,发现在公路运营之后重金属显著增加,重金属污染影响范围自公路起大约 80—100 m。李湘洲研究了机动车尾气对土壤 Pb 累积的影响及土壤中 Pb 分布格局,得出土壤表土总 Pb 含量分布格局是:同一公路地带,先随距公路的垂直距离的增加而增加,达到最高值后随距离呈渐减趋势;土壤 Pb 累积程度与车流量有关。杜振宇等研究发现高速公路 Pb 污染与车流量之间呈显著正相关,车流量对 Pb 污染有一定指示作用。王再岚等对内蒙古西部地区国道公路旁侧土壤与植物中重金属(Cd、Hg、Pb、Cu、Zn、Ni、Cr、As 和 Se)含量以及土壤重金属形态的关系进行测定,分析了公路旁侧土壤和植物油松(*Pinus tabuliformis*)、小叶杨(*Populus simonii*)中重金属元素含量特征及重金属的生物有效性。结果表明,各重金属含量与距公路垂直距离并不是简单的线性负相关关系。胡晓荣等研究公路交通尾气排放对路边土壤 Pb 累积和分布的影响,结果显示成渝高速公路水平方向距离公路 4 m 处土壤 Pb 含量最高,总体分布呈先增后减趋势,128 m 处 Pb 含量已接近背景浓度;垂直方向上 0—5 cm 表层土壤 Pb 含量平均值显著高于以下各层,0—20 cm 范围内 Pb 含量向土壤深处逐渐减少,20 cm 以上趋于稳定。甄宏指出交通运输产生的重金属微粒一部分散布在路边粉尘中,一部分吸附在大气颗粒物上,通过扬尘、沉降、降雨迁移到土壤中。道路两侧粉尘以及土壤中重金属的含量与交通量有密切关系。马建华等研究得出路旁土壤中大部分重金属的最高含量不在路肩处,而出现在距路肩 20—50 m 之间的地带,然后逐渐下降至对照值,郑汴公路交通对两侧土壤环境的影响范围超过 300 m。林健等对公路旁土壤中重金属和类金属污染的研究结果显示,路旁土壤已形成严重污染的元素为 Cd 和 Pb,污染晕带自公路起向其两侧扩散范围约为 250 m。郭瑞刚等研究汽车尾气对公路两侧苹果(*Malus pumila*)的 Pb 污染的影响,得出在公路两侧 30 m 范围内较高,随着偏离公路距离的增加,苹果中 Pb 含量逐渐降低。王成等研究高速公路沿线的重金属污染,发现对于日均车流 6 万辆的公路而言,公路两侧 80 m 范围内是污染最集中的区域。

土壤重金属污染的程度与土壤内重金属形态有关,当重金属处于可被生物体吸收的有效态时,就容易被吸收积累于生物体内。影响土壤中重金属形态的因素主要是土壤理化性质,包括土壤 pH、氧化还原电位、土壤有机质、阳离子交换量、土壤质地等。一般来说,土壤 pH 越低,以阳离子的形式存在的重金属被解吸的越多,其活动性就越强,从而加大了土壤中的重金属向生物体内迁移的数量。土壤质地影响着土壤颗粒对重金属的吸附。一般来说,质地黏重的土壤对重金属的吸附力强,可降低重金属的迁移转化能力。Dilek G. Turer 等研究发现高速公路附近土壤中的 Ba、Cu、Pb 和 Zn 含量与土壤有机质含量密切相关。董来启等研究了郑州市郊土壤重金属分布特点及影响因素,影响各重金属含量分布因素的定量分析结果表明,土壤重金属含量与土壤性质有较大关系,其中与全氮含量和有机质含量关系尤其大,城市距离、交通距离、水源地距离对 Cd、Hg、Pb、As、Cr 等重金属分布的影响不尽相同,但与土壤重金属分布有一定关系。

此外,不同的土地利用方式、施肥条件等对土壤有效态重金属含量也有影响。田应兵等对宜昌市城郊菜地土壤进行研究时,发现重金属含量与土壤有机质含量和阳离子交换量呈显著的正相关关系,且 Cu、Pb、Cd、Ni 的含量与小于 0.001 mm 黏粒含量呈显著正相关关系。鲁光银等研究发现,岩溶地区公路路侧水田中重金属元素含量较旱地、果园低,但影响范围更广。

植物对重金属的吸收和累积也会造成土壤重金属污染,不同的植物对重金属的积累和吸收具有一定差异,对重金属吸收富集能力强的植物可以净化环境、缓解重金属污染。J. T. Flanagan 等收集了干道边悬钩子(*Rubus corchorifolius*)和杜鹃的叶片和嫩枝,并用几种化学药剂清洗,发现对表面污染物去除效果较好的为 2NH₄-EDTA,悬钩子较杜鹃积累更多的锌和铅,锌和铅的积累特征相似。A. Aksoy 等以夹竹桃(*Nerium oleander*)为研究对象,通过检测和比较夹竹桃叶内重金属积累与土壤、叶表沉积物中重金属含量的关系,得出清洗后的叶片重金属含量与表土中含量有明显的相关性,夹竹桃可以作为很好的生物监测器。

7.2 重金属污染的环境危害

土壤重金属污染具有隐蔽性、不可逆性和长期性的特点。重金属在土壤中不为生物所分解,导致其很容易在环境中积累,超过一定限度时就会对在该环境中生存的微生物、动植

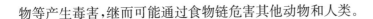

物等产生毒害,继而可能通过食物链危害其他动物和人类。

7.2.1　对土壤生态环境的影响

重金属在土壤中的过量积累,能全部或部分抑制许多土壤环境的生化反应,从而破坏土壤中原有有机物或无机物所固有的化学平衡并影响其转化。土壤肥力、土壤微生物环境都会因重金属的侵入而受到影响。

在土壤被重金属污染的情况下,土壤有机氮(N)的矿化、磷(P)的吸附、钾(K)的形态都会受到一定程度影响,最终使土壤保持和供应氮磷钾养分的能力下降。

土壤微生物在重金属污染影响下,会失去原来特有的生态状况,并在一定程度上呈现出受害现象。以往有研究表明,污染物不仅会引起微生物数量发生明显变化,还会引起土壤有益固氮菌数量的减少。进入土壤中的重金属尘埃使微生物区系数减少,酶活性降低,导致土壤环境恶化。王秀丽等对遭受 Cu、Zn 重金属污染的土壤进行了土壤生物学指标的测定,得出重金属污染对土壤环境质量生物学指标有较大的影响,土壤受重金属污染后代谢熵显著提高,微生物生物量明显降低,同时重金属污染对土壤磷酸酶和过氧化氢酶(CAT)的活性也有一定程度的抑制作用。程东祥等研究了城市土壤微生物活性特征与重金属含量的关系,通过对土壤微生物各生化作用强度与重金属污染的相关性分析得出,固氮作用对重金属污染反应相当敏感,城市土壤中的 Pb、Cd、Zn 不同程度地抑制固氮作用。

此外,土壤的污染还可能引发地下水源的污染,扩散污染范围,造成严重的后果。土壤一旦遭受重金属污染就很难恢复,因而应特别关注毒害元素 Cd、Cr、Pb、Cu 等对土壤的污染,这些元素在过量情况下有较大的生物毒性,可通过食物链对人体健康造成威胁。

7.2.2　对植物生长发育及生理代谢的影响

植物对土壤中的重金属元素有一定的吸收蓄积能力,但如果过量则会影响植物正常的生理代谢,抑制植物的生长发育。

一般情况下,植物体内重金属的浓度有随土壤中污染重金属浓度的增高而增加的趋势。重金属浓度增加到一定数值后,可对植物的生长产生危害,使植物的生理生化过程受阻,生长发育停滞,甚至造成植物死亡,其原因可能是污染降低了光合作用速率,引起植物缺水,也可能是污染抑制了有机养分的矿化而使土壤中 N、P 供应减少等。

生长于重金属污染环境中的植物,重金属离子可透过细胞壁作用于细胞膜,导致植物细胞膜透性严重破坏,使细胞膜透性增加。常学秀等研究指出,重金属污染可导致蚕豆(*Vicia faba*)细胞膜透性严重破坏,使植物体光合作用受阻,并对其核酸代谢产生明显影响。郑春霞等以水栽培的玉米幼苗为材料,用不同浓度的醋酸铅溶液处理后,对玉米细胞膜的透性变化和叶绿素含量变化进行分析得出,经过 Pb^{2+} 溶液处理后的玉米会受到不同程度的伤害。丁佳红等对高铜污染区的小飞蓬(*Comnyza canadensis*)进行盆栽试验,发现低浓度的 Cu 对小飞蓬的生长有促进作用;高浓度 Cu 处理时,小飞蓬受到明显的毒害,叶绿素和蛋白质含量持续下降,电导率显著增大;电导率随着 Cu 浓度的提高而增大,而叶绿素和蛋白质含量先微增后持续减少,说明 Cu 损害了小飞蓬的细胞膜,并影响了小飞蓬的光合作用和蛋白质的合成。当土壤 Cu 浓度升高时,小飞蓬根部 Cu 含量随着增加,而地上部分 Cu 含量的增加并不明显;抗氧化酶系统超氧化物歧化酶(SOD)、过氧化物酶(POD)、CAT 在 Cu 浓度增加时,活性增强,这 3 种酶组成的清除自由基系统对小飞蓬的耐 Cu 性有很大的影响。

徐澜等对小麦(*Triticum aestivum*)幼苗施以 0.25 mmol·L^{-1} Cr、0.80 mmol·L^{-1} Pb 单一及复合污染胁迫,研究表明,重金属胁迫会引起叶绿素含量减少,叶片渗透势下降,根与叶组织质膜透性变大,叶片可溶性蛋白质含量减少,有毒元素会在植物体内积累,抑制植物的生长发育。通过比较还得出,叶绿素含量和组织电导率对复合污染胁迫更敏感,是复合污染胁迫监测的首选指标。

重金属污染能够抑制种子的萌发。张义贤研究得出重金属污染可抑制大麦(*Hordeum vulgare*)种子的萌发率,降低根生长速率,减少有丝分裂指数。李德明等对小白菜(*Brassica campestris* sub. *chinensis* var. *communis*)种子进行重金属处理,研究表明,50 mg·L^{-1} 浓度 Cu^{2+} 极显著地抑制小白菜种子的萌发,500 mg·L^{-1} 浓度 Ni^{2+}、Cd^{2+}、Cu^{2+}、Zn^{2+}、Cr^{3+}、Ag$^+$、Pb^{2+} 均显著地抑制种子的萌发。

土壤受严重污染后,可使植物生长、发育等农艺性状发生改变,同时一些生理、生化活性也相应发生变化。杨居荣等通过盆栽小黑麦(× *Triticosecale Wittmack*)、冬小麦(*Triticum aestivum*)、玉米、大豆(*Glycine max*)和黄瓜(*Cucumis sativus*)的 Cd 处理试验,发现 Cd 污染可使 SOD、CAT 和多酚氧化酶(PPO)活性明显下降,但耐性较强的作物中,这些酶的活性可以维持或提高。受 Cd 危害的植物,其叶绿体的合成会受到影响,对植物的光合作用将产生不利影响,叶绿体提取物中检出 Cd,说明 Cd 可能取代叶绿体酶中的活性微量金属元素,使其受到破坏;Cd 污染严重时会使植物可溶性糖的含量下降,其影响程度因作物种类不同而异;Cd 严重污染可影响植物叶片的合成,使 DNA 提取量降低,且提取物中检出 Cd。刘春生等用不同浓度水平的 Cu 处理盆栽苹果树,研究了 Cu 对苹果树生长及代谢的影响。结果表明,过量铜会抑制苹果新梢的生长,降低叶片中活性铁的含量,使叶绿素含量极显著下降,叶片中的 CAT 活性也大幅度降低。铜在苹果叶中的积累有一定限度,叶片中铜的含量随外源铜施加量的增加而增加,但外源铜施加量超过 100 mg·kg^{-1} 时,叶片中铜的含量则几乎不再增加。

7.2.3 对农产品质量安全的影响

农产品质量安全是食品安全的重要组成部分,土壤是农作物生长的基础。土壤的重金属污染能导致土壤肥力降低,还使农作物产量降低和品质下降。作为食物链初级生产者的植物,过量的重金属在它们的根、茎、叶以及果实中大量积累,不仅严重影响植物自身的生长发育,而且还可以经食物链危及动物和人类。

张永春等研究了公路交通尾气及粉尘中重金属对公路两侧农田土壤及植株的污染,结果表明,所有断面公路两侧分别距路肩 25—100 m 范围内土壤铅累积达极显著水平($P<$ 0.01),并随距路肩距离的增加而降低;局部采样点土壤重金属元素含量超出了生产无公害

农产品对土壤重金属含量的限制标准,部分稻米、胡萝卜(*Daucus carota*)和青菜(*Brassica rapa* var. *chinensis*)中 Pb 含量超出国家无公害农产品重金属 Pb 的限量标准,因此重金属对农产品安全的威胁不容忽视,建议可考虑在公路两侧建设 15—20 m 宽的绿化带以保证农产品生产安全。李波等以沪宁高速公路为研究对象,对公路两侧土壤及小麦样品进行重金属污染监测。结果表明,沪宁高速公路两侧距路肩 250 m 范围内土壤和小麦已受不同程度 Pb 污染。土壤中 Pb 污染最大指数达 3.26,Cu、Ni、Cr、Cd 污染不显著。公路两侧小麦籽粒中 Pb 含量超标率 99% 以上,最大超标倍数达 1.73 倍,籽粒中 Zn 含量有部分样品超标,Cd 及 Cu 含量无超标现象。多数地段土壤 Pb 含量在距路肩 100 m 处较高,而小麦籽粒 Pb 含量则多以距路肩 50 m 和 100 m 处较高。李波等以江苏省的宁连高速公路两侧土壤和农产品为研究对象,研究了高速公路两侧农田土壤及农产品中重金属的污染特征及污染程度。结果表明,宁连高速公路两侧 200 m 范围内的土壤和小麦受到不同程度的重金属污染,其中土壤中 Pb、Cu、Ni 的最大累积系数分别为 1.94、1.82、1.69;采样范围内小麦籽粒 Pb 含量超标严重,最大超标倍数达 3.5 倍,而 Cd、Cu 及 Zn 无超标现象。公路两侧小麦籽粒中 Pb 含量有随距路基距离增加而下降的趋势,在距公路 50 m 处小麦籽粒中 Pb 含量达到最大值,与公路两侧大气污染特征相符合。交通源 Pb 对公路两侧小麦的影响大于对土壤的影响,小麦较土壤能更显著地反映交通源 Pb 的污染特征。李剑研究了郑汴公路旁土壤-小麦系统重金属(Pb、Cd、Ni、Cu、Zn、Cr)污染和迁移规律,发现小麦受到了不同程度的污染。

王初等研究了上海崇明岛交通干线两侧农田土壤和蔬菜 Pb、Cd 污染,结果表明,在长期运营的前提下,交通量不大的公路两侧也会出现较严重的 Pb、Cd 污染。公路两侧蔬菜 Pb 平均含量高于无公害食品标准,并指出路面灰尘中的 Pb、Cd 是路侧土壤和作物的潜在污染源。索有瑞等对西宁市郊主要公路两侧的土壤和植物中的重金属 Pb 含量进行了测定。结果表明,土壤和植物中铅污染都较严重。土壤、树木和农作物在距路边 80—100 m 处铅含量通常降到当地背景水平。吴燕玉等研究了 Cd、Pb、Cu、Zn、As 5 种元素复合污染对农作物、苜蓿、树木吸收元素的影响。结果表明,该 5 种元素间存在交互作用,可提高作物对 Cd、Pb、Zn 的吸收系数,土壤临界值下移,籽实中污染元素含量超出粮食卫生标准,苜蓿茎叶中 Cd、Pb 含量超出饲料卫生标准,处理组树木叶片中污染元素含量也有增加,阔叶树比针叶树吸收多。

刘浩等应用原子吸收光谱法检测四川省金堂县境内 1997 年建成的成达铁路沿线脐橙种植园土壤与对照土壤中 Pb、Cd、Mn、Cu、Zn 等多种元素的含量。结果表明,来源于铁路运行过程的重金属会在沿线土壤中富集并被植物吸收,铁路周边脐橙种植园土壤中重金属元素 Pb 和中量元素 Mn 比对照土壤增加明显,土壤中超量富集的重金属不但会影响脐橙的品质,甚至会影响食品安全,并指出控制脐橙种植园土壤有害元素积累是当地不可忽视的重要生产问题。

7.3 重金属污染监测与治理

7.3.1 重金属污染检测

重金属污染对生态环境的危害日趋严重,范围也在随人类的活动区域的扩大而不断扩展,对人类的生存环境安全造成了很大威胁。为及时掌握重金属污染的程度以更好地进行管理和控制,需要对土壤环境进行监测和评价。通过对重金属污染状况的监测和评价,可以正确反映过去和现在的土壤环境质量,确定是否受到污染、受到何种污染、污染程度和范围,并及时指导环境管理和污染治理工作。目前主要的监测和评价方法有生物指标法和指数评价法。

（1）生物指标法

土壤受到重金属污染,会使土壤中微生物、动植物的生存环境发生改变,影响它们正常的生命活动,致使这些生物必须对恶劣环境做出相关响应才能应对污染侵入。这些响应表现在土壤微生物数量的减少、植物生长形态的变化、生理生化过程的改变和重金属在生物体内的蓄积等方面。通过观察研究这些生物对污染的反应,可以在一定程度上达到监测重金属污染和评价污染程度的目的。

王秀丽等研究发现,重金属 Cu、Zn、Cd、Pb 复合污染对土壤微生物群落有较大的影响,复合污染能够明显降低微生物生物量、微生物熵和微生物氮与全氮的比值,同时在一定程度上也降低了微生物中碳与氮的比值,菌落计数也表明重金属复合污染导致了细菌、真菌以及放线菌菌落数降低。研究表明,用单一的生物学指标评价土壤的污染程度有一定的局限性,结合传统的生物学指标(微生物生物量、微生物熵等)和微生物群落结构的评价,能够更好地判断重金属污染对微生物群落的影响程度。徐磊辉等研究指出,在重金属污染环境中,细菌为响应重金属的胁迫而产生的种群结构、生物量和生理代谢活性的变化信息可用于重金属生物有效性的检测。土壤动物也可以用于评价土壤重金属污染程度。王振中等研究表明,土壤动物种类和数量均随土壤中 Cd 浓度增加而递减;Cd 对蚯蚓过氧化物同工酶活性有激活作用,对酯酶同工酶活性有抑制作用。郭永灿等研究表明,蚯蚓在重金属污染环境中会发生病变如体表溃疡、胃肠道黏膜层出血等,蚯蚓的病变指标能反映土壤重金属污染状况的严重程度。袁方曜等研究得出,潮土农田中暗灰异唇蚓、湖北远盲蚓、日本杜拉蚓 3 个种是适用于反应指示的重金属污染敏感种。许杰等总结了弹尾目昆虫在污染土壤生态风险评估、生态毒理学研究以及其他相关生物标志物研究上的一些方法体系及检测的主要指标参数,并对弹尾目昆虫在重金属污染土壤生态风险评估应用中存在的一些问题进行了分析讨论。C.L. Peredney 等研究认为,线虫是对土壤环境反应敏感的生物种,可以反映土壤重金属的生物有效性,指示环境的污染程度。

土壤重金属污染环境下的植物对重金属有吸收提取的功能,因此可以通过测定植物体内重金属含量来评价土壤内重金属的有效性,进而评价土壤重金属污染的严重程度。康玲芬等研究发现,道路两侧土壤中的 Zn、Cd、As、Hg、Pb、Cu、Cr 含量显著高于公园土壤,说明交通污染导致了这些元素在道路两侧土壤中的积累;同时生长在交通主干道两侧的槐树叶片中 Zn、Cd、As、Hg、Pb、Ni、Co、Cr、N 等 9 种元素的含量显著高于生长在公园的槐树叶片,同样表明交通污染导致了这些元素在槐树叶片中的异常积累,但不同元素在土壤和植物叶片中的积累程度存在着差异。关明东等对环境重金属污染监测研究的指示物进行总结指出,树木年轮、树皮、树木小枝条、植物叶片及苔藓、地衣等是监测环境重金属污染的重要指示器官或组织。马跃良等通过对广州市区植物叶片中重金属元素含量进行分析,研究了植物叶片重金属元素含量与城市大气环境污染之间的关系。结果表明,植物叶片中 Cu、Pb、Cd、Cr 元素污染都较严重,在重污染区,植物叶片中这些元素的含量明显高于清洁对照区,植物叶片重金属元素含量法能够有效地监测大气污染和评价大气质量状况,在环境监测中具有广阔的应用前景。建议推广应用植物叶片含污量监测大气质量的方法。

一般来说,植物吸收的重金属达到一定数量后,会表现出相应的受害症状。根据植物遭受重金属毒害时表现出的形态变化可以判定土壤污染。蒋先军等对印度芥菜进行重金属处理,发现在含 Cd 200 mg·kg^{-1} 的土壤中生长的印度芥菜发生镉毒而出现失绿黄化症状。郝卓莉等在总结以往的研究时指出,当土壤中 Cu 过量时,罂粟(Papaver somniferum)植株矮化,蔷薇花色由玫瑰色转为天蓝色;Ni 过量时,白头翁(Pulsatilla patens)的花瓣变为无色。

(2) 指数评价法

近年来相关研究者探究出了许多的重金属污染评价方法,主要有单因子评价、多因子评价、综合评价、地积累指数(Mull 指数)法、潜在生态危害指数法、模糊数学法、灰色聚类法、基于 GIS 的地统计学评价法、健康风险评价方法、环境风险指数法等。

目前在道路重金属污染的评价中,单因子评价、多因子评价中的内梅罗(N. L. Nemerow)污染指数法、带权重的叠加指数法较常见。单因子污染指数法是以土壤元素背景值为评价标准来评价重金属元素的累积污染程度,该模型只能分别反映各个污染物的污染程度,不能全面、综合地反映土壤的污染程度,这种方法适用于单一元素污染区域的评价,但它也是其他环境质量指数、环境质量分级和综合评价的基础。

当评定区域内土壤质量作为一个整体与外区域土壤质量比较,或土壤同时被多种重金属元素污染时,需将单因子污染指数按一定方法综合起来,应用综合污染指数法进行评价,这时可以采用内梅罗法或带有权重的叠加指数法。内梅罗法不仅考虑了各种污染物的平均污染水平,也反映了污染最严重的污染物给环境造成的危害。带权重的叠加指数法根据各污染物对土壤污染贡献大小进行加权,能较好地反映土壤污染水平。

7.3.2 重金属污染的治理与防护

由于土地资源具有有限性,人们对土壤重金属污染治理的探索和研究从未停止过。土壤一旦受到污染是难以治理的,因此应严格控制进入土壤的重金属,采取以防为主、综合治理的方针。对于已经遭到重金属污染的土壤,目前的治理和修复措施有物理方法、化学方法及生物方法三大类。

（1）重金属污染的治理

① 物理方法

物理方法是指用物理的工程措施进行污染土壤的修复,主要有翻土、客土、换土、热处理、固化、填埋等方法,具有彻底、稳定的优点。翻土就是通过深翻土壤,使聚积在表层的污染物分散到较深的层次,达到稀释的目的;客土就是在污染的土壤中加入大量的洁净土壤,或将洁净土壤与原有土壤混匀,使土壤中重金属的含量降低到临界污染浓度以下,或将洁净土壤覆盖在表层,减少污染物与植物根系的接触,达到减轻危害的目的;换土是将原来污染的土壤移走,换来清洁土壤。翻土、客土、换土等法治理轻污染土壤的效果显著,但实施工程量大,投资高,破坏土体结构,易引起土壤肥力下降,并且还要对换出的污土进行妥善处理。另外,高温热解可以用来降低 Hg 浓度,但需要大量能量,固化可减轻污染,但需要大量固化剂,也会破坏土壤,所以这些方法适用于小面积的污染区。

② 化学方法

化学方法主要是基于污染物土壤化学行为的改良措施。它通过施用化学钝化剂、改良剂等降低土壤重金属污染物的水溶性、扩散性和生物效性,从而使污染物转化为低毒性或低移动性的化学形态,降低其进入生物链的能力,减轻对生态环境的危害。陈宏等通过盆栽试验,研究了石灰、腐殖酸、硫化钠等化学添加剂对莴笋吸收土壤重金属的效应及土壤重金属残留的机理。结果表明,适当剂量的石灰、腐殖酸能显著抑制莴笋（*Lactuca sativa* var. *angustata*）对 Hg 的吸收,增加土壤中 Hg 的含量;而 Na_2S 则能显著抑制莴笋对 Pb 的吸收,增加土壤中 Pb 的含量。

③ 生物方法

重金属可以在生物体内积累和转化。生物方法是利用某些植物、动物和微生物吸收、降解、转化土壤中的重金属元素,使其达到可接受的水平。生物方法治理重金属污染具有对土壤环境扰动小、治理成本相对低廉、环境美学兼容等优势。生物方法可分为植物修复、动物修复和微生物修复。

植物修复以植物忍耐和超量积累某些重金属污染物为理论基础,利用植物及其共存微生物体系来实现对重金属污染环境的净化,包括植物萃取、植物钝化、植物挥发、植物过滤和根系过滤等方面。目前对植物修复的研究集中在超积累植物的筛选及提高植物修复效率的技术上。蒋先军等研究中提出了提高植物修复能力的两个途径:改进植物性能和农艺措施调控。通过提高植物地上部的生物量、改善植物根际状况（表面形态、表面积、微生物群落、根际分泌物等）、采用络合剂、适当施肥、作物轮作等促进植物对金属的吸收和积累,指出寻找并栽培更多的野生超积累植物是重金属污染修复的重要方向之一。

土壤中的某些低等动物能吸附土壤中的重金属。冯凤玲等根据在重金属污染土壤中,蚯蚓活动能提高植物生物量和土壤中的重金属的生物有效性,论证了在重金属污染土壤植物修复技术中引入蚯蚓的可行性,并指出引入蚯蚓的植物修复技术为当前的研究热点及今后的研究方向。王振中等研究发现,大型土壤动物蚯蚓对 Cd、Zn、Pb、Cu、Hg、As 的富集量分别为清洁区的 8.9、2.3、6.6、2.1、5.8 和 8.5 倍,采用高富集蚓种和超积累植物相结合的方法,可改善土壤重金属污染状况。

微生物修复主要是依靠微生物降低土壤中重金属的毒性,或者通过微生物来促进植物对重金属的吸收等其他修复过程。微生物可以对土壤中重金属进行固定、移动或转化,改变它们在土壤中的环境化学行为,促进有毒有害物质解毒或降低毒性,从而达到修复目的。杨卓等通过印度芥菜盆栽试验研究了巨大芽孢杆菌和胶质芽孢杆菌的混合微生物制剂、黑曲霉 30177 发酵液对植物修复 Cd、Pb、Zn 污染土壤的作用,结果表明,巨大芽孢杆菌和胶质芽孢杆菌的混合微生物制剂不仅可以促进超富集植物的生长,增强超富集植物对土壤 Cd、Pb、Zn 的吸收,而且大幅度提高了植物的修复效率。

在土壤重金属污染治理实践中,人们采用的修复方式通常是综合的,基本上包括了物理、化学和生物的过程。孙约兵等总结了利用生物技术、农艺措施和物理化学手段等强化手段提高植物修复效率的研究概况。

(2) 重金属污染的防护

国内一些学者在对公路交通产生的重金属进行研究的过程中,总结了不同距路肩距离和不同植物的防护效应。阮宏华等对南京城郊 312 国道两侧主要森林类型林木不同器官中 Pb 含量和分布规律的研究表明,不同树种、同一树种不同器官中 Pb 含量有明显差异。火炬松对 Pb 污染的净化能力强于杉木(*Cunninghamia lanceolata*)、栎树;汽车尾气排放的 Pb 污染影响范围在公路两侧 100 m 范围以内,主要在 40 m 范围以内。有林地土壤由于植被的覆盖,其 Pb 含量明显降低,林木以叶片对 Pd 微粒的吸附能力最强;松树对 Pb 吸附率高于其他树种。杜振宇等对山东省高速公路两侧土壤的 Pb 污染及绿化带的防护作用进行了研究,结果表明,高速公路两侧土壤存在一定程度的 Pb 污染,污染土壤主要集中在路侧 50 m 范围内;高速公路 Pb 污染也明显增加了绿化带内侧树木叶片的 Pb 含量,车流量越大的公路对树木的污染也越重;在不同绿化模式下,两侧林带对公路 Pb 污染的防护作用存在较大差别,宽度过大的林带并不是防护 Pb 污染的理想措施。王成等测定了高速公路两侧植物枝叶和路边土壤 Pb、Cd、Cu、Cr 含量,结果表明,高速公路两侧树木器官和不同土层 Pb 含量均随距路距离的增大而逐渐降低;距路 40—60 m 范围内的毛白杨林带对高速公路车辆尾气重金属污染有较好的吸收屏障效果,提出从路基向外,按照养护带、自然带和缓冲带 3 种土地利用类型配置防护林带。

陆东晖对绕城公路(机场高速、城市干线)两侧农田和林地土壤及植物[农作物水稻、小麦和蔬菜,林带意杨和落羽杉(*Taxodium distichum*)树木,绿化植物乔木香樟、灌木大叶黄杨和海桐、草坪植物狗牙根、马尼拉草]样品进行采集,测定了样本中 Al、Fe、Mn、Cu、Zn、Cr、Pb 和 Ni 的含量,并对土壤和农产品中重金属质量安全进行分析和评价,分析了土壤和农作物中重金属污染的分布特征及来源,并比较了不同林带树木对除 Ni 外的 7 种重金属的累积效应,还探讨了不同层次乔灌草植物叶层对重金属(除 Ni 外)的蓄积作用。

近年来,在对植物的重金属污染防护效应研究中,筛选出了一些适于重金属污染环境的植物种类。杨学军等对近20种常见绿化树种的重金属污染的防护特性进行了比较,结果表明,法国冬青(*Viburnum odoratissimum*)、紫薇、木芙蓉、女贞和龙柏(*Sabina chinensis*)等植物种类富集重金属能力较强,且生长良好,最适于作为重金属污染区的生态防护绿化树种;而蚊母树(*Distylium racemosum*)、夹竹桃和石楠等植物种类虽然富集重金属能力较弱,但有较强的耐性,也适于作为污染区绿化美化树种。张建强等测定了东京市内主要道路的粉尘、沿道土壤以及行道树树叶的重金属含量,得出行道树树叶的重金属浓度比对照点同树种高,不同树种重金属浓度差异较大,杜鹃花蓄积重金属的能力强。王爱霞等研究筛选出交通污染监测树种,认为紫叶李、雪松和杨树适合用于交通污染监测。

7.4 研究案例

7.4.1 研究内容及方法

(1) 研究内容

交通污染的危害直接影响着人们的生产生活安全,随着人们对环境质量的重视,研究交通产生的重金属污染也成了一个热点。路基边坡作为距离道路交通污染源最近的区域,其上的土壤和植物是除路面外交通污染物最直接的承接者。该区土壤及植物的重金属污染有可能会有不同于路域其他范围的污染特征和规律,适于路基边坡生长的植物还可能对重金属有较强的承受或蓄积能力。以往的研究多集中在路基以外较宽范围内的土壤、林带防护林及周围农田的重金属污染研究上,对植物累积重金属的研究也多是在盆栽环境条件下进行的,专门对路基边坡土壤及绿化植物重金属污染的研究目前尚未见报道。本试验尝试在高速公路交通环境下进行实地采样,对高速公路路基边坡区域土壤和植物污染特点及规律进行研究。

首先对路基边坡的植物种类和配置方式进行调查,选取有代表性的路基边坡,布设试验点,采集样点的土壤和植物样品,然后带回实验室处理,进行重金属(Cr、Cu、Pb)含量及土壤理化性质指标的测定和分析。主要分析内容包括:

① 边坡土壤重金属分布规律及其与土壤性质间的关系;

② 边坡及附近土壤重金属污染现状的评价;

③ 不同植物种类中重金属的含量;

④ 植物与土壤中重金属含量间的关系。

通过分析研究,总结出在交通环境中重金属复合污染下路基边坡及附近土壤对重金属的累积规律,并对土壤重金属污染现状做出客观评价,以指导重金属污染的防控管理工作;比较不同植物种类对重金属元素的吸收和蓄积差异,为筛选净化效果相对较好、适于高速公路沿线生长的植物提供基础资料,进而合理选择和配置植物,使高速公路绿化更大限度

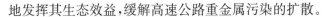

地发挥其生态效益,缓解高速公路重金属污染的扩散。

(2) 研究区概况

① 道路概况:以盐淮高速公路沿线为试验区域。盐淮高速公路是国家重点公路天津至汕尾公路的支线,是江苏省规划的"四纵四横四联"高速公路主骨架中徐州—盐城公路的重要组成部分,现编号为 S18。它连接了淮安、盐城两个省辖市,起自淮江高速(京沪高速 G2 的淮江段)与宿淮高速公路(盐徐高速 G2513 的宿淮段)在马甸交汇,向东经淮安市楚州区的溪河镇、车桥镇、泾口镇和流均镇,穿过盐城市的建湖县、盐都县,在盐城马沟与盐靖高速公路(S29)交叉后,继续向东在步凤镇与龙堤之间接上盐通高速公路(沈海高速 G15 的盐通段)。该道路按双向四车道高速公路标准建设,全长约为 104 km,2002 年 8 月始建,2006 年 12 月正式通车。

② 自然环境:盐淮高速公路所跨区域为苏北平原的一部分,属冲击堆积平原。地形属潟湖型洼地,荡泽密布。整个区域较为平坦,自西向东略有倾斜,海拔高程从 4.0 m 过渡到 2.5 m,其中射阳湖荡洼地标高 0.5—1.0 m。公路所经地区土壤类型主要为水稻土类,局部地表为素土和黏性土,pH 大多在 7.8—8.4 之间,偏碱性。地下水位较高,一般距地表 1.0—1.5 m。

研究区穿越江苏省里下河地区的中北部,里下河地区属淮河水系,射阳湖荡区处于里下河北部主要排水入海的射阳湖上游。目前,射阳湖荡区滩面高程在 1.0 m 以上,汛期积水,平时露滩。

盐淮高速公路所处地段为暖温带季风气候向亚热带季风气候过渡带,兼有南北气候特征。本区气候条件优越,四季分明,年平均气温在 13.6—14.7 ℃ 之间;历史记录极端最低气温为 -17.3 ℃,极端最高气温为 40.8 ℃。年无霜期 240 d 左右。每年的 7 月至 9 月为雨季,雨量充沛,年平均降水量约 940 mm,年平均日照时数 2 130—2 430 h。最低气温多出现在 12 月下旬至 2 月中旬,最高气温多出现在 7 月中旬至 8 月中旬,6 月中旬至 7 月上旬正值雨季,最高气温一般不高。

盐淮高速公路所经地区植被情况各异,依土壤条件、地形地貌、海拔高度、环境状况等有所不同,整体上植被分布自北而南由落叶阔叶林逐步向落叶、常绿阔叶混交林过渡,但由于人口集中、长期经济活动的结果,原始植被和珍稀植物已不复存在,而代之以人工栽培植物和农作物。根据江苏省植被区划,盐淮高速公路所经地区为淮北平原西伯利亚蓼、海乳草、花碱土植被区,属平原农田区,无天然森林,但区域内湿生和水生植物资源丰富。

(3) 样品的采集

① 采样区的选择:根据道路建设时的设计资料及对实地情况的调查,选择种植不同植物的同一类型边坡(坡度比为 1∶1.5)为采样区域。选取 5 种绿化组合,依据绿化类型设 5 个采样区,即不同的绿化配置定为不同的采样区,详见表 7-1。同一类绿化类型的采样区选取 3 个采样断面(即 3 个重复),各采样断面依现场情况分别采集距离路肩 3 m、6 m、10 m、20 m(4 个水平距离)处的土壤和植物,即每个采样断面设 4 个采样点。其中 3 m 和 6 m 点位于路基边坡之上,10 m 点位于边坡基部,20 m 点处于农田防护林位置。同时采集距道路

1 km 处不受高速公路影响的土壤作为对照。

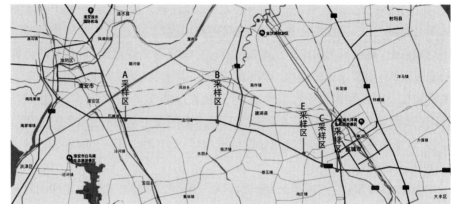

扫码浏览彩图

图 7-1　盐淮高速公路及采样区区位图

表 7-1　各采样区基本情况

编号	地点	绿化模式	备注
A	楚州枢纽附近	白茅-旱柳+法国冬青-女贞	主要杂草:蛇莓、狗牙根、一年蓬
B	建湖九龙口服务区	狗牙根-广玉兰+桂花-女贞	主要杂草:绿豆、葎草、一年蓬、小飞蓬
C	盐都郭猛服务区	白茅-旱柳+紫叶桃-意杨	主要杂草:绿豆、续断菊、蛇莓、小飞蓬
D	盐城西枢纽附近	蜀葵+白茅-槐+石榴+白蜡-意杨	主要杂草:鸡矢藤、小蓟、一年蓬
E	秦南龙岗服务区	赤豆-紫叶桃+女贞-加杨	主要野生植物:小飞蓬、构树

② 采样时间:2010 年 6 月下旬。

③ 土壤采样:根据边坡具体情况,在各采样区的每个采样断面上,分别在距离路肩3 m、6 m、10 m、20 m 的边坡区域布设采样点,采样深度 0—15 cm,即先将地表的覆盖物(落叶等)拨开,露出地面后取土,深度至 15 cm,该深度范围的土样混合为本样点土样。为保证土壤样品的代表性,在每个断面的各水平采样点分别采集子样 3 个,每个子样约 200 g,将 3 个子样充分混合作为一个样品,装入编号的塑料袋中。每个采样断面采集了 4 组混合样品,同一绿化类型共采集 12 组土壤样品。采集距道路 1 km 处不受高速公路影响的土壤作为对照土样。

④ 植物采样:植物采样与土壤采样同步,采集同点土壤上的植物,乔灌木类采集植株中部外缘的当年生枝条和叶片,草本植物采集全草,每种植物样本 5—8 个重复,根据分析要求,各植物采集量约 500 g 左右。

(4)样品的处理

① 土壤样品的处理:从野外采集的土壤样品运到实验室后,立即将样品按编号均匀平铺在 A3 白纸上进行风干。风干期间当样品达到半干状态时把土块压碎,除去石块和残根等侵入体,并经常翻动,在空气流通良好的地方使其慢慢风干。

待样品风干后,经过反复碾碎和研磨使土样全部通过 1 mm 尼龙筛,混匀,用于土壤吸湿水含量和 pH 的测定。将 1 mm 土壤样品在密封袋中充分混匀,用牛角勺多点取样 20 g,继续研磨使其全部通过 0.25 mm 的尼龙筛,混匀放入编号的密封袋中,用于有机质含量的测定;随后用牛角勺从过 0.25 mm 筛的样品密封袋中多点取样约 5 g,继续研磨并全部通过 100 目(孔径 0.149 mm)尼龙筛,混匀,用于重金属含量的测定。在研磨过程中,为避免土壤样品间的相互污染,碾碎时用保鲜膜包裹碾土棒,研磨时采用玻璃研钵,在每组样品研磨完成后分别更换新的保鲜膜和研钵。

② 植物样品的处理:首先将采集来的植物样品用自来水过洗 3 次,再经去离子水过洗 1 次,105 ℃鼓风干燥箱内杀青 1 h,然后设置 80 ℃恒温烘烤 4 h,稍冷却后取出,用 FW80 高速万能粉碎机粉碎,将粉碎后的样品装入编号的密封袋中,并保存于干燥器内待测。

(5) 试验指标的选取与测定

① 试验指标:研究表明,土壤 pH、土壤机械组成和有机质含量以及阳离子交换量显著影响土壤中重金属的存在形态和土壤对重金属的吸附。为了解高速公路两侧土壤和植物受重金属污染的程度及重金属在高速公路环境系统中的累积迁移受哪些因素影响,根据实验室现有条件,本试验开展以下项目的测定:土壤吸湿水,土壤 pH,土壤有机质含量,土壤中 Cr、Cu、Pb 含量及植物中 Cr、Cu、Pb 的含量。

② 测定方法:土壤吸湿水含量的测定采用烘箱烘干法。土壤 pH 测定采用电位法,用 Sartorius PB-10 型 pH 计测定,土水比为 1∶2.5。有机质含量用重铬酸钾容量法-烘箱烘焙加热法,根据预试验中电炉加热法与烘箱加热法进行有机质测定的结果准确度分析,本试验采用烘箱烘焙加热时,将烘箱温度设置为 195 ℃。

重金属(Cr、Cu、Pb)测定采用电感耦合等离子体发射光谱法(ICP-AES),先将样品用王水-高氯酸消解。称取 0.5 g(精确到 0.000 2 g)过 100 目筛的土壤样品于 50 mL 三角瓶中,加少许水湿润,加王水 10 mL,同时做全程空白。三角瓶上盖上相应大小的弯颈漏斗,在电热板上加热微沸至有机物剧烈反应后,再加高氯酸 2 mL,提高温度强火加热至冒白烟,土壤呈灰白色或淡黄色(若出现棕色烧结干块,则再加少许王水,加热至灰白色)。冷却,加适量去离子水,小火加热除去高氯酸,再用 2 mL 1%的硝酸温热溶解,溶解盐类后,用超纯水定容至 25 mL 容量瓶,摇匀,立即转移至聚丙烯离心管中冷藏备测,最后用电感耦合等离子体发射光谱仪测定元素含量。

植物重金属含量测定采用硝酸-高氯酸消解样品。分批称取烘干植物样品约 0.500 0 g,放入 50 mL 三角瓶中,同时做空白样,加 10 mL 体积比为 5∶1 的硝酸-高氯酸的混合酸,放至电热板上过夜,次日将温度提升使样品溶液产生黄棕色烟,黄棕色烟冒尽后调温保持样液微沸,直到溶液无色透明,待白烟冒尽后取下冷却,加 2 mL 体积比为 1∶1 的硝酸充分溶解,加热 10 min 左右,取下冷却定容至 25 mL 容量瓶中,定容液移至离心管中冷藏待测,用电感耦合等离子体发射光谱仪测定含量。

③ 主要仪器:Sartorius BS124S 型及 SHIMADZU-UX 420H 型电子天平、PHG-9070A 型电热恒温鼓风干燥箱、Sartorius PB-10 型 pH 计、FW80 高速万能粉碎机、不锈钢电热板

OPTIMA-4300DV 电感耦合等离子体发射光谱仪。

④ 数据分析方法：测定所得数据的处理和分析运用 Microsoft Excel 2003、SPSS13.0 和 DPS 软件。其中相关性及方差分析运用 SPSS13.0，灰色关联度分析运用 DPS 软件进行。

7.4.2 边坡土壤重金属污染特征及评价

（1）边坡土壤重金属分布特征及规律

① 土壤主要理化性质和重金属含量

不同绿化类型边坡采样点的土壤理化性质及重金属含量的测定结果见表 7-2 与表 7-3。

表 7-2　各采样区土壤的理化性质

采样区	编号	距路肩的距离/m	吸湿水含量/g·kg⁻¹	pH	有机质含量/g·kg⁻¹
采样区 A	A1	3	0.035 9	7.67	26.378 0
	A2	6	0.037 1	7.76	21.654 8
	A3	10	0.039 9	7.59	30.329 3
	A4	20	0.050 5	7.69	16.195 7
采样区 B	B1	3	0.036 9	7.74	19.311 3
	B2	6	0.038 5	8.03	13.634 2
	B3	10	0.033 7	8.04	18.097 2
	B4	20	0.038 6	7.69	26.210 2
采样区 C	C1	3	0.025 3	7.88	25.837 4
	C2	6	0.024 7	7.93	22.236 4
	C3	10	0.022 4	8.02	16.083 6
	C4	20	0.023 1	5.55	25.929 0
采样区 D	D1	3	0.022 8	8.04	19.738 4
	D2	6	0.022 8	8.09	26.213 9
	D3	10	0.025 4	7.96	27.616 1
	D4	20	0.030 0	7.46	18.404 3
采样区 E	E1	3	0.026 9	8.09	17.868 1
	E2	6	0.027 3	8.08	22.158 1
	E3	10	0.026 1	7.51	19.204 8
	E4	20	0.029 2	7.25	29.298 2
采样对照	CK	1 000	0.028 8	7.36	35.776 1

从结果数据中可以看出，不同采样点土壤的理化性质和重金属元素含量存在一定差异。综合观察，吸湿水含量较稳定，pH 基本在 7—8 上下浮动，但 C 采样区 C4 点的 pH 为 5.55，可能是由于该点处于农田范围中，受到了人为耕作活动的影响。

表 7-3　各采样区土壤的重金属含量

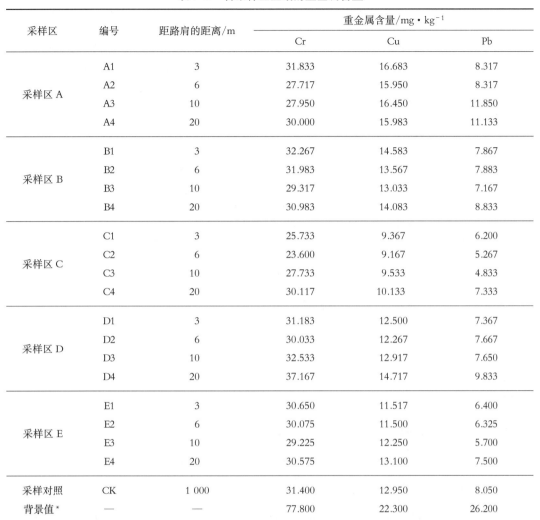

采样区	编号	距路肩的距离/m	重金属含量/mg·kg⁻¹		
			Cr	Cu	Pb
采样区 A	A1	3	31.833	16.683	8.317
	A2	6	27.717	15.950	8.317
	A3	10	27.950	16.450	11.850
	A4	20	30.000	15.983	11.133
采样区 B	B1	3	32.267	14.583	7.867
	B2	6	31.983	13.567	7.883
	B3	10	29.317	13.033	7.167
	B4	20	30.983	14.083	8.833
采样区 C	C1	3	25.733	9.367	6.200
	C2	6	23.600	9.167	5.267
	C3	10	27.733	9.533	4.833
	C4	20	30.117	10.133	7.333
采样区 D	D1	3	31.183	12.500	7.367
	D2	6	30.033	12.267	7.667
	D3	10	32.533	12.917	7.650
	D4	20	37.167	14.717	9.833
采样区 E	E1	3	30.650	11.517	6.400
	E2	6	30.075	11.500	6.325
	E3	10	29.225	12.250	5.700
	E4	20	30.575	13.100	7.500
采样对照	CK	1 000	31.400	12.950	8.050
背景值*	—	—	77.800	22.300	26.200

注:* 背景值参照江苏省土壤元素背景值。

由表 7-3 可知,各采样区土壤中 Cr、Cu 和 Pb 含量均低于江苏地区土壤元素背景值,可能是由于江苏地区的土壤元素背景值属于大范围的统计值,而本试验所研究地区的背景值本身就与江苏省的平均值有差异;各采样区土壤重金属含量值在采样对照区土壤中重金属含量值上下浮动,这可能与对照区土壤采自农田土有关,农田土由于长期受人为耕作活动和污染沉降的影响,土壤重金属含量增加,导致其和路域附近土壤重金属含量趋于接近。

重金属含量方面,采样区 C 即盐都郭猛服务区,其土壤中 3 种重金属元素含量均比其他采样区的要低,采样区 D 即盐城西枢纽附近的土壤中 3 种重金属元素含量相对都较高。

所有采样区各水平采样点的土壤理化性质及重金属含量的统计特征见表 7-4 与表 7-5。

表 7-4　各采样区土壤理化性质特征

采样区	项目	吸湿水含量	pH	有机质含量
采样区 A	最小值	0.034 8 g·kg⁻¹	7.50	13.04 g·kg⁻¹
	最大值	0.054 1 g·kg⁻¹	7.89	34.31 g·kg⁻¹
	均值	0.040 8 g·kg⁻¹	7.68	23.64 g·kg⁻¹
	标准差(σ)	0.006 4 g·kg⁻¹	0.124 2	6.843 4 g·kg⁻¹
	变异系数(CV)	0.155 9	0.016 2	0.289 5
采样区 B	最小值	0.033 6 g·kg⁻¹	7.53	12.88 g·kg⁻¹
	最大值	0.043 1 g·kg⁻¹	8.12	29.86 g·kg⁻¹
	均值	0.036 9 g·kg⁻¹	7.87	19.31 g·kg⁻¹
	标准差(σ)	0.003 0 g·kg⁻¹	0.205 8	5.350 0 g·kg⁻¹
	变异系数(CV)	0.081 5	0.026 1	0.277 0
采样区 C	最小值	0.020 2 g·kg⁻¹	5.30	15.86 g·kg⁻¹
	最大值	0.026 6 g·kg⁻¹	8.06	27.64 g·kg⁻¹
	均值	0.023 9 g·kg⁻¹	7.35	22.52 g·kg⁻¹
	标准差(σ)	0.001 8 g·kg⁻¹	1.089 7	4.936 8 g·kg⁻¹
	变异系数(CV)	0.074 9	0.148 3	0.219 2
采样区 D	最小值	0.022 0 g·kg⁻¹	7.18	16.59 g·kg⁻¹
	最大值	0.031 2 g·kg⁻¹	8.27	37.45 g·kg⁻¹
	均值	0.025 2 g·kg⁻¹	7.89	22.99 g·kg⁻¹
	标准差(σ)	0.003 2 g·kg⁻¹	0.320 0	7.0511 g·kg⁻¹
	变异系数(CV)	0.127 5	0.040 6	0.306 7
采样区 E	最小值	0.025 3 g·kg⁻¹	7.24	13.64 g·kg⁻¹
	最大值	0.029 4 g·kg⁻¹	8.15	31.40 g·kg⁻¹
	均值	0.027 3 g·kg⁻¹	7.73	22.13 g·kg⁻¹
	标准差(σ)	0.001 6 g·kg⁻¹	0.400 2	6.137 7 g·kg⁻¹
	变异系数(CV)	0.058 0	0.051 8	0.277 3

　　从表 7-4 中可知,在所有采样区中土壤吸湿水含量范围为 0.020 2—0.054 1 g·kg⁻¹,采样区 A 吸湿水含量的变异系数为 0.155 9,采样区 D 为 0.127 5,其他 3 个采样区的吸湿水含量变异系数较小。pH 指标中,采样区 C 的 pH 变异系数为 0.148 3,出现 5.30 的最小值,其他采样区的土壤 pH 均在 7.18—8.27 之间,变异系数很小;有机质含量最小值为 12.88 g·kg⁻¹,最大值为 37.45 g·kg⁻¹,变异系数较大,在采样点 D 变异系数甚至达到了 0.306 7。

　　从各采样区内各测定指标的平均值来看,采样区 A 的吸湿水平均含量最高,为 0.040 8 g·kg⁻¹,接下来依次是采样区 B、E、D、C;pH 以采样区 D 的 7.89 为最高,其后依次是采样区 B、E、A、C;有机质平均含量以采样区 A 的 23.64 g·kg⁻¹ 为最高,随后依次为采样区 D、C、E、B。

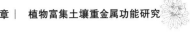

表 7-5　各采样区土壤重金属含量特征

采样区	项目	Cr 含量	Cu 含量	Pb 含量
采样区 A	最小值/mg·kg^{-1}	24.85	15.50	7.70
	最大值/mg·kg^{-1}	32.00	16.80	13.05
	均值/mg·kg^{-1}	29.38	16.27	9.90
	标准差(σ)/mg·kg^{-1}	2.542 2	0.425 0	1.784 3
	变异系数(CV)	0.086 5	0.026 1	0.180 2
采样区 B	最小值/mg·kg^{-1}	28.35	12.45	6.85
	最大值/mg·kg^{-1}	33.95	15.85	9.10
	均值/mg·kg^{-1}	31.14	13.82	7.94
	标准差(σ)/mg·kg^{-1}	1.686 3	0.818 4	0.719 3
	变异系数(CV)	0.054 2	0.059 2	0.090 6
采样区 C	最小值/mg·kg^{-1}	23.35	8.75	4.15
	最大值/mg·kg^{-1}	30.80	10.70	7.50
	均值/mg·kg^{-1}	26.80	9.55	5.91
	标准差(σ)/mg·kg^{-1}	2.605 6	0.516 1	1.084 2
	变异系数(CV)	0.097 2	0.054 0	0.183 5
采样区 D	最小值/mg·kg^{-1}	28.70	11.55	6.55
	最大值/mg·kg^{-1}	40.00	15.05	10.25
	均值/mg·kg^{-1}	32.73	13.10	8.13
	标准差(σ)/mg·kg^{-1}	3.364 5	1.092 5	1.232 8
	变异系数(CV)	0.102 8	0.083 4	0.151 6
采样区 E	最小值/mg·kg^{-1}	27.60	11.25	5.45
	最大值/mg·kg^{-1}	32.55	13.90	7.65
	均值/mg·kg^{-1}	30.19	12.03	6.47
	标准差(σ)/mg·kg^{-1}	1.561 0	0.827 3	0.726 3
	变异系数(CV)	0.051 7	0.068 8	0.112 2

　　由表 7-5 可以看出,Cr 含量范围为 23.35—40.00 mg·kg^{-1},Cu 含量范围为 8.75—15.80 mg·kg^{-1},Pb 含量范围为 4.15—13.05mg·kg^{-1};Cr、Cu 元素的变异系数较小,Cr、Cu 元素的最大变异系数分别为采样区 D 的 0.102 8、0.083 4,和前述该采样区有机质变异系数较大相一致;Pb 元素含量的变异系数最大,样地 C 的 Pb 含量变异系数达到 0.183 5。

　　从各采样区内 Cr 元素含量的平均值看,采样区 D 即盐城西枢纽附近的采样点 Cr 平均含量较高,为 32.73 mg·kg^{-1},其后依次是采样区 B、E、A、C;Cu 元素则以采样区 A 的含量为最高,为 16.27 mg·kg^{-1},接下来依次是采样区 B、D、E、C;重金属元素 Pb 的单位含量也以采样区 A 为最高,为 9.90 mg·kg^{-1},然后依次为采样区 D、B、E、C;采样区 C 的 3 种元素平均含量为所有采样区中最低,采样区 D 的 3 种元素平均含量是所有样地中较高的。路域土壤中重金属的含量受土壤理化性质、交通量、生长植物种类等因素的影响,这可能是造成采样区之间重金属含量差异的原因。

　　② 土壤重金属含量与土壤性质间的灰色关联分析

　　土壤中重金属累积和迁移是受多种因素共同影响的,有研究表明,土壤有机碳含量、阳离子交换量、pH等土壤理化性质对重金属累积和迁移有着重要影响。这些因素对重金属在土壤中蓄积和迁移行为的影响程度存在某些差异,需要采用数学方法对重金属与土壤理化特性间的关系进行研究,以掌握其间的关联程度,这对土壤重金属污染的防治和环境维护将具有重要的指导作用。

　　传统的分析是数理统计学的相关分析,它是对因素之间的相互关系进行定量分析的一种有效方法。但是,相关系数具有这样的性质:即因素 Y 对因素 X 的相关程度与因素 X 对因素 Y 的相关程度相等,就相关系数的这种性质而言,其实是与实际情况不太相符的。由于路域土壤中重金属的环境行为的复杂性,许多因素之间的关系是灰色的,很难用相关系数比较精确地度量其相关程度的大小。而灰色系统理论中的灰色关联度法能够完整地反映土壤污染相关因素的关系,通过关联度分析,能从关联度矩阵中反映各变量(重金属含量、吸湿水含量、pH、有机质含量等)之间相关关系的紧密程度,并显示重金属含量与土壤理化指标相关的密切程度,同时可对这种程度的高低进行排序,以指导下一步的研究工作。

　　根据灰色关联度分析原理,运用 DPS7.05 数据处理系统软件,采用了灰色系统中的关联分析,分别以 3 种重金属元素作为母序列,3 项土壤理化指标作为子序列,计算得出每种重金属元素与各理化指标的灰色关联度,见表7-6。

表 7-6　各重金属元素与土壤理化指标的灰色关联度

元素	吸湿水含量	pH	有机质含量
Cr	0.730 2 I	0.707 2 II	0.689 7 III
Cu	0.734 0 I	0.571 5 III	0.592 6 II
Pb	0.787 9 I	0.647 6 III	0.690 5 II

注:表中各关联度数值右侧的罗马数字符号为此元素与四个理化指标关联度数值由大到小依次排列的排名。

　　由表7-6 中可以看出,吸湿水含量与重金属元素 Cr、Cu 和 Pb 的关联度都最高,表明在3 项土壤理化指标当中,吸湿水含量与这 3 种重金属元素的关系最为密切。对以往涉及吸湿水与重金属的研究文献进行检索,未发现有对其关系的直接研究。吸湿水是由干燥土粒的吸附力所吸附的保持在土粒表面的水分,与土壤矿物质风化、有机化合物的合成和分解有很大关系,而土壤中重金属元素种类和含量变化主要遵从土壤成土母质及其矿物风化过程,同时土壤有机化合物的合成与分解会影响土壤重金属的可移动性,这些可能是土壤吸湿水与各元素含量关系紧密的根本原因。pH 与 Cr 元素关系相对密切,与 Cu、Pb 的联系较弱,关联度位居第三位。有机质含量与 Cu、Pb 的关系较为密切,对 Cr 的影响关系居于 pH 之后。田应兵等研究也发现,重金属含量与土壤 pH 的相关性不明显,而与土壤有机质含量呈显著正相关,说明有机质含量与重金属含量关系较密切,这与本试验分析结果相似。综上所述,在本试验分析的 3 项土壤理化性质中,对于 Cr、Cu、Pb 三类重金属元素,吸湿水含

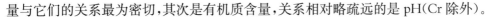

量与它们的关系最为密切,其次是有机质含量,关系相对略疏远的是 pH(Cr 除外)。

③ 土壤重金属含量与离路肩距离的关系

A. 相关关系的分析

由表 7-7 知,采样区 C 和 D 的 Cr 元素含量与离路肩距离有极显著的相关关系,图 7-2 显示为先降后升;采样区 C、D、E 的 Cu 元素与离路肩距离显著相关,采样区 A 和 D 的 Pb 元素含量与离路肩距离间也表现出显著相关性;采样区 B 的 3 种重金属元素含量与离路肩距离均无明显相关性。

表 7-7　不同采样区土壤中重金属含量与离路肩距离的相关系数

重金属	采样区相关系数				
	A(n = 12)	B(n = 12)	C(n = 12)	D(n = 12)	E(n = 12)
Cr	− 0.242	− 0.451	0.775**	0.710**	− 0.013
Cu	− 0.440	− 0.290	0.603*	0.780**	0.822*
Pb	0.784**	0.354	0.320	0.699*	0.320

注:* 表示土壤重金属含量与距离在 $\alpha = 0.05$ 水平显著相关,** 表示在 $\alpha = 0.01$ 水平显著相关。

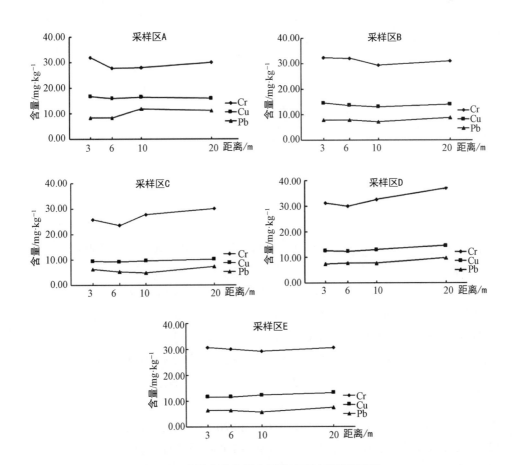

图 7-2　土壤中重金属含量随离路肩距离的变化

5 个采样区重金属含量与离路肩距离间的相关关系表现不一致,可能是因采样空间位置的差异和边坡上生长植物的不同综合影响的结果,不同空间位置的边坡可能会出现因土壤来源不同而带来的土壤元素含量的基础差异,生长植物的不同会引起对污染物的吸收净化效应和拦截范围的差异。

从图 7-2 可看出,所有采样区的 3 种重金属元素总体含量存在着明显差异:Cr 含量＞Cu 含量＞Pb 含量,即 Cr 元素含量最高,Pb 元素含量最低,Cu 元素含量位居中间,其原因可能是受研究区土壤的重金属含量本底值和重金属迁移等多重因素的影响。Cr 含量随离路肩距离的变化呈现先降后升的趋势,Cu 含量变化相对平缓,而 Pb 元素含量除 A 采样区外,其他采样区整体呈现上升趋势,并且都是在距离路肩 20 m 的地方达到最大,这可能与 Pb 污染的扩散特点及 20 m 处的防护林带有关。Ross　A. Sutherland 等研究显示空气中大部分的 Pb 主要结合在较小粒径的粉尘上,迁移扩散距离远,Pb 的微颗粒扩散附着于林带的树木叶片上,经降雨淋洗进入土壤,导致土壤中 Pb 元素含量升高。

B. 拟合函数的选择

通过以上对土壤重金属在离路肩不同距离处分布特征的描述,能够发现不同重金属元素在离路肩不同距离处土壤中的分布可能呈现某种规律性,在数学上表达即重金属含量的变化与距路肩的距离存在某种函数关系,可对结果数值做拟合曲线分析,确定这种函数相关性。本论文运用 Excel 求取拟合函数,然后结合 SPSS 软件再进行检验。对各个重金属元素含量进行结果拟合,由于开始无法确定函数形式,所以先采用不同函数模型进行拟合,最后选择相关系数平方值即 R^2 最大的函数关系式作为最终拟合函数。经过对各模型最优拟合结果进行比较,选定各元素的拟合函数如下:

Cr 元素:

采样区 A:$y=-0.011\,4x^3+0.421\,1x^2-4.443\,3x+41.682,R^2=0.473\,2$。

采样区 B:$y=0.008\,3x^3-0.239\,6x^2+1.538\,7x+29.583,R^2=0.511\,1$。

采样区 C:$y=-0.018\,0x^3+0.591\,2x^2-4.897\,9x+35.592,R^2=0.933\,9$。

采样区 D:$y=-0.009\,2x^3+0.317\,9x^2-2.668\,2x+36.574,R^2=0.708\,0$。

采样区 E:$y=0.001\,5x^3-0.029\,0x^2-0.041\,5x+31.045,R^2=0.139\,0$。

Cu 元素:

采样区 A:$y=-0.003\,8x^3+0.125\,5x^2-1.132\,6x+19.055,R^2=0.585\,6$。

采样区 B:$y=-0.000\,7x^3+0.043\,2x^2-0.681\,6x+16.259,R^2=0.543\,7$。

采样区 C:$y=-0.001\,5x^3+0.050\,4x^2-0.428\,3x+10.237,R^2=0.533\,6$。

采样区 D:$y=-0.001\,9x^3+0.071\,3x^2-0.596\,8x+13.701,R^2=0.845\,8$。

采样区 E:$y=-0.002\,2x^3+0.072\,5x^2-0.537\,6x+12.595,R^2=0.658\,9$。

Pb 元素:

采样区 A:$y=-0.011\,4x^3+0.343\,5x^2-2.370\,8x+12.646,R^2=0.885\,5$。

采样区 B:$y=0.003\,0x^3-0.083\,5x^2+0.567\,6x+6.834\,0,R^2=0.740\,5$。

采样区 C:$y=-0.000\,2x^3+0.032\,7x^2-0.593\,3x+7.690\,5,R^2=0.854\,6$。

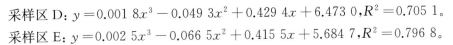

采样区 D：$y=0.001\ 8x^3-0.049\ 3x^2+0.429\ 4x+6.473\ 0,R^2=0.705\ 1$。

采样区 E：$y=0.002\ 5x^3-0.066\ 5x^2+0.415\ 5x+5.684\ 7,R^2=0.796\ 8$。

从上文各采样区 3 种重金属元素的拟合结果来看，Cr 元素的拟合函数与实际结果的相符度在各采样区变异较大，在采样区 E 拟合较差，R^2 值为 0.139 0，而在 C 采样区 R^2 值为 0.933 9，拟合结果很好。Cu 元素各采样区的 R^2 值在 0.533 6 到 0.845 8 之间，且采样区 D 的拟合结果稍好。Pb 元素的 R^2 值在 0.705 1 到 0.885 5 之间，是在各采样区间变幅最小的重金属元素，拟合结果较 Cr、Cu 要好。对拟合函数进行统计检验，得出 Cr 元素在采样区 C 和 D 处 $Sig.<0.01$，Cu 元素在采样区 D 处 $Sig.<0.01$，Pb 元素在除采样区 E 外的区域均有 $Sig.<0.05$，说明在这些采样区内的拟合函数的有效性在 95%，而其他采样区的拟合可靠性则不佳。

总结高速公路路基边坡及附近土壤重金属含量随距路肩距离变化的关系函数为三次多项式模型：

$$y=b_3x^3+b_2x^2+b_1x+b_0$$

式中：x 表示距路肩的距离，取值范围为 0—20 m，b_n 表示系数，取值因土壤环境和重金属元素而定。从考虑 R^2 值的大小和统计检验来看，整体的拟合结果并不很理想，这可能与采样范围的狭窄及同时受多种因素（路基边坡的填土土质、防护形式及植物种类等）的影响有关。

C. 不同绿化配置的边坡土壤重金属含量比较

对不同采样区即绿化配置边坡的土壤重金属含量进行方差分析，并对距离和采样区做多重比较，结果见表 7-8 至表 7-16。

表 7-8 表明，不同采样区间、不同距离间 Cr 元素含量都有着极显著差异（$Sig.<0.01$）。在方差分析极显著的基础上，用 Duncan 法做多重对比，分析不同采样区不同距离之间 Cr 含量的差异，得出 C 采样区的 Cr 含量均值最低，与其他采样区间差异显著，离路肩 20 m 距离处 Cr 含量均值最高，且与离路肩 6 m、10 m 距离处的含量差异显著。

表 7-8 不同采样区铬含量的方差分析

差异来源	Ⅲ型平方和（SS）	自由度（df）	均方（MS）	F	$Sig.$
采样区	232.806	4	58.201	19.533	0.000
距离	73.072	3	24.357	8.175	0.000
采样区×距离	126.678	12	10.557	3.543	0.001
误差	110.245	37	2.980		
误差总和	52 978.620	58			
校正总和	556.384	57			

表 7-9 不同采样区铬含量的多重比较

采样区编号	A	B	C	D	E	对照
平均值/mg·kg^{-1}	29.38	31.14	26.80	32.73	30.06	31.40
显著性水平 $\alpha=0.05$	b	bc	a	c	b	bc

注：不同小写字母表示差异显著（$P<0.05$）。

表7-10　不同距离铬含量的多重比较

距离/m	3	6	10	20	1 000（对照）
平均含量/mg·kg⁻¹	30.27	28.58	29.36	31.85	31.40
显著性水平 $\alpha=0.05$	abc	a	ab	c	bc

注：不同小写字母表示差异显著（$P<0.05$）。

从表7-11可知，不同采样区和距路肩不同距离的土壤中 Cu 元素含量有着极显著差异（$Sig.<0.01$），继而用 Duncan 法做多重对比，得出各采样区间 Cu 含量都有显著差异，C 采样区的 Cu 含量均值低于其他采样区，各距离间 Cu 含量差异显著，距路肩 20 m 处 Cu 含量为不同距离水平中的最高值，与其他距离处差异显著，但与对照 1 000 m 距离处的差异不显著。结果与秦莹等对沈哈高速公路两侧土壤重金属污染的研究相似，发现道路东侧土壤中 Cu 含量的峰值也是出现在距路肩 20 m 处。

表7-11　不同采样区铜含量的方差分析

差异来源	Ⅲ型平方和（SS）	自由度（df）	均方（MS）	F	$Sig.$
采样区	286.298	4	71.575	291.084	0.000
距离	8.926	3	2.975	12.100	0.000
采样区×距离	13.171	12	1.098	4.464	0.000
误差	9.098	37	0.246		
误差总和	10 146.503	58			
校正总和	317.183	57			

表7-12　不同采样区铜含量的多重比较

采样区编号	A	B	C	D	E	对照
平均值/mg·kg⁻¹	16.27	13.82	9.55	13.10	12.04	12.95
显著性水平 $\alpha=0.05$	e	d	a	c	b	c

注：不同小写字母表示差异显著（$P<0.05$）。

表7-13　不同距离铜含量的多重比较

距离/m	3	6	10	20	1 000（对照）
平均含量/mg·kg⁻¹	13.00	12.56	12.88	13.64	12.95
显著性水平 $\alpha=0.05$	a	a	a	b	a

注：不同小写字母表示差异显著（$P<0.05$）。

从表7-14可看出，不同采样区和路基边坡不同距离处土壤中 Pb 元素含量也存在极显著差异（$Sig.<0.01$），用 Duncan 法做多重对比，结果为采样区 A 与采样区 B、C、D、E 及对照间的 Pb 含量均有显著差异，其重金属含量均值为采样区中最大值，其次采样区 D 中 Pb 含量均值较高。距路肩 20 m 距离处 Pb 含量与其他距离处 Pb 含量间差异显著，均值为各距离中最大值，和秦莹等的研究一致，Pb 含量峰值也是出现在距路肩 20 m 处。采样区 A

和 D 中 Pb 含量较其他采样区高,主要与采样区 A 和 D 分布于两个交通枢纽附近有关。有研究表明,道路交通是附近土壤 Pb 元素的主要来源。本试验中,A 采样区处于楚州枢纽附近,盐淮高速与京沪高速在此地相交,交通量较其他采样区大,造成其 Pb 含量较高;同样,盐城西枢纽附近的 D 采样区中,Pb 含量较高,也与该地盐淮高速与盐靖高速相交引起的交通量较大有关。

表 7-14 不同采样区铅含量的方差分析

差异来源	Ⅲ型平方和(SS)	自由度(df)	均方(MS)	F	$Sig.$
采样区	110.281	4	27.570	79.114	0.000
距离	28.935	3	9.645	27.676	0.000
采样区×距离	30.396	12	2.533	7.268	0.000
误差	12.894	37	0.348		
误差总和	3 690.893	58			
校正总和	184.756	57			

表 7-15 不同采样区铅含量的多重比较

采样区编号	A	B	C	D	E	对照
平均值/mg·kg^{-1}	9.90	7.94	5.91	8.13	6.54	8.05
显著性水平 $\alpha=0.05$	c	b	a	b	a	b

注:不同小写字母表示差异显著($P<0.05$)。

表 7-16 不同距离铅含量的多重比较

距离/m	3	6	10	20	1 000(对照)
平均含量/mg·kg^{-1}	7.32	7.15	7.56	9.03	8.05
显著性水平 $\alpha=0.05$	a	a	ab	c	b

注:不同小写字母表示差异显著($P<0.05$)。

通过以上对不同采样区 3 种重金属元素含量的方差分析得出,采样区间、同一采样区不同距离间的重金属含量都存在显著差异。从多重比较结果综合来看,采样区 C 的 3 种重金属平均含量在所有采样区中属于最低值,且其 Cr、Cu 元素均值含量与其他采样区的差异显著,这有可能是在道路建设过程中,采样区 C 的填土来源和其他区不同造成的;距路肩 20 m 处土壤中 Cr、Cu、Pb 元素的平均含量都为所有采样距离中的最高值,且此处 Cu 和 Pb 元素均值含量与其他距离处的差异均较显著,这有可能是源于距路肩 20 m 处土壤采自林下,而道路产生的重金属污染物微粒扩散时被树木叶片部分截留,经降雨淋洗后又进入土壤,增加了林下土壤重金属含量,故此处平均值高于其他采样点;距路肩 6 m 处边坡土壤的 Cr、Cu、Pb 均值含量是所有采样距离中的最低值,这可能一方面由于在高路基情况下汽车尾气向较远距离扩散,另一方面路面径流在距路肩 6 m 处之内已有一个土壤和植物的过滤净化过程,使得距路肩 6 m 处 Cr、Cu、Pb 的含量低于其他距离。

（2）边坡土壤重金属污染现状评价

为了对边坡土壤的重金属污染程度做出定量评价,本试验选取单因子评价法和多因子评价中的内梅罗法。由于本试验道路边坡建设中的取土来自周围农田,所以本试验选取距离路肩1 km处的对照土样背景值作为评价参考标准。

① 单因子评价

单因子评价是对土壤中某一污染物的污染程度进行评价,评价依据是该污染物的单项污染指数:

$$P_i = \frac{C_i}{S_i}$$

式中:P_i为重金属元素i的污染指数,C_i为土壤重金属元素i实测浓度,S_i为土壤重金属污染物i的评价标准,此处为对照土样重金属元素i的测定值。当$P_i < 1$,表示土壤未污染;$P_i > 1$,表示土壤污染,且P_i越大,污染越严重。

② 内梅罗法评价

考虑到现实中公路周边的污染属于多种污染物的复合污染,选用内梅罗污染指数法对土壤中的重金属污染做综合的评价。计算公式如下:

$$P_N = \sqrt{\frac{\overline{P_i^2} + P_{i(\max)}^2}{2}}$$

式中:P_N为内梅罗污染指数;$\overline{P_i}$为各元素污染指数的算术平均值;$P_{i(\max)}$为各重金属元素中最大的污染指数。这种方法的计算结果不仅考虑了3种重金属污染元素的平均污染水平,也反映了污染最严重的重金属元素给环境造成的危害。因此可按内梅罗污染指数划定污染等级,内梅罗指数土壤污染评价标准参考《土壤环境监测技术规范》(HJ/T 166—2004),如表7-17。

表7-17　土壤内梅罗污染指数评价标准

等级	内梅罗污染指数	污染等级
Ⅰ	$P_N \leqslant 0.7$	清洁(安全)
Ⅱ	$0.7 < P_N \leqslant 1.0$	尚清洁(警戒限)
Ⅲ	$1.0 < P_N \leqslant 2.0$	轻度污染
Ⅳ	$2.0 < P_N \leqslant 3.0$	中度污染
Ⅴ	$P_N > 3.0$	重污染

表7-18列出了各采样区的污染指数。数据显示,采样区A的内梅罗污染指数$1.0 < P_N \leqslant 2.0$,为Ⅲ级轻度污染,单项污染指数P_{Cu}、P_{Pb}大于1,P_{Cr}在距路肩3 m处大于1,即距离路肩最近的采样点处显示污染,其他距离P_{Cr}值小于1;采样区B中,在距路肩3 m、6 m、20 m处,$1.0 < P_N \leqslant 2.0$,属Ⅲ级轻度污染,距路肩10 m距离为Ⅱ级警戒限,单项污染指数P_i数值在0.890—1.126之间;采样区C中$0.7 < P_N \leqslant 1.0$,为Ⅱ级警戒等级,P_i小于1,范围

为0.600—0.959;采样区 D 在距路肩 3 m、6 m 处,$0.7<P_N≤1.0$,为Ⅱ级警戒等级,距路肩 10 m、20 m 处,$1.0<P_N≤2.0$,显示轻度污染,P_i 值在 0.915—1.222 之间;采样区 E 中,$0.7<P≤1.0$,处于Ⅱ级警戒限附近。综合各采样点的 3 元素的单项污染指数,计算平均值,得出 P_{Cr}、P_{Cu}、P_{Pb} 数值分别为 0.957、1.001、0.953,3 种重金属污染严重程度排序为 Cu>Cr>Pb,这与曹剑对盐淮高速沿线湿地沉积物重金属研究的污染排序是一致的。从各区内梅罗污染指数的平均值来看,采样区 A、B、D 污染较其他采样区严重,污染严重程度排序为采样区 A>采样区 B>采样区 D>采样区 E>采样区 C。

表 7-18 各采样区污染指数统计表

采样区	污染指数		距路肩距离/m				平均值
			3	6	10	20	
采样区 A	单项污染指数 P_i	P_{Cr}	1.014	0.883	0.890	0.955	0.936
		P_{Cu}	1.288	1.232	1.270	1.234	1.256
		P_{Pb}	1.033	1.033	1.472	1.383	1.230
	内梅罗污染指数 P_N		1.203	1.144	1.348	1.291	1.246
采样区 B	单项污染指数 P_i	P_{Cr}	1.028	1.019	0.934	0.987	0.992
		P_{Cu}	1.126	1.054	1.006	1.088	1.069
		P_{Pb}	0.977	0.979	0.890	1.097	0.986
	内梅罗污染指数 P_N		1.086	1.036	0.975	1.077	1.044
采样区 C	单项污染指数 P_i	P_{Cr}	0.820	0.752	0.883	0.959	0.853
		P_{Cu}	0.723	0.708	0.736	0.782	0.737
		P_{Pb}	0.770	0.654	0.600	0.911	0.734
	内梅罗污染指数 P_N		0.796	0.728	0.815	0.922	0.815
采样区 D	单项污染指数 P_i	P_{Cr}	0.993	0.956	1.036	1.184	1.042
		P_{Cu}	0.965	0.947	0.997	1.136	1.012
		P_{Pb}	0.915	0.952	0.950	1.222	1.010
	内梅罗污染指数 P_N		0.976	0.954	1.016	1.201	1.037
采样区 E	单项污染指数 P_i	P_{Cr}	0.976	0.958	0.931	0.974	0.960
		P_{Cu}	0.889	0.888	0.946	1.012	0.934
		P_{Pb}	0.795	0.786	0.708	0.932	0.805
	内梅罗污染指数 P_N		0.933	0.918	0.905	0.992	0.937

③ 潜在生态风险评价

1980 年 Lars Hakanson 提出了潜在生态危害指数法,是用于土壤或沉积物中重金属污染程度及其潜在生态危害评价的一种方法。在这种评价方法中,单一重金属潜在生态风险指数的计算公式为:

$$E_i = T_i × P_i$$

式中:E_i 为某单一重金属的潜在生态风险指数,T_i 为某单一重金属的生物毒性响应系数(反映重金属对人体及生态系统的危害程度），P_i 为某重金属元素的单向污染指数。

Lars Hakanson 给出的几种重金属的毒性响应系数分别为 Cr 的 T_i 值为 2，Cu 的 T_i 值为 5，Pb 的 T_i 值为 5。

多种重金属的潜在生态风险指数计算公式为：

$$R_i = \sum_{i=1}^{n} E_i$$

式中：R_i 为多种重金属的潜在生态风险指数；n 为重金属种类；E_i 为某单一重金属的潜在生态风险指数。

表 7-19 重金属污染潜在生态危害指标与分级关系

潜在生态风险指数 E_i值范围	单一重金属生态 风险程度	潜在生态风险指数 R_i值范围	多类重金属总生态 风险程度
$E_i < 30$	轻微	$R_i < 135$	轻微
$30 < E_i < 60$	中等	$135 < R_i < 265$	中等
$E_i > 60$	严重	$R_i > 265$	严重

对 5 个采样区的 3 种重金属进行单一重金属的潜在生态风险的评价，各元素的 P_i 值分别选择 5 采样区的平均值，得出 E_i 值，Cr、Cu、Pb 的 E_i 值分别为 1.913、5.008、4.765，属于轻微生态风险。多类重金属的总生态风险评价采样区 A、B、C、D、E 的 R_i 值分别为 14.302、12.259、9.061、12.194、10.615，生态风险程度为轻微级。

从目前结果看，土壤的污染尚不严重，生态风险也为轻微级，这可能与本研究道路使用年限较短有关。但为保证附近农田土壤的使用安全，仍需继续监测土壤重金属含量，并适当采取保护措施避免污染加重。

7.4.3 边坡植物重金属污染特征的研究

（1）植物中的重金属含量水平

① 采样区 A 植物重金属含量

采样区 A 位于楚州枢纽附近，绿化植物主要为白茅（*Imperata cylindrica*）、旱柳（*Salix matsudana*）、法国冬青、女贞，边坡周围生长的杂草主要有蛇莓（*Duchesnea indica*）、狗牙根、一年蓬（*Erigeron annuus*）等。

表 7-20 采样区 A 植物重金属含量

单位：mg·kg⁻¹

重金属	白茅	旱柳	法国冬青	女贞	蛇莓	狗牙根	一年蓬
Cr	32.26	1.00	2.35	2.75	5.00	50.55	18.90
Cu	5.24	12.25	5.85	11.35	8.35	7.85	11.80
Pb	—	—	—	0.70	—	0.90	—

注："—"表示未检出此元素。

从表 7-20 采样区 A 的测定值可看出,Cr 含量范围为 1.00—50.55 mg·kg^{-1},白茅、狗牙根、一年蓬的 Cr 含量较高,分别为 32.26 mg·kg^{-1}、50.55 mg·kg^{-1}、18.90 mg·kg^{-1}。绿化植物按 Cr 含量由高到低排序为狗牙根>白茅>一年蓬>蛇莓>女贞>法国冬青>旱柳。Cu 元素含量整体都比较低,含量范围为 5.24—12.25 mg·kg^{-1}。绿化植物按 Cu 含量由高到低排序为旱柳>一年蓬>女贞>蛇莓>狗牙根>法国冬青>白茅。Pb 元素含量极低,在女贞样品中检出 0.70 mg·kg^{-1},在狗牙根样品中检出 0.90 mg·kg^{-1}。

② 采样区 B 植物重金属含量

采样区 B 位于建湖九龙口服务区附近,绿化植物主要为狗牙根、广玉兰、桂花、女贞、加杨,杂草类植物主要有绿豆、葎草、一年蓬、小飞蓬等。

表 7-21　采样区 B 植物重金属含量

单位:mg·kg^{-1}

重金属	狗牙根	广玉兰	桂花	女贞	加杨	绿豆	葎草	一年蓬	小飞蓬
Cr	56.18	7.45	—	3.40	0.90	6.48	1.15	1.20	4.10
Cu	7.88	6.85	7.00	8.30	10.35	8.55	5.95	4.90	12.50
Pb	0.88	1.10	1.50	—	—	—	—	—	—

注:"—"表示未检出此元素。

从表 7-21 测定值可看出,Cr 含量范围为 0.90—56.18 mg·kg^{-1},狗牙根 Cr 含量达到 56.18 mg·kg^{-1},为该组含量最高值。绿化植物按 Cr 含量由高到低排序为狗牙根>广玉兰>绿豆>女贞>小飞蓬>一年蓬>葎草>加杨>桂花。Cu 元素含量范围为 4.90—12.50 mg·kg^{-1}。绿化植物按 Cu 含量由高到低排序为小飞蓬>加杨>绿豆>女贞>狗牙根>桂花>广玉兰>葎草>一年蓬。Pb 元素在狗牙根、广玉兰、桂花中检出,含量分别为 0.88 mg·kg^{-1}、1.10 mg·kg^{-1}、1.50 mg·kg^{-1}。

③ 采样区 C 植物重金属含量

采样区 C 位于盐都郭猛服务区附近,绿化植物主要为白茅、旱柳、紫叶桃、加杨,杂草类植物主要有绿豆、续断菊(Sonchus asper)、蛇莓、小飞蓬等。

表 7-22　采样区 C 植物重金属含量

单位:mg·kg^{-1}

重金属	白茅	旱柳	紫叶桃	加杨	绿豆	续断菊	蛇莓	小飞蓬
Cr	26.30	1.20	1.75	1.00	9.4	0.90	9.80	6.85
Cu	3.65	9.80	8.30	9.68	10.5	15.90	8.10	19.40
Pb	—	0.58	—	—	—	—	—	—

注:"—"表示未检出此元素。

从表 7-22 测定值可看出,Cr 元素含量范围为 0.90—26.30 mg·kg^{-1},白茅中含量为 26.30 mg·kg^{-1},为最高值。所有绿化植物按 Cr 含量由高到低排序为白茅>蛇莓>绿豆>小飞蓬>紫叶桃>旱柳>加杨>续断菊。Cu 元素含量范围为 3.65—19.40 mg·kg^{-1},绿化植物按 Cu 含量由高到低排序为小飞蓬＞续断菊＞绿豆＞旱柳＞加杨＞紫叶桃＞蛇莓＞白茅。Pb 元素仅在旱柳中检出。

④ 采样区 D 植物重金属含量

采样区 D 位于盐城西枢纽附近,绿化植物主要有蜀葵(*Althaea rosea*)、白茅、槐、石榴)、白蜡(*Fraxinus chinensis*)、加杨,杂草类植物主要有鸡矢藤(*Paederia scandens*)、刺儿菜(*Cirsium setosum*)、一年蓬等。

表 7-23　采样区 D 植物重金属含量

单位:mg·kg^{-1}

重金属	蜀葵	白茅	槐	石榴	白蜡	加杨	鸡矢藤	刺儿菜	一年蓬
Cr	3.12	24.45	6.40	2.25	3.90	0.75	3.75	4.20	10.35
Cu	7.02	4.90	4.75	10.15	14.30	6.60	6.75	12.35	4.30
Pb	—	0.05	1.60	1.40	—	—	—	—	—

注:"—"表示未检出此元素。

由表 7-23 测定值可看出,D 采样区 Cr 元素含量测定值范围为 0.75—24.45 mg·kg^{-1},白茅中含量 24.45 mg·kg^{-1},为最高值。所有绿化植物按 Cr 含量由高到低排序为白茅＞一年蓬＞槐＞刺儿菜＞白蜡＞鸡矢藤＞蜀葵＞石榴＞加杨。Cu 元素含量范围为 4.30—14.30 mg·kg^{-1},绿化植物按 Cu 含量由高到低排序为白蜡＞刺儿菜＞石榴＞蜀葵＞鸡矢藤＞加杨＞白茅＞槐＞一年蓬。Pb 元素在白茅、槐、石榴中检出,含量分别为 0.05 mg·kg^{-1}、1.60 mg·kg^{-1}、1.40 mg·kg^{-1}。

⑤ 样区 E 植物重金属含量

采样区 E 位于秦南龙岗服务区附近,绿化植物主要有赤豆(*Vigna angularis*)、紫叶桃、女贞、加杨,杂生植物主要有小飞蓬、构树等。

表 7-24　采样区 E 植物重金属含量

单位:mg·kg^{-1}

重金属	赤豆	紫叶桃	女贞	加杨	小飞蓬	构树
Cr	2.98	1.75	0.40	0.30	4.80	0.85
Cu	10.85	8.08	14.75	10.00	15.50	5.75
Pb	—	—	—	—	—	—

注:"—"表示未检出此元素。

由表 7-24 测定值可看出,E 采样区 Cr 元素含量测定值范围为 0.30—4.80 mg·kg^{-1},所有绿化植物按 Cr 含量由高到低排序为小飞蓬＞赤豆＞紫叶桃＞构树＞女贞＞加杨。Cu 元素含量范围为 5.75—15.50 mg·kg^{-1},所有植物按 Cu 含量由高到低排序为小飞蓬＞女贞＞赤豆＞加杨＞紫叶桃＞构树。Pb 元素在以上植物中均未检出。

综合表 7-20 至表 7-24 中可知:Cr 元素除在桂花样品中未检出,在其他植物样品中均有检出,含量范围为 0.30—56.18 mg·kg^{-1};Cu 元素在各植物样品中均有检出,含量范围为

$3.65-19.40$ mg·kg^{-1}；而对于 Pb 元素，除女贞、狗牙根、广玉兰、桂花、旱柳、槐、石榴、白茅中有 Pb 检出外，在其他种类植物中均未检出，检出含量范围为 $0.05-1.60$ mg·kg^{-1}。

（2）植物中3类重金属元素单位蓄积量排序

通过对道路绿化植物3种重金属元素含量进行综合比较，将植物绿化层次的不同分为乔灌层植物（木本植物）和草本层植物两组。表7-25为采样区内的所有木本层绿化植物重金属含量统计及从高到低的排序，由表可知，在乔灌层植物中 Cr 元素检出含量范围为 $0.00-7.45$ mg·kg^{-1}，桂花中未检出，广玉兰中含量为 7.45 mg·kg^{-1}，为其中最高者；Cu 元素含量范围为 $4.75-14.30$ mg·kg^{-1}，含量最高者白蜡是最低者槐的3倍；Pb 元素在其中6种木本植物中检出，含量范围为 $0.23-1.60$ mg·kg^{-1}，在白蜡、法国冬青、紫叶桃、构树、加杨中未检出。将3种重金属元素单位蓄积量叠加计算出总排序，白蜡、广玉兰、女贞排序较靠前，为单位干重蓄积 Cr、Cu、Pb 较多的3种植物。

表 7-25　木本绿化植物中重金属含量统计及排序

单位：mg·kg^{-1}

Cr		Cu		Pb		总排序	
广玉兰	7.45	白蜡	14.30	槐	1.60	白蜡	18.20
槐	6.40	女贞	11.47	石榴	1.40	广玉兰	15.40
白蜡	3.90	旱柳	11.03	广玉兰	1.10	女贞	13.88
法国冬青	2.35	石榴	10.15	桂花	0.75	石榴	13.80
石榴	2.25	加杨	9.16	旱柳	0.29	槐	12.75
女贞	2.18	紫叶桃	8.19	女贞	0.23	旱柳	12.42
紫叶桃	1.75	广玉兰	6.85			紫叶桃	9.94
旱柳	1.10	桂花	5.95			加杨	9.90
构树	0.85	法国冬青	5.85			法国冬青	8.20
加杨	0.74	构树	5.75			桂花	6.70
桂花	0.00	槐	4.75			构树	6.60

表7-26为采样区内的草本植物样品重金属含量统计及从高到低的排序，由表可知，Cr 元素含量范围为 $0.90-53.37$ mg·kg^{-1}，狗牙根样品中 Cr 含量为 53.37 mg·kg^{-1}，是含量最低的续断菊的59倍；Cu 元素含量范围为 $4.60-15.90$ mg·kg^{-1}，Cu 含量最高的续断菊 Cu 含量为 15.90 mg·kg^{-1}，是 Cu 含量较低的白茅的3.5倍；Pb 元素在狗牙根和白茅中均有检出，但是含量较低，分别为 0.89 mg·kg^{-1}、0.02 mg·kg^{-1}，在其他草本植物中未检出。从三种重金属元素叠加计算的总排序中可知，狗牙根和白茅是单位重量蓄积重金属总量较多的植物，葎草单位重量蓄积重金属较少。

不同绿化层植物对单一重金属元素的蓄积量存在明显的差异，同一绿化层不同植物间也存在明显差异。在 Cr、Cu、Pb 3种元素中，以草本层的狗牙根对 Cr 的蓄积量最高，其次为该层的白茅，而同绿化层的续断菊 Cr 蓄积量仅为 0.90 mg·kg^{-1}；乔灌层植物枝叶样中

Cr 元素蓄积量最高的是广玉兰,其测定值为 7.45 mg·kg⁻¹,不及草本层植物狗牙根单位干重蓄积量的 1/5;对于 Cu 元素来说,草本层中 Cr 蓄积量较低的续断菊的 Cu 蓄积量最高,乔灌层中白蜡 Cu 蓄积量较高;Pb 元素,蓄积值较高的为乔灌层中的槐,其次为石榴和广玉兰,草本层中仅在狗牙根和白茅中有 Pb 检出。在 3 类重金属元素蓄积总量中,以狗牙根最高,其次是白茅和小飞蓬,乔灌层植物白蜡位居其后,构树最低。目前研究发现,除了一些重金属超富集植物,大多数植物吸收的重金属主要积累在根系,而地上部的含量较低。采样部位的差异也可能是草本层植物样品中重金属含量高于乔灌层植物的重要原因之一。

表 7-26 草本植物中重金属含量统计及排序

单位:mg·kg⁻¹

Cr		Cu		Pb		总排序	
狗牙根	53.37	续断菊	15.90	狗牙根	0.89	狗牙根	62.12
白茅	27.67	小飞蓬	15.80	白茅	0.02	白茅	32.28
一年蓬	10.15	刺儿菜	12.35			小飞蓬	21.05
绿豆	7.94	赤豆	10.85			绿豆	17.47
蛇莓	7.40	绿豆	9.53			一年蓬	17.15
小飞蓬	5.25	蛇莓	8.23			续断菊	16.8
刺儿菜	4.20	狗牙根	7.87			刺儿菜	16.55
鸡矢藤	3.75	蜀葵	7.02			蛇莓	15.63
蜀葵	3.12	一年蓬	7.00			赤豆	13.83
赤豆	2.98	鸡矢藤	6.75			鸡矢藤	10.5
葎草	1.15	葎草	5.95			蜀葵	10.14
续断菊	0.90	白茅	4.60			葎草	7.10

7.4.4 边坡植物与土壤中重金属含量的关系

(1) 植物重金属的累积与土壤重金属含量的关系

植物种类的不同和生存环境的差异都可能会导致植物重金属吸收量的不同。本试验取样的边坡绿化配置的差异和杂草生长的随机性,也使得各采样区中的植物样品不尽相同,所以采样区之间不同植物重金属元素测定值必定会有差别。鉴于此原因,本试验先对同一采样区中的植物重金属含量与土壤中含量做区内的比较,之后对不同采样区具有相同植物种类的植物再作区间比较。

① 植物与土壤间重金属的含量比较

从图 7-3 可看出,本采样区中白茅和狗牙根的 Cr 元素单位含量高于土壤中的含量,所有植物样品中的 Cu 元素含量均不及土壤中的单位含量,Pb 元素仅在女贞和狗牙根中检出,含量分别为 0.70 mg·kg⁻¹ 和 0.90 mg·kg⁻¹,远远低于土壤中 Pb 含量 9.90 mg·kg⁻¹。

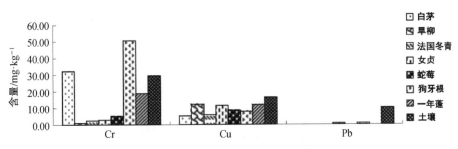

图 7-3　采样区 A 中植物与土壤重金属含量

从图 7-4 可看出,采样区 B 中狗牙根的 Cr 元素单位含量高于土壤中 Cr 元素的含量;小飞蓬 Cu 元素含量为 12.50 mg·kg⁻¹,接近土壤中 Cu 元素含量 13.84 mg·kg⁻¹,其他植物中 Cu 元素含量较低;Pb 元素仅在狗牙根、广玉兰、桂花中检出,桂花中 Pb 元素含量1.50 mg·kg⁻¹ 为其中较高值,但也远低于土壤中 Pb 元素含量(7.94 mg·kg⁻¹)。

图 7-4　采样区 B 中植物与土壤重金属含量

从图 7-5 可看出,采样区 C 中白茅 Cr 元素单位含量为 26.30 mg·kg⁻¹,接近土壤中Cr 元素的含量 26.80 mg·kg⁻¹;绿豆、旱柳、加杨、续断菊、小飞蓬的 Cu 元素单位含量高于土壤;Pb 元素仅在旱柳中检出,含量为 0.58 mg·kg⁻¹,低于土壤中 Pb 元素含量(5.91 mg·kg⁻¹)。

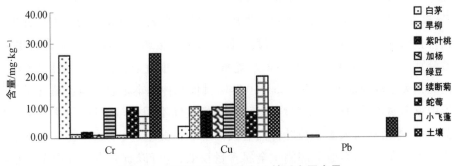

图 7-5　采样区 C 中植物与土壤重金属含量

从图 7-6 可看出,采样区 D 中所有植物的 Cr 元素单位含量均低于土壤中 Cr 元素的含量;白蜡 Cu 元素含量高于土壤中 Cu 元素单位含量,石榴和刺儿菜中 Cu 元素含量与土壤相近;Pb 元素仅在槐和石榴中检出,含量分别为 1.60 mg·kg^{-1} 和 1.40 mg·kg^{-1},低于土壤中 Pb 元素含量 8.13 mg·kg^{-1}。

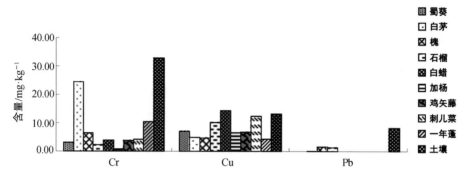

图 7-6　采样区 D 中植物与土壤重金属含量

从图 7-7 可看出,采样区 E 中各植物样品中 Cr 元素单位含量均明显低于土壤中 Cr 元素的含量,女贞、小飞蓬中的 Cu 元素含量高于本区土壤中 Cu 元素的单位含量,Pb 元素在本采样区未检出。

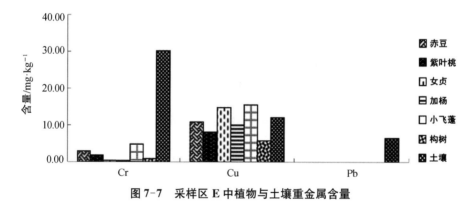

图 7-7　采样区 E 中植物与土壤重金属含量

② 植物与对应土壤中重金属含量的相关性

表 7-27 是不同采样区的几种植物与生长土壤的重金属含量间的相关关系分析。从表中可看出,白茅、狗牙根中重金属含量与其生长土壤中重金属含量间存在显著的相关关系,相关系数分别达到了 0.954 和 0.982;绿豆、蛇莓、一年蓬中重金属含量与采样区土壤中重金属含量间的相关系数分别为 0.476、0.537、0.590,其他几种木本植物中重金属含量与相应采样区土壤中重金属含量的相关系数均为负值,且相关性不明显,这可能与草本植物是采集全草样品,而木本植物仅采集了枝叶样品有关。一般情况下,大多数植物从土壤中吸收的重金属主要积累在根系,而地上部的重金属含量较低;这可以解释本研究中全草植物样品中重金属含量与土壤中重金属含量显著相关的关系。同时有研究发现,机动车尾气排放到空气中的重金属微粒是路旁植物叶片中重金属的重要来源之一,因此从相关性分析结果可以推测,植物枝叶器官中重金属元素的积累不仅仅受到土壤中重金属含量的影响,也与大

气中尾气污染有很大关系,并且不同植物种类受影响的程度不同。

表 7-27　植物中重金属含量与生长土壤中重金属含量的相关关系

	植物种类									
	白茅	狗牙根	绿豆	紫叶桃	旱柳	加杨	女贞	蛇莓	小飞蓬	一年蓬
土壤	0.954**	0.982**	0.476	−0.121	−0.178	−0.236	−0.1	0.537	−0.013	0.590

注:** 表示在 $\alpha = 0.01$ 水平极显著相关。

（2）植物的富集系数

植物从土壤中吸收、富集重金属,可以用富集系数来反映植物对重金属富集程度的高低或富集能力的强弱。将每种元素在植物中的含量除以土壤中该元素的含量可得到各重金属的富集系数。

表 7-28 至表 7-32 列出了各采样区植物重金属元素的富集系数。从表中数据可看出,白茅、狗牙根的 Cr 富集系数较高,甚至高达 1.804 3,显示出其对 Cr 有较强的蓄积能力,其余植物相对较低;大多数植物 Cu 富集系数都较高,最低值为 A 采样区的白茅,其 Cu 富集系数为 0.322 1;槐对 Pb 的富集系数为 0.196 8,为样品植物中最高者。总体上看,植物对 Cu 富集作用较对 Cr、Pb 明显,这可能与 Cu 是植物生长的必需营养元素有关,也可能与 Cu 元素的有效态在土壤元素总量中所占比例较高有关。此外,植物对重金属的富集因元素和植物种类的不同存在很大差异,如白茅对 Cr 富集较多,对 Cu 富集较少,而续断菊对 Cr 富集较少,富集 Cu 较多。

表 7-28　采样区 A 植物中重金属元素富集系数

重金属	白茅	旱柳	法国冬青	女贞	蛇莓	狗牙根	一年蓬
Cr	1.098 2	0.034 0	0.080 0	0.093 6	0.170 2	1.720 9	0.643 4
Cu	0.322 1	0.753 1	0.359 6	0.697 7	0.513 3	0.482 6	0.725 4
Pb	—	—	—	0.070 7	—	0.090 9	—

表 7-29　采样区 B 植物中重金属元素富集系数

重金属	狗牙根	广玉兰	桂花	女贞	加杨	绿豆	葎草	一年蓬	小飞蓬
Cr	1.804 3	0.239 3	—	0.109 2	0.028 9	0.208 1	0.036 9	0.038 5	0.131 7
Cu	0.569 5	0.495 0	0.505 9	0.599 8	0.748 0	0.617 9	0.430 0	0.354 1	0.903 3
Pb	0.110 9	0.138 6	0.189 0	—	—	—	—	—	—

表 7-30　采样区 C 植物中重金属元素富集系数

重金属	白茅	紫叶桃	旱柳	加杨	绿豆	续断菊	蛇莓	小飞蓬
Cr	0.981 3	0.065 3	0.044 8	0.037 3	0.350 7	0.033 6	0.365 7	0.255 6
Cu	0.382 2	0.869 1	1.026 2	1.013 6	1.099 5	1.664 9	0.848 2	2.031 4
Pb	—	—	0.098 2	—	—	—	—	—

表 7-31　采样区 D 植物中重金属元素富集系数

重金属	蜀葵	白茅	槐	石榴	白蜡	加杨	鸡矢藤	刺儿菜	一年蓬
Cr	0.095 3	0.747 0	0.195 5	0.068 7	0.119 2	0.022 9	0.114 6	0.128 3	0.316 2
Cu	0.535 9	0.374 0	0.362 6	0.774 8	1.091 6	0.503 8	0.515 3	0.942 7	0.328 2
Pb	—	0.006 2	0.196 8	0.172 2					

表 7-32　采样区 E 植物中重金属元素富集系数

重金属	赤豆	紫叶桃	女贞	加杨	小飞蓬	构树
Cr	0.098 9	0.058 1	0.013 3	0.010 0	0.159 3	0.028 2
Cu	0.897 3	0.668 2	1.219 8	0.827 0	1.281 9	0.475 5

根据植物对 3 种重金属元素的富集系数及前文对植物重金属单位蓄积量的综合比较，得出草本绿化植物狗牙根、白茅对重金属的富集能力较强，野草类植物小飞蓬、续断菊、一年蓬富集重金属的能力相对较强；乔灌木植物中白蜡、广玉兰、女贞的重金属富集能力强于其他种类。

7.4.5　结论与讨论

通过对盐淮高速公路的路基边坡土壤和绿化植物进行野外现场采样、实验室指标测定及最后的数据处理和分析，研究了路基边坡范围内的土壤重金属分布规律及污染现状、绿化植物内重金属的累积分布规律、植物与土壤间重金属含量的关系，本试验主要得出以下结论：

（1）各采样区土壤中 Cr、Cu 和 Pb 元素含量均低于江苏地区土壤元素背景值，在对照区测定值上下浮动。采样区 C 即盐都郭猛服务区，Cr、Cu、Pb 3 种元素平均含量相对低于其他采样区；采样区 D 即盐城西枢纽附近的土壤中 Cr、Cu、Pb 含量相对较高。

（2）土壤重金属含量与理化性质间的灰色关联分析表明，吸湿水含量与重金属元素 Cr、Cu 和 Pb 的关联度都为最高，在这 3 项土壤理化指标当中，吸湿水含量与这 3 种重金属元素含量的关系最为密切。其次较为密切的是有机质含量，关系相对略疏远的是 pH（Cr 含量除外）。

（3）5 个采样区重金属含量与距路肩距离间的相关关系表现不一致，可能是因采样空间位置的差异和边坡上生长植物的不同的综合影响的结果。在所有采样区的 3 种重金属元素总体含量存在着明显差异：Cr 含量＞Cu 含量＞Pb 含量；各元素的含量变化并非随距路肩距离增加而递增，高速公路路基边坡及附近土壤重金属含量随距路肩距离变化的关系函数为三次多项式模型：$y = b_3 x^3 + b_2 x^2 + b_1 x + b_0$，$x$ 取值范围为 0—20 m，b_n 值因土壤环境和重金属元素而定。

（4）采样区间、离路肩距离不同的采样点间土壤 Cr、Cu、Pb 各元素的含量都存在极显著差异（$Sig.<0.01$）。填土来源、交通量等会造成各采样区土壤重金属含量的差异，尤其是

Pb 元素对交通量的响应更为明显,在交通相对繁忙的枢纽附近(采样区 A 和 D)含量较高。距路肩 20 m 处土壤中的 Cr、Cu、Pb 3 种元素平均含量均为所有采样距离中的最高值,距路肩 6 m 处土壤中重金属的含量是所有采样距离中的最低值,其与重金属污染物扩散特点及采样点植物的阻截关系密切。

(5) 采样区 A 为Ⅲ级轻度污染;采样区 B 在距路肩 3 m、6 m、20 m 距离处属Ⅲ级轻度污染,10 m 距离为Ⅱ级警戒限;采样区 C 为Ⅱ级警戒等级;采样区 D 在距路肩 3 m、6 m 距离处为Ⅱ级警戒等级,距路肩 10 m、20 m 距离处为轻度污染;采样区 E 处于Ⅱ级警戒限附近。综合各采样点的 3 种元素的单项污染指数得出 3 种重金属污染程度排序为 Cu>Cr>Pb。从各区内梅罗污染指数的平均值来看,采样区 A、B、D 污染较其他采样区严重,按污染严重程度排序为采样区 A>采样区 B>采样区 D>采样区 E>采样区 C。

(6) 对 5 个采样区的 3 种重金属进行单一重金属的潜在生态风险评价,Cr、Cu、Pb 均处于轻微生态风险范围;多类重金属总生态风险评价中,各采样区生态风险程度属轻微级。

(7) 不同重金属元素在植物体内的含量不同,且同种元素在不同植物中含量也有较大差别。植物中 Cr 元素含量范围为 0.30—56.18 mg·kg^{-1};Cu 元素含量范围为 3.65—19.40 mg·kg^{-1};而对于 Pb 元素,在女贞、狗牙根、广玉兰、桂花、旱柳、槐、石榴、白茅中有 Pb 检出,检出含量范围为 0.05—1.60 mg·kg^{-1}。

(8) 不同绿化层植物对单一重金属元素的蓄积量存在明显差异,同一绿化层不同植物间也存在显著差异。在乔灌层植物 3 种重金属元素单位蓄积量总排序中,白蜡、广玉兰、女贞排序靠前,是单位干重蓄积 Cr、Cu、Pb 较多的 3 种植物。在草本层植物样品重金属元素叠加的总排序中,狗牙根和白茅是单位重量蓄积重金属总量较多的植物。3 类重金属元素蓄积总量以狗牙根最高,其次是白茅和小飞蓬,乔灌层植物白蜡位居其后。

(9) 白茅、狗牙根的重金属含量与其生长土壤重金属含量间存在显著的相关关系,其他几种木本植物重金属含量与相应采样区土壤重金属含量的相关系数均为负值,且相关性不明显,这种差异与测定部位有关;白茅、狗牙根的 Cr 富集系数较高,其余植物 Cr 富集系数相对较低;大多数植物 Cu 富集系数都较高;槐对 Pb 的富集系数为 0.196 8,为样品植物中最高者。总体上看,植物对 Cu 富集作用较对 Cr、Pb 明显,植物对重金属的富集因元素和植物种类的不同存在很大差异。

(10) 综合比较植物对 3 种重金属元素的富集系数及植物单位蓄积重金属量,得出草本绿化植物狗牙根、白茅对重金属的富集能力较强,野草类植物小飞蓬、续断菊、一年蓬富集重金属的能力相对较强;乔灌木植物中白蜡、广玉兰、女贞的重金属富集能力强于其他种类。

参考文献

[1] Falahi-Ardakani A. Contamination of environment with heavy metals emitted from automotives[J]. Ecotoxicology and Enviromental Safety, 1984(8):152-161.

［2］ Fakayod S O，Olu-Owolabi B I. Heavy metal contamination of roadside topsoil in Osogbo，Nigeria：its relationship to traffic density and proximity to highways［J］. Environmental Geology，2003，44：150-157.

［3］ Ozkan M H，Gürkan R，Ozkan A，et al. Determination of manganese and lead in roadside soil samples by FAAS with ultrasound assisted leaching［J］. Journal of Analytical Chemistry，2005，60(5)：469-474.

［4］ Olajir A A，Ayodele E T. Contamination of roadside soil and grass with heavy metals［J］. Environment International，1997，23(1)：91-101.

［5］ 甘华阳,卓慕宁,李定强,等.公路路面径流重金属污染特征［J］.城市环境与城市生态,2007,20(3)：34-37.

［6］ Markus J A，McBratney A B. An urban soil study：heavy metals in Glebe，Australia［J］. Soil Research，1996，34(3)：453-465.

［7］ Kadi M W. "Soil Pollution Hazardous to Environment"：A case study on the chemical composition and correlation to automobile traffic of the roadside soil of Jeddah city，Saudi Arabia［J］. Journal of Hazardous Materials，2009，168(2/3)：1280-1283.

［8］ Ndiokwere C L. A study of heavy metal pollution from motor vehicle emissions and its effect on roadside soil，vegetation and crops in Nigeria［J］. Environmental Pollution Series B，Chemical and Physical，1984，7(1)：35-42.

［9］ Tam N F Y，Liu W K，Wong M H，et al. Heavy metal pollution in roadside urban parks and gardens in Hong Kong［J］. Science of The Total Environment，1987，59：325-328.

［10］马建华,李剑.郑汴公路路尘、路沟底泥和路旁土壤重金属分布［J］.西南交通大学学报,2008,43(2)：285-291.

［11］Turer D G，Maynard B J. Heavy metal contamination in highway soils，comparison of Corpus Christi，Texas and Cincinnati，Ohio shows organic matter is key to mobility［J］. Clean Technologies and Environmental Policy，2003，4(4)：235-245.

［12］郁建桥,王霞,温丽,等.高速公路两侧土壤、气态颗粒物和树叶中重金属污染相关性研究［J］.中国农业科技导报,2008,10(4)：109-113.

［13］胡星明,王丽平,李恺,等.城市交通大气与土壤重金属对小蜡生物富集作用的影响［J］.环境科学研究,2008,21(5)：154-157.

［14］Rodríguez Flores M，Rodríguez-Castellón E. Lead and cadmium levels in soil and plants near highways and their correlation with traffic density［J］. Environmental Pollution Series B，Chemical and Physical，1982，4(4)：281-290.

［15］Piron-Frenet M，Bureau F，Pineau A. Lead accumulation in surface roadside soil：its relationship to traffic density and meteorological parameters［J］. Science of The Total Environment，1994，144(1-3)：297-304.

［16］Hol P J，Gawron A J，Hurst J M，et al. Investigation of Lead and Cadmium Levels in Roadside Rhododendron Leaves in Bergen，Norway Utilizing Multivariate Analysis［J］. Microchemical Journal，1997，55(2)：169-178.

［17］杜振宇,邢尚军,宋玉民,等.山东省高速公路两侧土壤的铅污染及绿化带的防护作用［J］.水土保持学报,2007,21(5)：175-179.

[18] 胡晓荣,查红平.成渝高速公路旁土壤铅污染分布及评价[J].四川师范大学学报(自然科学版),2007, 30(2):228-231.

[19] 甄宏.交通运输对道路两侧土壤及植物的影响研究展望[J].气象与环境学报,2008,24(1):52-55.

[20] 马建华,李剑,宋博.郑汴路不同运营路段路旁土壤重金属分布及污染分析[J].环境科学学报,2007,27 (10):1734-1743.

[21] 林健,邱卿如,陈建安,等.公路旁土壤中重金属和类金属污染评价[J].环境与健康杂志,2000,17(5): 284-286.

[22] 郭瑞刚,范崇辉,赵政阳.汽车尾气对公路两侧苹果的 Pb 污染研究[J].西北林学院学报,2007,22(2): 200-202.

[23] 王成,郗光发,杨颖,等.高速路林带对车辆尾气重金属污染的屏障作用[J].林业科学,2007,43(3): 1-7.

[24] Dilek G,Turer J,Maynard B. Heavy metal contamination in highway soils,comparison of Corpus Christi,Texas and Cincinnati,Ohio shows organic matter is key to mobility[J]. Clean Technologies and Environmental Policy,2003,4(4),235-245.

[25] 董来启,韩春建,吴克宁,等.郑州市土壤重金属空间分布特征及其影响因素定量研究[J].河南农业科 学,2010(8):64-68.

[26] 田应兵,程水源,周建利,等.城郊菜地土壤重金属含量及其影响因素[J].湖北农业科学,2005(2): 66-70.

[27] 鲁光银,熊瑛,朱自强.岩溶地区公路路侧土壤中重金属污染及其评价[J].公路,2007,(3):147-151.

[28] Flanagan J T,Wade K J,Currie A,et al. The deposition of lead and zinc from traffic pollution on two roadside shrubs[J]. Environmental Pollution Series B,Chemical and Physical,1980,1(1):71-78.

[29] Aksoy A,Öztürk M A. Nerium oleander L. as a biomonitor of lead and other heavy metal pollution in Mediterranean environments[J]. Science of The Total Environment,1997,205(2-3):145-150.

[30] 王秀丽,徐建民,谢正苗,等.重金属铜和锌污染对土壤环境质量生物学指标的影响[J].浙江大学学报, (农业与生命科学版),2002,28(2):190-194.

[31] 程东祥,侯旭,陈薇薇,等.长春市土壤微生物生化作用强度及其影响因素[J].环境科学与技术,2009, 32(12):18-22.

[32] 常学秀,王焕校.Cd^{2+}、Al^{3+} 对蚕豆(*Vicia faba*)DNA 合成和修复的影响[J].生态学报,1999,19(6): 855-899.

[33] 郑春霞,王文全,骆建敏,等.重金属 Pb^{2+} 对玉米苗生长的影响[J].光谱学与光谱分析,2005,25(8): 1361-1365.

[34] 丁佳红,王洲,薛正莲.小飞蓬的铜毒害和抗性机制研究[J].土壤通报,2010,41(1):200-205.

[35] 徐澜,杨锦忠,安伟,等.Cr、Pb 单一及其复合胁迫对小麦生理生化的影响[J].中国农学通报,2010,26 (6):119-126.

[36] 张义贤.重金属对大麦(*Hordeum vulgare*)毒性的研究[J].环境科学学报,1997,17(2):199-205.

[37] 李德明,贺立红,朱祝军.几种重金属离子对小白菜种子萌发及生理活性的影响[J].种子,2005,24(6): 27-29.

[38] 杨居荣,贺建群,蒋婉茹.Cd 污染对植物生理生化的影响[J].农业环境保护,1995,14(5):193-197.

[39] 刘春生,史衍玺,马丽,等.过量铜对苹果树生长及代谢的影响[J].植物营养与肥料学报,2000,6(4):

451-456.

[40]梁烜赫,曹铁华.重金属对玉米生长发育及产量的影响[J].玉米科学,2010,18(4):86-88.

[41]张永春,孙丽,苏国峰,等.公路两侧农田土壤及作物中重金属的累积[J].江苏农业学报,2005,21(4):336-340.

[42]Peredney C L,Williams P L. Utility of Caenorhabditis elegans for Assessing Heavy Metal Contamination in Artificial Soil[J]. Archives of Environmental Contamination and Toxicology,2000,39(1):113-118.

[43]李波,林玉锁,张孝飞,等.沪宁高速公路两侧土壤和小麦重金属污染状况[J].农村生态环境,2005,21(3):50-53.

[44]李波,林玉锁,张孝飞,等.宁连高速公路两侧土壤和农产品中重金属污染的研究[J].农业环境科学学报,2005,24(2):266-269.

[45]李剑.郑汴公路两侧土壤-小麦系统重金属污染及迁移[D].开封:河南大学,2005.

[46]王初,陈振楼,王京,等.上海崇明岛交通干线两侧农田土壤和蔬菜 Pb、Cd 污染研究[J].农业环境科学学报,2007,26(2):634-638.

[47]索有瑞,黄雅丽.西宁地区公路两侧土壤和植物中铅含量及其评价[J].环境科学,1996,17(2):74-77.

[48]吴燕玉,王新,梁仁禄,等.重金属复合污染对土壤-植物系统的生态效应Ⅱ.对作物、苜蓿、树木吸收元素的影响[J].应用生态学报,1997,8(5):545-552.

[49]刘浩,陈黎萍,艾应伟,等.用原子吸收光谱法分析铁路运输对周边脐橙种植园土壤元素的影响[J].光谱学与光谱分析,2010,30(6):1663-1665.

[50]王秀丽,徐建民,姚槐应,等.重金属铜、锌、镉、铅复合污染对土壤环境微生物群落的影响[J].环境科学学报,2003,23(1):22-27.

[51]徐磊辉,黄巧云,陈雯莉.环境重金属污染的细菌修复与检测[J].应用与环境生物学报,2004,10(2):256-262.

[52]王振中,张友梅,邓继福,等.重金属在土壤生态系统中的富集及毒性效应[J].应用生态学报,2006,17(10):1948-1952.

[53]郭永灿,王振中,张友梅,等.重金属对蚯蚓的毒性毒理研究[J].应用与环境生物学报,1996,2(1):132-140.

[54]袁方曜,王玢,牛振荣,等.华北代表性农田的蚯蚓群落与重金属污染指示研究[J].环境科学研究,2004,17(6):70-72.

[55]许杰,柯欣,宋静,等.弹尾目昆虫在土壤重金属污染生态风险评估中的应用[J].土壤学报,2007,44(3):544-549.

[56]康玲芬,李锋瑞,张爱胜,等.交通污染对城市土壤和植物的影响[J].环境科学,2006,27(3):556-560.

[57]关明东,范俊岗,谭振军,等.环境重金属污染监测研究的指示物:植物、土壤、森林害虫和真菌[J].辽宁林业科技,2005(2):38-41.

[58]马跃良,贾桂梅,王云鹏,等.广州市区植物叶片重金属元素含量及其大气污染评价[J].城市环境与城市生态,2001,14(6):28-30.

[59]蒋先军,骆永明,赵其国.重金属污染土壤的植物修复研究Ⅰ.金属富集植物 Brassicajuncea 对铜、锌、镉、铅污染的响应[J].土壤,2000(2):71-74.

[60]郝卓莉,黄晓华,张光生,等.城市环境污染的植物监测[J].城市环境与城市生态,2003,16(3):1-4.

[61] 陈宏,陈玉成,杨学春,等.化学添加剂对土壤和莴笋中重金属残留量的影响试验[J].农业工程学报,2005,21(7):120-123.

[62] 蒋先军,骆永明,赵其国.土壤重金属污染的植物提取修复技术及其应用前景[J].农业环境保护,2000,19(3):179-183.

[63] 冯凤玲,成杰民,王德霞.蚯蚓在植物修复重金属污染土壤中的应用前景[J].土壤通报,2002,37(4):809-814.

[64] 杨卓,王占利,李博文,等.微生物对植物修复重金属污染土壤的促进效果[J].应用生态学报,2009,20(8):2025-2031.

[65] 孙约兵,周启星,郭观林,等.植物修复重金属污染土壤的强化措施[J].环境工程学报,2007,1(3):103-110.

[66] 阮宏华,姜志林.城郊公路两侧主要森林类型铅含量及分布规律[J].应用生态学报,1999,10(3):362-364.

[67] 陆东晖.南京市公路旁土壤-植物系统重金属污染研究[D].南京:南京农业大学,2006.

[68] 杨学军,唐东芹,许东新,等.上海地区绿化树种重金属污染防护特性的研究[J].应用生态学报,2004,15(4):687-690.

[69] 张建强,白石清,渡边泉.城市道路粉尘、土壤及行道树的重金属污染特征[J].西南交通大学学报,2006,41(1):68-73.

[70] 王爱霞,张敏,方炎明,等.行道树对重金属污染的响应及其功能型分组[J].北京林业大学学报,2010,32(2):177-183.

[71] 王浩,章明奎.有机质积累和酸化对污染土壤重金属释放潜力的影响[J].土壤通报,2009,40(3):538-541.

[72] Sutherland R A, Tolosa C A . Variation in Total and Extractable Elements with Distance from Roads in an Urban Watershed, Honolulu, Hawaii[J]. Water, Air & Soil Pollution, 2001, 127(1-4): 315-338.

[73] 曹剑.淮盐高速公路沿线湿地水土环境特征研究[D].南京:南京林业大学,2008.

[74] Hakanson L. An ecological risk index for aquatic pollution control. a sedimentological approach[J]. Water Research, 1980, 14(8): 975-1001.

[75] 崔利杰.路基边坡土壤及植物重金属污染特征的研究[D].南京:南京林业大学,2011.

[76] 李湘洲.机动车尾气对土壤铅累积的影响及分布格局[J].中南林学院学报,2001,21(4):36-39.

[77] 王再岚,何江,智颖飙,等.公路旁侧土壤-植物系统中的重金属分布特征[J].南京林业大学学报(自然科学版),2006,30(4):15-20.

[77] 秦莹,娄翼来,姜勇,等.沈哈高速公路两侧土壤重金属污染特征及评价[J].农业环境科学学报,2009(4):663-667.

第 8 章

园林植物生态功能管理

8.1 园林植物生态功能管理面临的问题

8.1.1 忽视适地适树的基本原则

从设计环节来看,一些园林设计者缺乏园林植物的生态习性、生物学特性等相关知识,对具体项目进行植物配置设计时仅仅是纸上谈兵,效果图做得很漂亮,实际上并未充分考虑所选植物是否适应当地环境。一个典型的例子是,地处南亚热带的南宁市,若干年前大量引进原产南美洲热带地区的青皮木棉用作行道树、用于广场绿化等。2005 年初,南宁市持续低温时间较长,绝大部分的青皮木棉被冻死,造成了巨大的损失。事实证明,该树种无法适应南宁市的气候条件。其他违背适地适树原则的现象也不少见,如把阳生植物种在建筑物北侧,把喜钙植物种在酸性土中,等等。这些错误不仅造成经济损失,严重的还会影响局部绿地生态系统的正常发展。

8.1.2 存在过度追求"高级"品种的误区

一段时期以来,园林行业中存在以大为美的误区,即越大的树越"高级"。一些园林建设者过度追求"高级"效果,从野外、乡村搜罗大规格的乔木应用于城市园林中。虽然"大树进城"已被一定程度纠正,但人们好"大"的心理仍然在不时作怪;一些"高端"项目开发者为了追求档次,花大价钱引进外地甚至国外的"高级"品种。还有一些财富的拥有者,盲目追逐高档观赏植物,不惜重金买来野生的珍贵植物品种,包括一些国家重点保护的野生植物。这些做法往往会导致不良后果。如"大树进城"不仅破坏了原生地的生态环境,而且截干截枝后移植的"残树"成活率低,即使成活也无法恢复原来的茂盛程度。盲目引进的外来植物一般成本极高、难养护。这种情况下即使能维持人为的绿化景观,也需要消耗巨大的人力、物力和财力。

8.1.3 重观赏效果,轻生态效益与文化传承

园林植物不仅具有生态功能、观赏功能,同时也是历史文化传承的重要载体。一些园林建设者和设计者一味追求表面的视觉效果,轻视园林植物最根本的生态功能,更忽视当地历史文化的传承。例如一度热衷的大尺度草坪、人工修剪或造型的植物,虽具有较高观赏性,但其生态效益不甚理想。另一个误区是,喜欢新奇的外来植物品种,推崇所谓流行的植物造景形式,竞相模仿异域风情,而忽视了当地植物的历史文化传承与发展。

8.1.4 园林植物养护管理不当

目前国内园林绿地养护的成本约为施工成本的 20%—25%,而实际上养护资金投入只

占施工投入的 10%—15%，养护资金投入比例相对偏低。这种现象正是养护工作长期得不到应有重视的最直观体现。在不少地方的园林中，只种植，不养护，无法让植物呈现最佳生长状态，或者养护管理不到位，致使园林中树型杂乱、杂草丛生、病虫害频发。同时，由于大量使用农药、化肥，原本不多的城市绿地没有发挥出应有的生态效益。

8.1.5　园林绿化养护管理市场竞争机制滞后

社会主义市场经济体制及现代市场运行机制下，园林绿化养护管理应与市场接轨，适应市场竞争环境。但现行园林绿化管理机制、竞争机制严重匮乏，管理组织结构流动变化频繁，导致政府在园林绿化养护管理上束缚被动，积极主动性不足，园林绿化养护管理的效率低下。这一现象主要是园林绿化养护管理的市场化机制不健全，以及市场竞争条件不够成熟等原因造成的。

8.1.6　园林植物功能设置不合理

园林植物有许多功能，从宏观层面可以概括为视觉功能和生态功能。在视觉功能方面，园林植物起到美化城市的作用。植物本身具备各自的形态和自然美，通过人为修剪也能塑造规则的形态，具有人工美。但是，部分园林工作者轻视自然美而重视人工美，看重形式美而忽略场地功能。一些地方不分绿地大小、性质，凡是树都修剪整形，植物材料变成了塑造几何形体的载体。过多的人工修剪破坏了植物的生理生态，也不利于环境改善。另外，过多采用人工造型，使植物丧失了自然美，造景单调乏味，功能混乱。在生态功能方面，在环境污染严重的当下，生态功能显得更为重要。然而园林设计及植物选用的过程中，一些设计者往往更注重植物的观赏功能，而忽略了更为重要的生态功能，致使园林绿化功能设置不合理。

此外，在园林建设过程中，有些施工单位未能很好地理解设计意图，设计图上标示的密度、种植方式没有贯彻到位，未能充分发挥植物在隔音、防尘、净化空气、保持水土等方面的作用，这都在一定程度上限制了园林植物综合效益的最大化实现。

8.2　园林植物生态功能管理建议

园林植物是社会经济自然复合生态系统的重要组成部分，具有重要的生态功能，在改善城市生态环境方面发挥着不可替代的作用。作为园林四大造园要素之一，植物以其独特的生物学特性和生命活力为城市园林增添了独特的视觉景观。随着社会的进步与人们生活水平的提高，必然要对园林植物的生态功能提出更高要求。

8.2.1 加强生态功能管理立法

2018 年 5 月 18 日至 19 日,全国生态环境保护大会在北京胜利召开。会议对全面加强生态环境保护,坚决打好污染防治攻坚战做出了系统部署和安排。会议最重要的就是形成了"一个标志性成果",也是这次大会最大的亮点,就是确立了习近平生态文明思想。党的十八大以来,习近平总书记围绕生态环境保护和生态文明建设提出了一系列新理念新思想新战略,形成了习近平生态文明思想。这是标志性、创新性、战略性的重大理论成果,是新时代生态文明建设的根本遵循和行动指南,为推动生态文明建设、加强生态环境保护提供了科学的思想指引和强大的实践动力。

(1)加快地方生态环境立法

有些地方环境保护立法严重滞后于中央的环境立法节奏。一些省份甚至至今依然是以 1989 年的《环境保护法》为上位法,缺少地方配套的环保法规,具体操作实施难度很大。针对这一突出问题,深圳特区的立法更新速度值得借鉴。比如,《深圳市经济特区机动车排气污染防治条例》在《大气污染防治法》2016 年修订施行后第二年即进行第二次修订,一系列其他的环境立法更新速度亦是如此。紧跟中央立法进度,适时、及时地更新或订立相应的地方法制,有利于法制间的顺利衔接。

(2)强化生态环境保护职责

为了对环境保护职责进行整合,2018 年 3 月,中共中央印发《深化党和国家机构改革方案》,其中明确提出组建生态环境部,将环境保护部职责以及国家发展和改革委员会应对气候变化和减排等职责纳入生态环境部的职责中。这一举措将分散在其他机构当中的环境保护职能统一纳入生态环境部,这在一定程度上有助于我国生态治理分工的进一步明晰,使生态环境保护职责更加集中。

8.2.2 加强生态功能的长线研究

(1)园林植物的选择与应用

园林植物因具有吸污滞尘、涵养水源、维持生物多样性等生态功能,在应对当今环境问题方面起着至关重要的作用。当今社会对园林植物的选择与应用的要求不仅仅局限于创造优美的视觉感受,而更多地要求园林植物发挥其应有的生态作用。长期以来,生态学研究在国内外都得到了重视,在园林植物的选择与运用中也更需要对其进行长期的生态学研究。应充分了解园林植物的生态学习性与生态功能,遵循大自然的规律选择各项生态功能都较高的园林植物,同时充分研究更多园林植物的各项生态功能,让设计者更深入地认识园林植物的生态学习性与生态功能。

(2)设计优化

从园林植物配置的设计环节来看,在设计过程中应当遵循自然的规律,长期研究项目地的自然、人文环境和园林植物的生态习性、生物学特性,对园林植物进行科学合理配置,构建稳定的植物群落,创造出美观、生态、实用的园林景观。

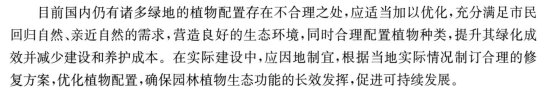

目前国内仍有诸多绿地的植物配置存在不合理之处,应适当加以优化,充分满足市民回归自然、亲近自然的需求,营造良好的生态环境,同时合理配置植物种类,提升其绿化成效并减少建设和养护成本。在实际建设中,应因地制宜,根据当地实际情况制订合理的修复方案,优化植物配置,确保园林植物生态功能的长效发挥,促进可持续发展。

(3) 养护管理技术革新

目前国内园林绿化建设中一直存在园林绿化植物种植成活率仍较低、绿化效果不够理想等现象。归根到底,除了设计不合理外,最根本的原因是忽视了对园林植物的养护管理。对养护管理的重要性认识不足、养护管理经费不足、养护管理人员养护管理水平普遍不高是当前园林绿化氧化管理工作中的主要问题。同时单靠剪、浇、肥等粗放的传统园林绿化养护管理技术,早已无法满足当今园林绿化建设的新要求。养护管理工作人员必须长期学习不同园林植物的养护管理手段,考虑到气候与习性差异,充分做到对园林植物的精细化管理,考虑好肥、水、病、虫、剪等多方面综合性内容。园林绿化养护管理工作是一项长期工作,需要广大园林工作者共同努力,从长远的、可持续发展的角度长期研究园林绿化养护管理新技术,推动园林植物生态功能的长效发挥。

(4) 科普教育

从长计议,长期研究加强广大园林工作者技术水平与业务能力的有效方法。从全面提高园林绿化行业从业人员业务水平与技术能力入手,做好长期规划,建立长效运行机制,加强科普培训与科普教育,培养园林绿化行业从业人员长期研究能力,全面提高广大园林工作者技术水平。同时加大对社会人员科普宣传的力度,号召广大社会民众爱护植物、珍惜植物、喜爱植物。进一步重视对园林景观设计和管护人员生态学理论知识的普及,在长期的科普教育中,培养设计师对园林植物生态功能的了解与重视,以推动园林植物生态功能长线研究。

8.2.3 加强生态功能的监测

(1) 生态功能发挥效果的监测

随着社会的进步、人民生活水平的不断提高,人们对城市生态环境提出了更高的要求,而绿地植物的选择与配置是有效发挥城市生态效益的一个重要环节。科学选择园林植物是整个园林系统构建的基础,选择植物时首先要考虑植物的生态功能,即吸碳放氧、保持水土、降温增湿等方面的功能,还要考虑植物在不同情况下应具有的其他功能。同时园林植物配置层次结构直接影响其生态效能的发挥,植物搭配时应采用乔灌藤草相结合、以乔木为主的方式,使园林植物生态功能充分发挥并达到“1+1大于2”的生态效果。开展对园林绿地系统的长期生态功能监测,不仅可以动态评估绿地植物绿化效益,还可以为园林绿地系统建设中植物的选择和应用提供科学依据。

(2) 生态功能缺失的监测

一方面,充分利用部分植物的指示功能,长期监测环境系统,综合地判断生态环境变化情况,以便于人们更好地对环境变化做出应对措施。另一方面,我们也需要就园林植物生态功能进行综合评价,对园林绿地系统所发挥的生态效益进行长期监测,以了解当前园林绿地在发挥生态效益中的不足之处,并以此为指导,更科学地配置植物种类,因地制宜地构建园林绿地结构,努力建设生态、和谐、科学的园林绿地生态系统,使园林绿地发挥最大的生态效益。

（3）加强生态环境的监测

城市的发展需要监测城市的方方面面,以了解城市生态条件、生态环境的变化。例如,园林植物栽植的地域要通过检测和化验,分析土壤条件是否符合种植要求,确定是否需要更换种植底土,栽植的方式要依据植物的生长特性,埋土深浅要适当。当城市的生态条件发生变化时,也需要通过生态环境的监测对园林植物的选择进行重新考量,以应对城市自然条件的变化。同时也可基于此,充分利用园林植物的生态功能,合理配置植物种类,营造科学合理的园林绿地景观,以改变城市的生态环境。

8.2.4　加强生态功能与环境融合度的研究

（1）环境因子与园林植物生长发育相关性研究

园林植物与其他事物一样,不能脱离环境而单独存在。环境中的温度、水分、光照、土壤、空气等因子对园林植物的生长发育具有重要作用,植物的生长发育等一切生命历程都依赖于环境,没有环境植物就无法生存。园林植物对变化的环境也产生各种不同的反应和多种多样的适应性。不同的环境能影响植物的外部形态和内部结构。

园林植物的生长发育与环境因子息息相关,加强环境因子与园林植物相关性研究,进一步了解园林植物生长发育与环境因子之间的关系,对于促进园林植物健康生长并更好地发挥生态效益具有重要意义。

（2）环境因子动态变化规律研究

环境中生态因子不是固定不变的,而是处于动态变化之中,这些环境因子在相互作用中,形成了我国冬冷夏热、冬干夏雨的气候特点,有利于我国园林植物的生存与生长。

当今气候变暖导致环境中二氧化碳浓度增加,总体来说二氧化碳浓度增加可以提高光合作用速率和水分利用率,有助于植物生长。同时气候变暖使我国年平均气温上升,从而导致积温增加、生长期延长且种植区成片北移,这有利于我国园林植物的推广,但同样也导致了当地的某些乡土树种或引种栽培树种不再适应当地气候条件。这些对我国园林绿化产业的发展带来了巨大影响。当前越来越多的地区注重利用园林植物来改善当地气候条件,形成当地小气候,发挥良好的生态效益。各地区应充分研究当地环境因子动态变化规律,以满足不同园林植物生存发展的需要。

（3）环境因子与生态功能发挥的关系研究

环境各生态因子对植物的作用是综合的,既相互联系又相互制约,因此,在进行植物配置的时候,不能忽视生态因子对植物的影响和作用,在进行园林绿地植物配置时要综合分析光照、热量、水分和土壤等环境因子的作用。例如,温度制约植物生长发育速度及植物体内的生化代谢等一系列生理机制,适宜的温度才能利于园林植物的生长,最大限度地促进园林植物生态功能的发挥。土壤是植物生长的基质,其理化性质如质地、结构、养分等影响着植物的生长,只有基于此选择适宜的植物种类,才能营造出合理而又兼具生态效应的园林植物景观。

而反过来园林植物生态效益的发挥又影响着周围的环境因子。目前大部分地区充分利用园林植物显著增加周围环境空气负离子密度、降低温度、增加湿度。园林植物调节气候、净化大气的生态功能正在被越来越多地开发和利用。

8.2.5 加强生态功能与现代人居环境关系的研究

(1)新时代新要求

经济的快速发展和日益恶化的居住环境条件以及人们日益增长的文化需求,要求园林植物配置不应只是简单的植物堆积,除了要美化环境外,还应更加注重其生态效应的发挥和赋予其人文精神,以改善恶化的环境条件。在园林植物配置中除充分考虑园林绿地所应发挥的生态效益外,还不能忽视园林绿地的艺术性等,注意花木搭配及植物的季节性变化等。

(2)文化需求研究

植物配置要支持文化、表达文化,体现当地浓厚的风土人情和历史文化等,植物不仅能赋予园林丰富的文化内涵,其构建的意境也能感染游人,使人居环境更具历史意义。为了营造良好的人居环境,设计者应充分认识我国观赏植物的特点,充分利用植物多样性特点,营造最佳的本土人居环境。在引入植物时慎重筛选,避免植物入侵。要因地制宜,以群落生态学理论基础为指导,掌握自然植物群落的形成和发育规律,人工构建稳定的生态群落,使园林植物能充分发挥改善人居环境的作用。

8.2.6 动态调整与优化绿地植物种类与配置

(1)环境变化对优化调整的要求

园林植物需要通过合理的配置,进行最优化的搭配,才能更好地表现出园林植物对城市环境的改善作用。园林植物的配置需要遵循艺术性原则、景观性原则、生物多样性原则、生态位原则以及因地制宜原则。同时,由于城市生态条件的变化以及植物的自然生长,植物生长的立地条件会发生诸多变化,使植物生长受限,这些都要求对植物的选择进行重新考量,这就要求园林工作者在城市发展以及植物生长过程中,对植物的选择及配置进行动态调整,以适应城市的发展、城市生态条件的变化以及植物的生长。

(2)时代发展对优化调整的要求

随着时代的发展,人们对园林绿化的要求不仅仅是对绿色植物的堆积,更应该在艺术审美基础上,根据植物属性来进行统一、均衡的配置。园林设计师应该基于此优化原有绿地植物种类与配置方式,在配置的时候要熟练掌握植被的造景功能,尽量表现出植物的美感,同时充分发挥园林植物的生态效益。

同时在当今条件下,人们要求园林绿化彰显出地域特色与文化特征。当然考虑到当今与未来时代发展前景,还需要园林设计师与养护管理人员充分根据时代发展特色,了解当今人们最新需求,在时代发展中不断探索园林绿化新模式,满足人们的新要求,不断对原有园林绿化场所进行优化调整与升级改造。

（3）再设计的理论与方法研究

"再设计"一般是指把之前的设计重新设计一次,赋予其新的内涵和生命。而对于园林绿地而言,就是将之前所设计的园林绿地重新设计一遍,赋予其新的内涵和作用。再设计是一种手段,让设计者修正和更新对设计实质的感觉,对于园林绿地设计,要考虑美化效益、生态环境效益、可持续观赏性等多方面综合性内容,并将其作为设计目标,改善生活环境,创造更加合理、美观的人居环境。

园林绿地再设计,一方面要考虑人们对绿地的不同需求,创造更加大众化、普适性的园林绿地场所。另一方面,也要更注重园林绿地的生态效益与文化特色,注重发挥园林绿地的生态效益,改善城市环境,创造当地特有的文化景观,赋予园林绿地新的时代特色。再设计的理论与方法,对于当前园林绿地建设具有重要意义。

8.2.7 加强绿地养护管理新技术研究

（1）发挥现代科技的作用

由于园林绿化的养护管理是一项长期工程,需要足够的资金以保证做好养护管理工作,很多地方往往在园林前期建设时投入较多资金,而后期养护管理投入资金较少,后期养护管理人员缺乏专业性,致使园林的养护工作不能达到理想要求。要巩固园林绿化景观效果和成果,园林绿化场所应建立专业的管理团队,加强对园林绿化管理专业化、法制化的建设。

近年来已有越来越多的城市开始尝试将现代科技运用于园林绿地养护管理中,同时当今气候多变与科技快速发展的形势也越来越多地要求将现代科学技术运用于园林绿地养护管理中。随着地理信息技术的兴起,运用地理信息系统监测绿地变化越来越多地被人们所认知与接受。与此同时,随着科技的发展,也有越来越多的新技术广泛运用于园林绿地养护管理中,现代节水型景观、景观灌溉系统节水优化技术增强了园林绿地的抗旱能力,推进了节水型绿地建设。现代科技对于园林绿地养护管理提供了诸多帮助,但目前所开发的新技术仍不足以满足当前绿地养护管理的新要求,这也表明还需要开发更多的新技术,将现代科技广泛运用于园林绿地养护管理当中。

（2）提高绿地保存率与应急反应能力

目前由于园林绿地养护管理工作不到位,导致园林绿地保存率较低,这也导致了部分地区土地裸露、园林绿地景观性较差、园林绿地生态效益低下。对园林绿地进行合理规划与加强养护管理工作是当前提高绿地保存率的重要手段,提高绿地保存率已经成为当前园林绿地养护工作的主要内容之一。植物通常对多种环境应激敏感,包括干旱、盐度、低光照、水浸、疾病、虫害和温度等,尽管植物可能具有对这些环境应激的某些天然防御能力,但植物对环境应激的抗性有限。随着气候变化加剧,极端气候出现次数显著增加,因而要研

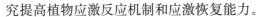

究提高植物应激反应机制和应激恢复能力。

同时应注重对提高绿地植物保存率、提高绿地对极端气温和气候条件的应激与适应能力、提高绿地长期观赏效果等方面的新技术与新方法研究。随着新时代人们对绿地提出新要求,绿地管理技术的研究将是一项长期而重要的任务。

参考文献

[1] 许光建,魏嘉希.促进生态环保体制建设,推动美丽中国建设[J].新经济导刊,2018(11):57-61.

[2] 田亦尧.改革开放以来的地方环境立法:类型界分、深圳经验与雄安展望[J].深圳大学学报(人文社会科学版),2018,35(6):64-73.

[3] 高桂林.我国急需出台《生态文明建设促进法》[N].中国环境报,2018-11-19(8).

[4] 任洋.论我国的区域环境管理机制[J].绿色科技,2014(8):217-220.

[5] 段汉明.西部地区生态环境管理的策略[J].水土保持通报,2002,22(6):7-10.

[6] 汤宛峰.把握机遇,顺势而为,为生态环境保护营造良好社会舆论氛围:在 2018 年全省生态环境宣传教育工作会议上的讲话[J].青海环境,2018,28(3):109-114,158.

[7] 刘科.生态奖惩机制与我国生态文明构建[J].环境保护与循环经济,2014,34(1):4-8.

[8] 杨爱群.做好新时代生态环境宣传[N].中国环境报,2018-11-23(4).

[9] 万玉华.生态文明建设和环境保护的价值取向探讨[J].管理观察,2015(3):156-160,163.

[10] 张庆阳,杨晓茹,赵洪亮,等."从娃娃抓起"各国各有高招[J].环境教育,2016(3):14-23.

[11] 孙志洪,宋健美.关于我国环境行政管理体制的弊端与改革的探究[N].山西青年报,2016-11-26(3).

[12] 梁志轩.改革环境管理体制保障环境质量改善[J].农业科技与信息,2016(14):27.

[13] 白永秀,李伟.我国环境管理体制改革的 30 年回顾[J].中国城市经济,2009(1):24-29.

[14] 王蕾,王志,刘连友,等.城市园林植物生态功能及其评价与优化研究进展[J].环境污染与防治,2006(1):51-54.

[15] 衣官平,卓丽环,汪成忠,等.园林植物群落结构及生态功能分析[J].上海交通大学学报(农业科学版),2009,27(3):248-252.

[16] 毕丽霞.长沙市生态园林植物造景及发展思路的探讨[D].长沙:中南林业科技大学,2008.

[17] 熊忠臣,谭洪河,黄仁征.广西高速公路绿化设计和植物配置的优化模式[J].西部交通科技,2012(5):84-88.

[18] 孙晶.西安环城公园植物调查及整体优化配置研究初探[J].绿色科技,2018(1):138-140.

[19] 金小婷.干旱区节水型园林植物群落景观评价及优化设计[D].乌鲁木齐:新疆农业大学,2012.

[20] 易军.城市园林植物群落生态结构研究与景观优化构建[D].南京:南京林业大学,2005.

[21] 董建明.城市河道生态系统构建与植物配置优化方法研究[J].绿色科技,2016(23):17-18.

[22] 高炎冰,王大庆,张黎黎,等.绥芬河国家森林公园生态因子效应分析[J].东北林业大学学报,2007,(11):39-43.

[23] 张建云,王国庆,李岩,等.全球变暖及我国气候变化的事实[J].中国水利,2008(2):28-30,34.

[24] 罗明业.园林绿化建设应努力反映地域文化特色:以广州芳村区"水秀花香"系列园林景观建设为例[J].广东园林,2002(S1):43-46.

［25］隋皓炜,金慧颖.绿色环保理念与再设计［J］.山东工业技术,2019(2):240.

［26］王媛媛,白伟岚,高源.城市节水型景观的设计、节水与养护探讨［J］.农业科技与信息(现代园林),2014,11(7):81-84.

［27］张军以,戴明宏,王腊春,等.西南喀斯特石漠化治理植物选择与生态适应性［J］.地球与环境,2015,43(3):269-278.

内 容 简 介

　　生态功能是园林植物最基本的功能,也是园林植物最核心的功能,是园林植物为人类营造优美环境的根本所在。本书阐述了园林植物生态功能的各种研究方法及其应用与案例,总结了著者及其团队多年来的研究成果,其中包括二氧化氮(NO_2)胁迫对常用园林植物的伤害症状和伤害指数分析及城市 NO_2 污染区绿地植物配置模式构建,不同植物配置对交通氮污染降解功能的实践评价,不同园林植物及其组合净化室内污染功能比较,园林植物消减城市交通噪声的能力评估,园林植物降噪机理与城市道路植物配置,降噪型园林植物的选择与城市降噪林的建设,园林植物对重金属污染的降解能力,园林植物水土保持能力,园林植物生态功能管理等。研究内容主要为著者团队原创成果,部分成果已陆续以论文形式发表,研究成果申报了 12 项国家发明专利,获得了省部级科技奖励、国家级竞赛奖励 8 项,并先后 20 余次在国际、国内学术会议上交流。本书图文并茂,视角独特,内容丰富,系统性强,理论联系实际,给研究者以启迪,可作为风景园林、城乡规划、生态学等专业的研究生教学参考书,也可作为相关专业教师和从业研究者、高级管理人员的案上读本。

图书在版编目(CIP)数据

园林植物生态功能研究与应用/圣倩倩,祝遵凌著.—
南京:东南大学出版社,2020.4
　　ISBN 978-7-5641-8887-0

　　Ⅰ.①园…　Ⅱ.①圣…　②祝…　Ⅲ.①园林植物—
植物生态学—研究　Ⅳ.①S688.01

　　中国版本图书馆 CIP 数据核字(2020)第 066558 号

园林植物生态功能研究与应用
Yuanlin Zhiwu Shengtai Gongneng Yanjiu Yu Yingyong

著　　者	圣倩倩　祝遵凌
出版发行	东南大学出版社
社　　址	南京市四牌楼 2 号　　邮编:210096
出 版 人	江建中
责任编辑	李　婧　姜　来
网　　址	http://www.seupress.com
经　　销	全国各地新华书店
印　　刷	江阴金马印刷有限公司
开　　本	787 mm×1092 mm　1/16
印　　张	13.25
字　　数	314 千字
版　　次	2020 年 4 月第 1 版
印　　次	2020 年 4 月第 1 次印刷
书　　号	ISBN 978-7-5641-8887-0
定　　价	68.00 元

本社图书若有印装质量问题,请直接与营销部联系。电话(传真):025-83791830